U0189645

来自法国蓝带厨艺学院大厨们的经典食谱

法国蓝带烘焙宝典 下册

LE CORDON BLEU

[法] 法国蓝带厨艺学院 著
丛龙岩 译

中国轻工业出版社

图书在版编目（CIP）数据

法国蓝带烘焙宝典．下册 / 法国蓝带厨艺学院著；丛龙岩译．—北京：中国轻工业出版社，2023.2

ISBN 978-7-5184-1119-1

Ⅰ．①法… Ⅱ．①法… ②丛… Ⅲ．①烘焙—糕点加工 Ⅳ．①TS213.2

中国版本图书馆CIP数据核字（2016）第229194号

The Chefs of Le Cordon Bleu

Le Cordon Bleu's Pâtisserie & Baking Foundations, 2012

EISBN: 978-1-4390-5717-9

责任编辑：马　妍

策划编辑：马　妍　　责任终审：张乃柬　　封面设计：王超男

内文设计：印象·迪赛　　责任校对：晋　洁　　责任监印：张　可

出版发行：中国轻工业出版社（北京东长安街6号，邮编：100740）

印　　刷：鸿博昊天科技有限公司

经　　销：各地新华书店

版　　次：2023年2月第1版第5次印刷

开　　本：889×1194　1/16　印张：22.5

字　　数：200千字

书　　号：ISBN 978-7-5184-1119-1　定价：148.00元

著作权合同登记　图字：01-2014-3491

邮购电话：010-65241695

发行电话：010-85119835　传真：85113293

网　　址：http://www.chlip.com.cn

Email：club@chlip.com.cn

如发现图书残缺请与我社邮购联系调换

250086S1C106ZYQ

前　言

在这里我非常引以为傲地向你介绍由法国蓝带厨艺学院大厨们编写的《法国蓝带西餐烹饪宝典》一书的姊妹篇——《法国蓝带烘焙宝典》。当你开始在法国糕点世界之中进行探索时，这本书旨在给你提供一些非常实用的操作指南，当你开始迈步进入自己的烹饪旅程时，这本书也会给你提供很好的帮助。无论你是初学者还是专业人士，第一次看到本书时，你或许会认为它仅仅“又是一本烹饪教材”，但是在你细读品味之下，你将会认识到本书重点谈到的是烹饪技能，这一点在学习法式糕点制作时尤为重要。随着逐步掌握本书中这些烹饪技能和标准配方中的内容，它带给你的几乎是可以制作出所有糕点所必需的常识，包括那些你想自由发挥而创作出的糕点！

本书提供了具有视觉冲击效果的、按照制作步骤精心排序的照片，展示了绝大部分这些糕点制作中的基本技能。对于那些来自于世界各地的学生和毕业生们来说，他们正在渴望寻找一些参考资料，以解释和演示法式糕点制作和烘焙技法中的基本技能，我们在本书中对这些方面都给出了详尽的说明。这些参考资料被尊崇敬仰的时间已经超过了三个世纪。长期以来，人们利用自己的聪明才智使厨房内的设施设备日新月异，但是，烹饪技艺中基础性的操作技能却没有实质性的变化。几个世纪以来，那些糕点大师们已经从在篝火的灰烬中烹饪、在燃烧着木材的烤箱中烘焙，逐渐向现代化时髦的电磁炉过渡。这些科技的进步肯定会带来法式糕点制作上的逐步进化，但是，以前那些行之有效的经典配方不仅经受住了漫长历史进程的考验，而且得到了进一步的完善发展。

《法国蓝带烘焙宝典》一书的编写目的就是让我们重新认识这些烹饪技能，并更新所有人关于这些烹饪技能的历史常识与方法技巧。在这本书里你会发现，这些耳熟能详的标准配方贯穿于法式糕点制作的历史长河中，并且是传统制作工艺的最好例证。法式糕点已经成为国际烹饪艺术中的一种表现形式，除此之外，还有源于其他饮食文化的众所周知的甜点，例如牛角面包或者是巧克力闪电泡芙等糕点和面包配方。

当阅读这其中的每一道国际配方时，你将会学习到在法式糕点制作中诸多传统工艺的具体应用方法。

最后也是最重要的是，要向那些一代又一代为烹饪后来者不断提供帮助、对烹饪技艺持续进行改进并传递着热情能量的大厨先辈们表示最崇高的敬意。从塔耶旺（Taillevent，法国国王查理五世的首席厨师）的第一本烹饪书籍，到大师级的传统法国糕点，安东尼·卡勒姆（Antonin Careme）、朱勒·古菲（Jules Goufle）以及皮埃尔·拉康（Pierre Lacam），这些闻名遐迩的先辈大厨们代表着法国糕点艺术世界的宝贵遗产，本书对这些前辈们的无私奉献精神致以最崇高的敬意。

法国蓝带厨艺学院作为烹饪文化艺术的传承者，其大厨们选择这个非常重要的职业——教书育人，已经超过了一百年的历史。自从蓝带厨艺学院1895年在巴黎圣誉街开设了自己专属的厨房那一刻起，来自于各个民族的学生以及社会各界人士已经加入到我们中间来，并坚持不懈地对法国烹饪艺术的代表作表示出他们的敬重之意。无论是在家里给你所爱之人奉献手艺，还是在酒店里为付费顾客进行烹饪，本书不再单纯是一本食谱，它会告诉你在厨房内应付自如地工作的更多诀窍。

非常荣幸地看到我们的“课堂”已经延伸到世界各地厨艺学院的网络中，并且集成在本书以及其他形式的多媒体中。我由衷地希望你不单单是将《法国蓝带烘焙宝典》作为一本参考书和烹饪指南来使用，而是能够在本书中尽享糕点制作与烘焙所带来的无穷乐趣。

法国蓝带厨艺学院院长

Andr J. Cointreau

致　谢

巴黎蓝带厨艺学院，伦敦蓝带厨艺学院，渥太华蓝带厨艺学院，马德里蓝带厨艺学院，阿姆斯特丹蓝带厨艺学院，日本蓝带厨艺学院，蓝带厨艺学院股份有限公司，澳大利亚蓝带厨艺学院，秘鲁蓝带厨艺学院，韩国蓝带厨艺学院，黎巴嫩蓝带厨艺学院，墨西哥蓝带厨艺学院，泰国蓝带厨艺学院，马来西亚蓝带厨艺学院，新西兰蓝带厨艺学院，亚特兰大蓝带烹饪艺术学院，奥斯汀蓝带烹饪艺术学院，波士顿蓝带烹饪艺术学院，芝加哥蓝带烹饪艺术学院，达拉斯蓝带烹饪艺术学院，拉斯维加斯蓝带烹饪艺术学院，洛杉矶蓝带烹饪艺术学院，迈阿密蓝带烹饪艺术学院，明尼阿波利斯/圣保罗蓝带烹饪艺术学院，奥兰多蓝带烹饪艺术学院，波特兰蓝带烹饪艺术学院，萨克拉门托蓝带烹饪艺术学院，圣路易斯蓝带烹饪艺术学院，加州烹饪学院，斯科茨代尔蓝带烹饪艺术学院，以及西雅图蓝带烹饪艺术学院。

特别感谢：帕特里克•马丁大厨，让•雅克•东亨大厨，克里斯蒂安•福尔大厨，赫维•夏伯特大厨，西里尔•内奥特大厨，让•马克•巴克大厨，凯瑟琳•肖，凯丽•卡特，查尔斯•格雷戈里，亚当•莱姆，以及凯西•麦金太尔。学生助理：莉莲•卡多萨，敏君•金，萨乌桑•艾哈迈德•艾尔-阿里，卡珊德拉•彼得罗保罗，阿斯玛•阿罗特曼，莎莎•杨，以及保拉•格雷科。

目录

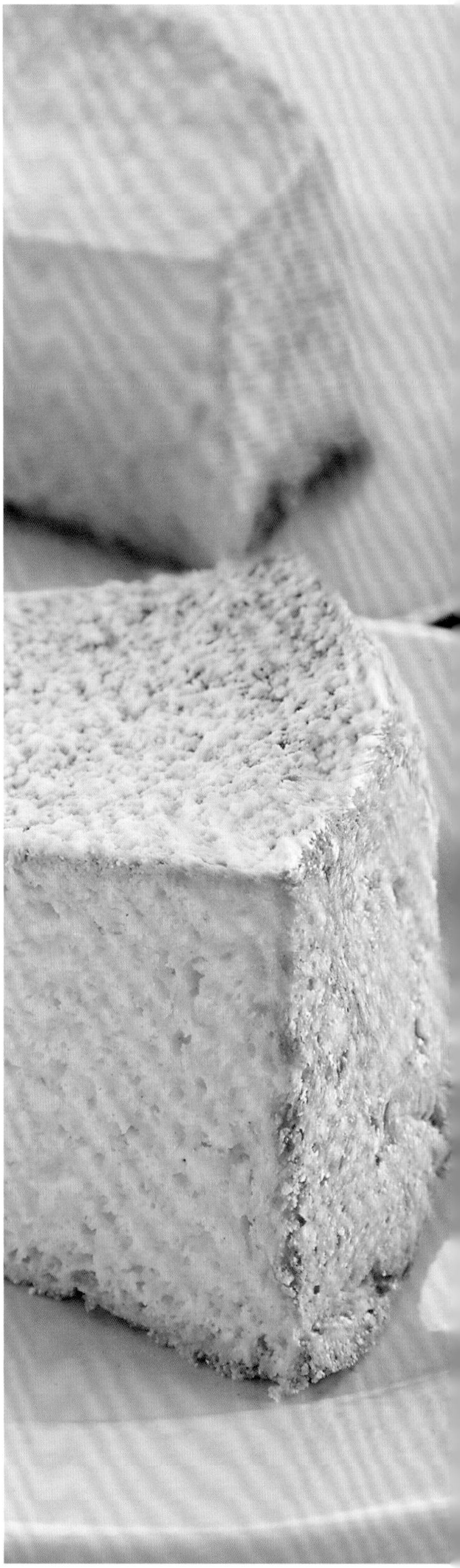

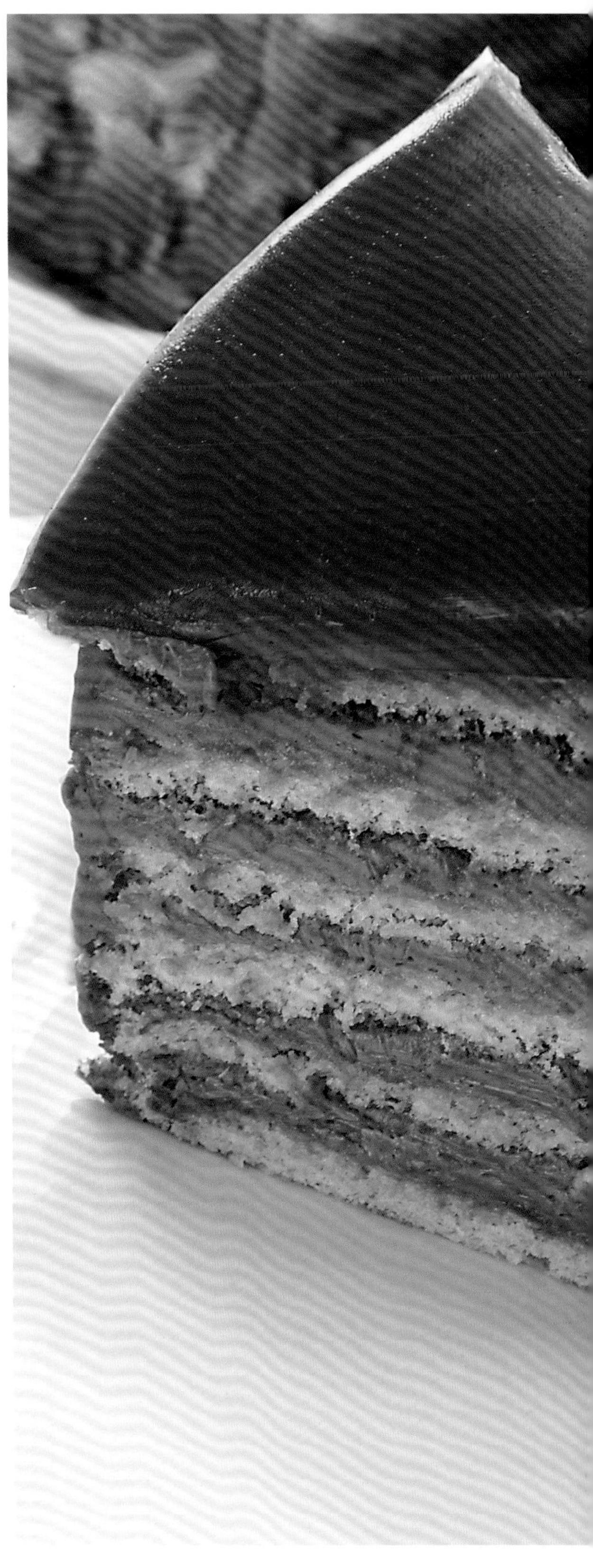

香甜美味饼干和小蛋糕类

香酥条
Matchsticks

蜗牛酥盒
Escargot in Puff Pastry

圆形泡芙
Sweet Choux Balls

天鹅奶油泡芙
Cream-Filled Choux Pastries and Swans

巧克力和咖啡闪电泡芙
Chocolate and Coffee Éclairs

巧克力和咖啡奶油泡芙
Chocolate and Coffee Cream Puffs

费南雪
Financiers

佛罗伦萨饼干
Florentines

马卡龙：巧克力、香草、开心果风味
Macarons：Chocolate，Vanilla，and Pistachio

玛德琳——贝壳蛋糕
Madeleines—Shell Sponge Cakes

镜面饼干
Mirror Biscuits

布列塔尼饼干
Breton Biscuits

香酥棒
Pastry Sticks

什锦饼干
Assorted Light Biscuits

花纹饼干
Checkered Biscuits

沙朗波：朗姆酒奶油风味焦糖泡芙
Caramel Coated Cream Puffs Filled with Rum Cream

椰味饼干
Coconut Biscuits

香酥条

香酥条是一种将酥皮切割成细条形制作而成的传统工艺糕点，无论是添加或者涂抹上香味浓郁的食材作为开胃菜食用，还是添加或者涂抹上甘甜食材作为餐后甜点食用，都是风味绝佳的美味佳肴。香酥条的造型可以千变万化，其名称的由来正是依据制作过程中的造型变化，例如香酥条在法语中（allumettes）的意思就是“火柴棒”（matchsticks）。这道菜品也可以称为“边角料”，在法语中称为“碎末”或者“剩料”，香酥条是合理利用这些额外的剩余酥皮材料的最佳方法，这些额外的剩余酥皮材料是制作其他菜品时剩余的。香酥条与古老也奶酪或者银鱼柳搭配在一起食用是极佳的美味。香酥条对于管理有方和厉行节约的大厨来说是富有成效的意外之喜。

制作方法

学习内容

制作包酥面团

制作酥皮

产量

可以制作出600克的香酥条面团

工具

厨刀，面筛，保鲜膜，油纸，塑料刮板，擀面杖，毛刷，面刷，四面刨（研磨器），烤架，烤盘

制作酥皮

1. 将面粉过筛到干净的工作台面上，用塑料刮板在面粉中间做出一个井圈，在井圈中加入盐和水，用手指搅拌一下，使得盐在水中溶化开。井圈中加入第一份100克黄油（切成小颗粒状）并用手指搅拌。当面粉、黄油和水开始混合后，用塑料刮板反复叠压，直至形成一个颗粒粗糙的面团。此时如果面团太干燥，可以在面团上再额外洒些水。

2. 一旦混合到没有干面粉时，将面团叠压成一个圆形，使用厨刀在面团顶端切割出一个深的十字形刻痕。

3. 将面团（detrempe）用保鲜膜包好，放到冰箱里冷藏松弛1小时以上（最好能够放置一宿）。

注　包酥面团（detrempe）是指还没有包入起酥用黄油的面团。

包入黄油并折叠面团

4. 将第二份冷藏好的黄油（起酥黄油）用两张油纸包好，用擀面杖反复敲击并擀平，用塑料刮板修整成1厘米厚的方形，放到一边备用。如果厨房内温度过高，可以将擀开的黄油放入冰箱内进行冷藏。在工作台面上撒上一些面粉，将面团从保鲜膜中取出，放到工作台面上，以切割好的十字形刻痕切口为参照，将面团擀开成为一个十字形。注意，在擀开的过程中要让中间部分比四边的面团略厚一些（当擀开面团和包裹黄油时，这样做非常重要）。将方块形黄油放到擀开面团的中间位置，将十字形相对应的两块面团从黄油上方往中间位置折叠，直至略有重叠（在折叠过程中，小心不要产生任何气泡）。将面团和黄油转动90° 将剩余的两边面团从黄油上方朝中间折叠，将黄油完全包裹住，面团接口处捏紧密封好，用擀面杖轻轻敲打包裹好黄油的面团，让黄油均匀地分布在面团中，将面团转动90° ，继续轻轻敲打面团使黄油分布得更加均匀，这个过程称为“包封”。

第一次和第二次折叠酥皮面团

5. 纵向擀开面团，形成一个规整的长方形，大小为原来面团的三倍长，或者厚度为1厘米，刷掉面团表面多余的面粉，将朝向身体方向的1/3面团朝上方折叠，将顶端1/3的面团盖过第一次折叠的面团，要确保边缘部分折叠得整齐均匀。将面团向右转动90° ，折叠的开口方向朝向身体的位置，重复刚才的擀面动作，并确保在每一次折叠面团之前和之后都刷掉面团上多余的面粉，重复刚才的折叠动作（先朝上方折叠一端的1/3，然后另一端的1/3盖过折叠好的这个1/3部分），将面团转动，90° 在面团的左上角压出两个手指印。

注　这两个手指印用来记录面团折叠次数，也用来提示后续折叠面团时转动的位置。用保鲜膜包好，

放入冰箱内冷藏松弛至少20分钟。折叠两次的面团称为“佩顿”（paton）。

第三次和第四次折叠酥皮面团

6. 在工作台面上略撒些面粉，将面团从冰箱内取出，除掉保鲜膜放到撒有面粉的台面上（按有两个手指印的面团位置是在左上角），继续进行第三次和第四次折叠（以与第一次和第二次相同的方式擀开和折叠面团）。在面团的左上角按压上四个手指印之后，用保鲜膜包好并继续放到冰箱里冷藏至少20分钟。

第五次和第六次折叠酥皮面团

7. 在工作台上略撒些面粉，将面团从冰箱内取出，除掉保鲜膜放到撒有面粉的台面上（按有四个手指印的面团位置是在左上角），继续进行最后两次的折叠，擀开与折叠的步骤与之前一样。每次在擀开与折叠之前要用保鲜膜包好，放入冰箱内冷藏松弛至少20分钟（冷藏松弛的时间越长，面团越容易擀开进行加工）。

【小贴士】 因为和好的面团和起酥黄油冷藏之后硬度、质地相似，必须按照上述操作方法进行折叠擀制。如果面团在折叠前冷藏过度，黄油在面团擀开过程中会变硬并易碎。在制作酥皮时，要确保有足够的时间来完成折叠和擀制。

酥皮使用方法

1. 将银鱼柳切成细末，与擦碎的3/4用量的奶酪混合均匀，放到一边备用。
2. 将冷藏的面团取出，擀开成一个大的长方形，厚度约为3毫米。擀开的面团如果有收缩性，可以将面团放到烤盘上放入冰箱内冷冻20分钟，然后再重新开始操作。
3. 将擀开的面团切成两半，在表面刷上蛋液。在其中一半面团上均匀地撒上搅拌好的银鱼柳混合物。将另一半面团先卷绕到擀面杖上，再覆盖到撒有银鱼柳混合物的另一半面团上展开，覆盖过银鱼柳夹层。
4. 用擀面杖将叠压在一起的面团擀开，在表面刷上蛋液并将剩余的奶酪撒在上面。冷藏20分钟以上。
5. 将烤箱预热到220℃。
6. 将冷藏的面团取出，用厨刀切成大约2厘米宽、8厘米长的条形，摆放到烤盘上，每个长条之间留出2厘米的间距，放入烤箱烘烤至金黄色，取出放在烤架上晾凉。

配料	
面粉	250克
盐	5克
冷水	100毫升
黄油（第一份）	100克
黄油（第二份，起酥用）	100克
馅料	
鸡蛋（制作蛋液）	1个
银鱼柳	4～6个
古老也奶酪（擦碎并切成细末）	100克

蜗牛酥盒

考古挖掘出土的证据表明，烤蜗牛可以追溯到遥远的公元前3000年之前。首次将蜗牛作为食物食用的证据可以上溯到古罗马时期，那时候蜗牛被饲养在特别建造的园林中，称作“cochleariae”。在这些园林中，蜗牛被喂以牛奶和谷物来增肥（有时候甚至用到酒），直到充满整个蜗牛壳。罗马人对蜗牛情有独钟，以至于从他们帝国的四周大肆收购那些珍贵奇异的蜗牛品种。在罗马的统治之下，古法国的高卢人也开始喜欢上了这些软体动物，并且将它们当作一道甜点来食用。

制作方法

学习内容
制作酥皮
制作迷你酥皮
制作包酥面团

产量
8人份

工具
厨刀，面筛，保鲜膜，油纸，塑料刮板，擀面杖，毛刷，面刷，直径5厘米和8厘米的圆形花边模具，搅拌盆，烤盘，平炒锅

制作酥皮面团

1. 将面粉过筛到洁净的工作台面上，用塑料刮板在面团中间做出一个井圈，在井圈中加入盐和水，用手指搅拌几次，让盐在水中溶化开。加入第一份100克黄油（切成小颗粒状）并用手指搅拌。当面粉、黄油和水开始混合后，用塑料刮板进行叠压，直到形成一个颗粒粗糙的面团。如果面团太干燥，可以再额外洒上些水。

2. 一旦混合到没有干面粉时，将面团叠压成一个圆形，使用厨刀在面团顶端切割出一个深的十字形刻痕。

3. 将面团（detrempe）用保鲜膜包好，放到冰箱里冷藏松弛1小时以上（最好放置一宿）。

注 包酥面团（detrempe）是指还没有包入起酥用黄油的面团。

4. 将第二份冷藏好的黄油（起酥黄油）用两张油纸包好，用擀面杖敲击并擀平，用塑料刮板修整成1厘米厚的方形，放到一边备用。如果厨房内温度过高，可以放入冰箱内冷藏保存。在工作台面上撒一些面粉，将面团从保鲜膜中取出，放到工作台面上，以切割好的十字形刻痕切口为参照，将面团擀开成十字形。注意，在擀开的过程中让中间部位的面团比四边的面团略厚一些（当擀开面团和包裹黄油时，这样做非常重要）。将方块形黄油放入擀开的面团中间位置，将十字形相对应的两块面团从黄油上方往中间位置折叠，直至略有重叠（在折叠过程中，注意不要产生任何气泡）。将面团和黄油转动90°，将剩余的两边面团从黄油上方朝中间折叠，将黄油完全包裹住，面团接口处要捏紧密封好，用擀面杖轻轻敲打包裹好黄油的面团，让黄油均匀地分布在面团中，将面团转动90°，继续轻轻敲打面团使黄油分布得更加均匀，这个过程称为“包封”。

第一次和第二次折叠酥皮面团

5. 纵向擀开面团，形成一个规整的长方形，大小为原来面团的三倍长，或者厚度为1厘米，刷掉表面多余的面粉，将朝向身体方向的1/3面团朝上方折叠，将顶端1/3的面团盖过第一次折叠的面团，要确保边缘部分折叠得整齐均匀。将面团向右转动90°，折叠的开口方向朝向身体的位置，重复刚才的擀面动作，并确保在每一次折叠面团之前和之后都刷掉面团上多余的面粉，重复刚才的折叠动作（先朝上方折叠一端的1/3，然后另一端的1/3盖过折叠好的这个1/3部分），将面团转动90°，在面团的左上角按压出两个手指印。

注 这两个手指印用来记录面团折叠次数，也用来提示后续折叠面团时转动的位置。用保鲜膜包好，放入冰箱内冷藏松弛至少20分钟。折叠两次的面团称为“佩顿”（paton）。

第三次和第四次折叠酥皮面团

6. 在工作台上略撒上些面粉，将面团从冰箱内取出，除掉保鲜膜放到撒有面粉的台面上（按有两个手指印的面团位置是在左上角），继续进行第三次和第四次折叠（以与第一次和第二次相同的方式擀开和折叠面团）。在面团的左上角按压上四个手指印之后，用保鲜膜包好并继续放到冰箱里冷藏至少20分钟。

第五次和第六次折叠酥皮面团

7. 在工作台上略撒些面粉，将面团从冰箱内取出，除掉保鲜膜放到撒有面粉的台面上（按有四个手指印的面团位置是在左上角），继续进行最后两次的折叠，擀开与折叠的步骤与之前一样。在每次擀开与折叠之前要用保鲜膜包好，放入冰箱内冷藏松弛至少20分钟（冷藏松弛的时间越长，面团越容易擀开进行加工）。

8. 最后一次折叠完成之后，在擀开面团之前，让面团静置至少20分钟。（静置的时间越长，面团越容易加工制作）

【小贴士】 因为和好的面团和起酥黄油冷藏之后硬度、质地相似，必须按照上述操作方法进行折叠擀制。如果面团在折叠前冷藏过度，黄油在面团擀开过程中会变硬并易碎。在制作酥皮时，要确保有足够的时间来完成折叠和擀制。

制作蜗牛黄油

1. 将干葱头末、蒜末、香芹末、茴香酒、盐和胡椒粉与软化后的黄油混合搅拌，放到一边备用。
2. 将酥皮面团擀开，厚度约为3毫米，放到烤盘上，冷冻20分钟。
3. 将烤箱预热到200℃。
4. 在烤盘上喷上一点水雾。
5. 用直径为8厘米的圆形花边模具在擀好的酥皮上扣压出16个圆形酥皮，然后在其中8个的表面刷上蛋液，用5厘米的模具在剩余的8个酥皮中间扣压，将扣压出的环形酥皮轻轻地拿起，摆放到刷有蛋液的8个酥皮上，轻柔地按压整齐。用一根牙签或者小刀的刀尖在酥皮上等距地戳3～4下，要确保戳透这两层酥皮。摆放到喷过水雾的烤盘上并刷上蛋液，要小心不要让蛋液从酥皮的侧面滴落。
6. 将酥皮放入预热好的烤箱中烘烤至涨发起来并且颜色均匀，需要15～20分钟。从烤箱内取出并稍微冷却。用小刀的刀尖将酥皮中间的脆壳挑起，修整一下内部空间。
7. 在平炒锅内用中火融化少许黄油，加入蜗牛拌炒均匀，然后再加入制作好的蜗牛黄油搅拌，直至蜗牛沾满受热融化的黄油。将蜗牛用勺舀入烤好的酥盒中。在酥盒的周围也淋上些黄油作装饰。

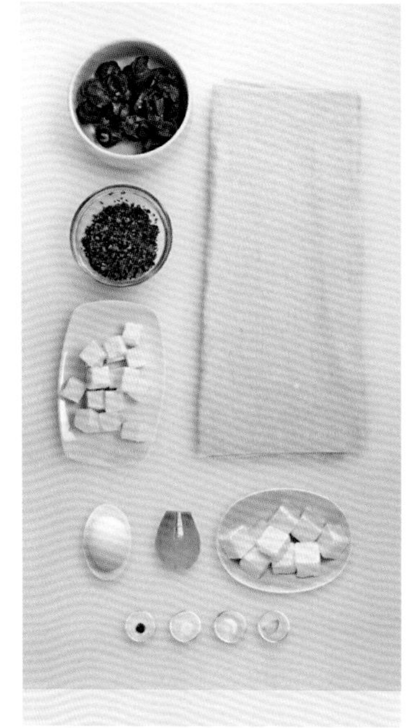

配料	
面粉（过筛）	250克
冷水	100毫升
盐	5克
黄油（第一份）	100克
黄油（第二份）	100克
蜗牛黄油	
黄油（软化好）	200克
葱头	1颗
蒜	1瓣
香芹	半枝
茴香酒	少许
盐和胡椒粉	适量
鸡蛋（打成蛋液）	1个
黄油	100克
蜗牛	24～28个

圆形泡芙（泡芙球，chouquettes）的起源可以追溯到意大利糕点大师潘特里尼时期（Panterelli），他于1547年跟随下嫁给法国皇帝亨利二世的凯瑟琳·梅迪奇（Catherine de Medici）来到法国。潘特里尼大师开发出了一种口味清淡、中间空洞的糕点并命名为“pâte à Panterelli”。这种糕点通用性非常强，可以作为许多法式常用糕点的基础材料，例如巧克力泡芙、泡芙塔、闪电泡芙以及泡芙圈等。到了18世纪，一位叫艾维斯（Avice）的糕点大师从潘特里尼面团中创作出了一种新的糕点称为圆形泡芙（choux bun）。这种圆形泡芙被称为“choux”，在法语中的意思是“卷心菜”，因为它们的造型令人难以置信地与小卷心菜非常相似。制作圆形泡芙的这种面团开始被称为“pâte à choux”。这就是chouquette（小圆泡芙）这一美味、清淡的小糕点为什么要根据这种蔬菜的名字而命名的由来。

圆形泡芙

学习内容

制作泡芙面团
挤出圆形泡芙

产量

可以制作出820克的泡芙面团

工具

面筛，木铲，搅拌盆，裱花袋，中号圆口裱花嘴，面刷，叉子，烤架，厚底烤盘、酱汁锅

配料	
面粉	163克
黄油（切成小粒状）	100克
白砂糖	5克
盐	3克
牛奶或者水	250毫升
鸡蛋	4个
装饰材料	
鸡蛋（打成蛋液）	1个
粗糖	适量

制作方法

1. 将烤箱预热到220℃。
2. 在厚底烤盘内涂刷上一层薄薄的油备用。
3. 将面粉过筛备用。
4. 将黄油、白砂糖、盐和水加入酱汁锅中，加热并搅拌至盐和糖完全溶化，当黄油全部融化并且水烧沸时，将锅端离开火，将所有面粉立刻一次性全部倒入烧开的水中。使用木铲将面粉搅拌均匀。将锅重新放回到火上加热并且继续搅拌直到形成一个光滑的面团，并且锅壁和锅底上都没有面粉残留。将热的面团从锅内倒入一个盆内并摊开，使面团略微降温。
5. 在面团中加入鸡蛋，一次加入一个，每次加入鸡蛋后都要搅拌均匀之后再加入下一个。加入并搅拌均匀3个鸡蛋之后，铲起些面糊检查面糊的浓稠度，抬起的面糊在滴落断裂开之前应具有伸展性，如果面糊过于浓稠，将最后一个鸡蛋加入，搅拌均匀，直至用木铲铲起面糊时能够起尖并能够滴落回盆内。
6. 将搅拌均匀的面糊装入带有一个中号圆口裱花嘴的裱花袋内，在准备好的烤盘上，挤出直径约为2.5厘米的圆形面糊，在挤出的圆形泡芙上刷上蛋液，用叉子将挤出的圆形泡芙顶端抹平，撒上粗糖，放入烤箱烘烤至膨发起来，颜色金黄均匀，需要烘烤25分钟。
7. 从烤箱内取出烤好的泡芙放到烤架上晾凉。

天鹅奶油泡芙

天鹅奶油泡芙是一种制作精致、口感细腻的糕点。制作好的泡芙成品神似一只天鹅，照字面意思从法语中（Choux à la Crème et Cygnes）翻译过来的寓意是“泡芙天鹅和奶油”。天鹅是用从裱花袋内挤出的泡芙面团造型制作而成的，使用个头略大些的泪滴形泡芙制作天鹅的身体部分，使用挤出的“S”泡芙造型作为天鹅的颈部和头部。这款精美可口的糕点非常适合在豪门盛宴场合中使用，因为天鹅长久以来都是英国皇家君主的挚爱美食。从伊丽莎白二世开始，英格兰所有的天鹅都是英国皇家君主的私有财产，即使到了今天，这个传统仍然是一项法律规定。在过去，无论是达官贵人还是平民百姓，天鹅肉被认为是平民或日常所能吃到梦寐以求的最佳美味，被精心保留着在特殊宴会场合使用，并且通常会在烹饪之前先举行一个给天鹅头戴花冠呈献给皇家君主的仪式。

制作方法

1. 将烤箱预热到220℃。在烤盘内涂刷上薄薄的一层黄油备用。将面粉过筛备用。

2. 将黄油、白砂糖、盐和水一起加入酱汁锅中加热，搅拌至盐和糖完全溶化，当黄油全部融化并且水烧沸时，将锅从火上端离开，将所有面粉立刻一次性全部加入。使用木铲，将面粉搅拌均匀。

3. 将酱汁锅重新放回到火上加热，继续搅拌直到形成一个光滑的面团，并且锅壁和锅底上都没有面粉残留。将热的面团倒入一个盆内并用木铲搅散开，使其略微降温。

4. 加入鸡蛋，一次一个地加入，每次加入鸡蛋后都要搅拌均匀再加入下一个鸡蛋。加入并搅拌均匀3个鸡蛋之后，铲起些面糊检查面糊的浓稠度，抬起的面糊在滴落断裂开之前应具有伸展性，如果面糊过于浓稠，将最后一个鸡蛋加入，搅拌均匀，直到用木铲铲起面糊时能够起尖并能够滴落回盆内为好。

5. 将搅拌均匀的面糊装入带有一个中号圆口裱花嘴的裱花袋内，在准备好的烤盘上挤出直径约为3.8厘米的圆形，留出部分面糊备用。刷上蛋液，用叉子将挤出的圆形泡芙顶端抹平，撒上粗糖，放入烤箱烤到涨发起来，颜色金黄均匀，需要烘烤25分钟。取出放到烤架上晾凉。

6. 泡芙晾凉后，将每个泡芙都从顶端1/3处平切下来。

制作尚蒂伊奶油

1. 将鲜奶油和糖粉一起搅打到湿性发泡。

2. 将打发好的鲜奶油装入带有星状裱花嘴的裱花袋中。

3. 在泡芙上挤出大的螺旋状奶油，将平切下的泡芙盖上。

4. 在上桌之前撒上糖粉。

制作天鹅泡芙

1. 在烤盘上将泡芙面糊挤成椭圆形，并形成一个尖状。

2. 预留一些面糊，装入带有一个小号圆口裱花嘴的小裱花袋中。

3. 在烤盘上挤出一些问号造型的面糊。烘烤至金黄色，需要烘烤8分钟，取出放在烤架上晾凉。

4. 如上述一样从顶端将椭圆形泡芙片切开1/3，然后将从顶端片切下来的1/3纵长切成两半。这些部分留着制作天鹅翼使用。

5. 按照上述做法制作尚蒂伊奶油。在泡芙里挤上奶油，然后将顶部的两片泡芙插到底部泡芙的两侧。

6. 在问号造型泡芙的顶端用刀切一个浅口，将杏仁片宽边部分插入切口中，问号的另一端插入奶油中。上桌之前撒上糖粉。

学习内容

制作泡芙面团
制作尚蒂伊奶油
挤出泡芙
用烤好的泡芙装配造型

产量

可以制作12个天鹅奶油泡芙

工具

锯刀，面筛，木铲，搅拌盆，裱花袋，中号圆口裱花嘴，中号星状裱花嘴，面刷，打蛋器，叉子，烤架，酱汁锅

配料

面粉	163克
黄油（切成小块）	100克
白砂糖	15克
盐	5克
水	250毫升
鸡蛋	4个
鸡蛋（打成蛋液）	1个
尚蒂伊奶油	
鲜奶油	400毫升
糖粉	60克
装饰材料	
杏仁片	适量
糖粉（撒糖用）	适量

闪电泡芙的来历充斥着各种各样的猜测，1864年版的牛津英语词典，被认为是最早援引“éclair”这个词汇，用来描述这种糕点的记载。一些历史学家依据这个时间段来质疑传说中的闪电泡芙的发明者是安东尼·卡勒姆。但是，卡勒姆仍然被认为是最有可能发明了这款以不同名字命名的填馅泡芙糕点的人。这款糕点在法国也被称为“bâton de Judas”，这个称呼在时间段上可能早于也可能晚于使用“éclair”这个名字。较少有争议的是，传闻中起“éclair”（在法语中的意思是快速）这个名字，是因为闪电泡芙是如此地美味可口，以至于人们在享用的时候将它一扫而空的速度像闪电一样快！

巧克力和咖啡闪电泡芙

学习内容

制作泡芙面团
挤出泡芙
制作蛋奶酱
在泡芙中挤出馅料
在蛋奶酱中调味和制作翻糖
用翻糖上光

产量

可以制作出12～16个泡芙

工具

木铲，胶皮刮刀，裱花袋，直径12毫米圆口裱花嘴，小号星状裱花嘴，叉子，直径6毫米圆口裱花嘴，餐叉，搅拌器，1个大号平底锅，2个中号平底锅，烤盘，搅拌盆

制作方法

制作泡芙面团

1． 将烤箱预热到220℃。

2． 制作泡芙面团：将水、牛奶、黄油、白砂糖和盐一起加入大号平底锅中混合并用中火烧沸，一旦黄油全部融化，立刻将锅从火上端离开，加入面粉。使用木铲搅拌均匀。将锅再放回到中火上，搅拌至面团不再沾到木铲上，并且在锅底上出现薄薄的一层面皮为止。将搅拌均匀的面糊倒入一个干净的盆里冷却一会，将鸡蛋一次一个依次地加入面糊中搅拌均匀，搅拌均匀之后的面糊应该是具有可伸展性并略微带些黏性。

3． 将搅拌均匀的面糊装入带有12毫米圆口裱花嘴的裱花袋中。

4． 在涂有薄薄一层油的烤盘上，挤出10～12厘米长的泡芙条。刷上蛋液，然后用餐叉的尖部（沾上蛋液）在泡芙条上纵长刻划上齿痕状的花纹图案。

5． 将闪电泡芙放入预热好的烤箱内并立即将烤箱温度降低到205℃，烘烤至金黄色（需要20～25分钟），开始上色后要里外对调一下烤盘。

6． 将闪电泡芙从烤箱内取出，放到烤架上晾凉。

7． 使用小号星状裱花嘴，在闪电泡芙的底部戳出3个小的孔洞（一个在中间的位置，另外两个分别在两端）。

制作蛋奶酱

1． 将牛奶倒入中号平底锅内在中火上加热烧沸。加入大约1/4用量的白砂糖搅拌至溶化。

2． 加热牛奶的同时，将蛋黄放入一个小的搅拌盆内加入剩余的白砂糖。用搅拌器将白糖和蛋黄一起搅打至全部溶解并且蛋黄的颜色变成浅色。在蛋黄中加入面粉或者玉米淀粉搅拌至混合均匀。

3． 当牛奶快要沸腾时，将锅从火上端离开并将锅内1/3牛奶倒入搅拌均匀的蛋黄中。搅拌均匀使蛋黄变稠，然后将变稠的蛋黄液体倒回并搅拌到剩余的热牛奶中。放回火上加热直到牛奶蛋黄糊开始产生气泡，继续搅拌（确保搅拌器搅拌到

平底锅的每个角落），加热1分钟使淀粉成熟。此时蛋奶酱会变得非常浓稠。将制作好的蛋奶酱分成均等的两份，分别放到搅拌盆里，在一份蛋奶酱内加入咖啡粉，在另外一份内加入融化的无糖巧克力，用搅拌器搅拌均匀。用叉子叉住一块冻硬的黄油在蛋奶酱表面涂抹，让融化的黄油形成一层保护膜。冷却蛋奶酱至室温，之后冷藏保存。

组装

1. 搅拌蛋奶酱直到质地松弛，将其装入带有6毫米圆口裱花嘴的裱花袋内，一半的闪电泡芙挤入咖啡蛋奶酱，另外一半挤入巧克力蛋奶酱。
2. 用微火将放在中号平底锅内的咖啡翻糖加热，用木铲轻缓地搅拌。如果翻糖在加热之后还是非常浓稠，可以加入几滴热水并搅拌均匀。继续加热并轻轻地搅拌翻糖，直到可以挂满铲子的背面、形成亮晶晶一层的浓稠度。使用翻糖理想的温度是37℃。
3. 蘸闪电泡芙（用咖啡闪电泡芙蘸咖啡翻糖，用巧克力闪电泡芙蘸巧克力翻糖）：捏住闪电泡芙，顶端朝向锅中的翻糖并蘸满这一端，放低闪电泡芙使得上部全部沾满翻糖，同时把先蘸糖的那一端抬起。使泡芙顶端全部沾满翻糖，用手指将多余的翻糖整理掉。
4. 将蘸好翻糖的闪电泡芙拿出，摆放到干净的盘内，并放到冰箱内冷藏，使翻糖冷却之后凝固。
5. 上桌之前泡芙要一直保存在冰箱内。

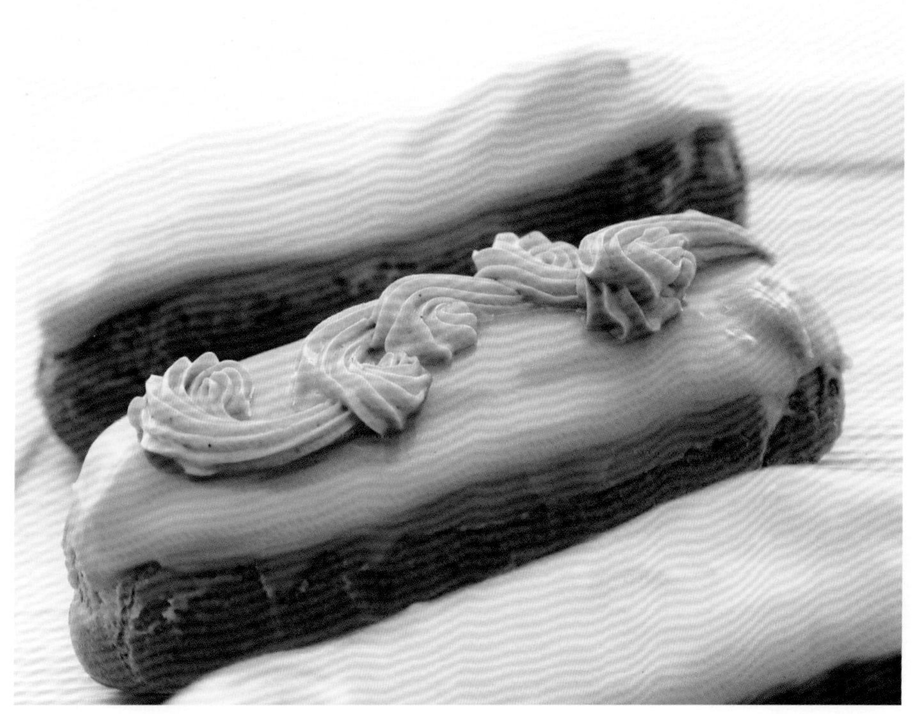

配料	
水	125毫升
牛奶	125毫升
黄油	125克
白砂糖	12克
盐	2.5克
鸡蛋	4～5个
面粉	150克
鸡蛋（用于蛋液）	1个
蛋奶酱	
牛奶	750毫升
蛋黄	6个
白砂糖	150克
面粉（或玉米淀粉）	45克
咖啡粉	适量
无糖巧克力（融化）	60克
上光材料	
咖啡翻糖	200克
巧克力翻糖	200克

根据皮埃尔·拉康所著*“Le Memoriale Historique”*一书中记载，奶油泡芙在弗拉斯卡蒂（Frascati）首创，这是19世纪时开设在巴黎的一家餐馆，后来由于参与赌博而被关闭。没想到以如此虔诚而神圣的名字命名的糕点却带有这样初始的污点！奶油泡芙（la religieuse）最初的英文译名是“the nun”（修女），这款糕点本身造型是仿效了修女们所习惯穿的衣服。

巧克力和咖啡奶油泡芙

学习内容

制作泡芙面团
制作蛋奶酱
在泡芙中填入馅料
在蛋奶酱和翻糖中增添各种风味
用翻糖给泡芙上光
用奶油糖霜对泡芙进行装饰

产量

8人份

工具

木铲，胶皮刮刀，裱花袋，12毫米圆口裱花嘴，小号星状裱花嘴，6毫米圆口裱花嘴，餐叉，搅拌器，曲柄抹刀，一个大号平底锅，一个中号平底锅，2个小号平底锅，烤盘

制作方法

将烤箱预热至220℃。

制作泡芙面团

1. 制作面糊：将水、牛奶、黄油、白砂糖和盐一起加入大号平底锅中，用中大火烧沸，搅拌至盐和糖完全溶化。当黄油全部融化并且水沸腾时，将锅端离开火，立刻将所有面粉一次性全部加入，使用木铲搅拌均匀。将平底锅重新放回中火上加热并继续搅拌直至形成一个光滑的面团，并且没有沾到锅壁上为好。将热的面团放入一个干净的盆内摊开略微晾凉。加入鸡蛋，一次一个地加入，每次加入一个鸡蛋之后都要搅拌均匀。最后搅拌好的面糊应该具有弹性和黏性，将搅拌均匀的面糊装入带有一个12毫米圆口裱花嘴的裱花袋内，在涂了薄薄一层油的烤盘上，挤出两排大泡芙（直径大约5厘米），两排小泡芙（直径大约2.5厘米）。在泡芙上涂刷上蛋液，然后将餐叉的叉齿沾上蛋液，在泡芙表面轻轻抹过，使其形状均匀。
2. 将泡芙放入烤箱里，将烤箱温度立刻降低到205℃，烘烤至金黄色（需要20～25分钟），开始上色时转动烤盘将烤盘里外对调。
3. 将烤好的泡芙从烤箱内取出，放到烤架上晾凉。
4. 使用小号星状裱花嘴，在泡芙的底部戳出一个孔洞。

制作蛋奶酱

1. 将牛奶倒入一个中号平底锅内，将香草豆荚从中间劈开，刮出香草籽，加入牛奶中搅拌均匀，在中火上将牛奶烧沸。加入大约1/4用量的白砂糖，搅拌至溶化。

2. 同时，将蛋黄加入一个小的搅拌盆里并将剩余的白砂糖加入，将白砂糖搅拌进蛋黄中并打发蛋黄至颜色变浅，在蛋黄液体中加入面粉和玉米淀粉并搅拌均匀。

3. 当牛奶快要烧沸时，将平底锅从火上端离开，将1/3用量的热牛奶倒入搅拌均匀的蛋黄中，不停地搅拌使蛋黄回温，然后将搅拌均匀的蛋黄液体搅拌到热的牛奶锅中。重新加热至液体开始冒泡，继续搅拌（确保搅拌器能够搅拌到平底锅底的四周区域）。继续熬煮1分钟让淀粉成熟，制作好的蛋奶酱应该非常浓稠。将蛋奶酱分成两份分别放到两个搅拌盆里，使用搅拌器将咖啡粉和融化的巧克力分别搅拌进入一份蛋奶酱中，用叉齿叉住一块冻硬的黄油在蛋奶酱的表面反复涂抹以形成一层黄油保护膜。晾凉到室温以后放入冰箱内冷藏保存。

配料	
泡芙面团	
水	125毫升
牛奶	125毫升
黄油	125克
盐	5克
白砂糖	12克
面粉	150克
鸡蛋	4～5个
鸡蛋（打成蛋液）	1个
蛋奶酱	
牛奶	750毫升
香草豆荚	1根
蛋黄	6个
白砂糖	150克
面粉	45克
玉米淀粉	45克
咖啡粉	5毫升
黑巧克力（融化）	50克
组装	
咖啡翻糖	100克
巧克力翻糖	100克
奶油糖霜	100克
可可粉	适量

组装

1. 搅打蛋奶酱直至质地松弛，然后装入带有6毫米圆口裱花嘴的裱花袋中。向泡芙底部的孔洞中挤入蛋奶酱，一半泡芙挤入巧克力风味，另外一半泡芙挤入咖啡风味。

翻糖：在一个中号平底锅中加入咖啡翻糖，用最小火加热，用木铲轻轻搅拌，在加热过程中如果翻糖还是非常浓稠，可以在翻糖中加入几滴糖浆。继续搅拌直至翻糖的浓度恰好能够覆盖过一把勺子的背面，并且能够形成闪亮的一层为止。翻糖的最佳使用温度是37℃。

2. 制备巧克力蛋奶酱，如上述制作的所有步骤一样。

3. 在泡芙上蘸翻糖，在泡芙顶端蘸上的翻糖要与其填馅的材料相同。用手指将所有滴落的翻糖清理干净。待所有的泡芙都蘸好翻糖之后，将奶油糖霜装入带有小号星状裱花嘴的裱花袋中，在每一个大的泡芙顶端挤出一个圆花形。对于巧克力风味的泡芙，将可可粉与奶油糖霜混合均匀。将小泡芙摆放到每一个大泡芙顶端挤出的圆花形奶油糖霜上，再沿着小泡芙挤出一圈奶油糖霜，然后再在小泡芙的顶端挤上一个小圆花形奶油糖霜进行装饰。

费南雪虽然不像它的近亲玛德琳蛋糕那么广为人知，但是这款诱人食欲的金黄色糕点当然也不会被人们所淡忘。费南雪在19世纪后期由位于巴黎的鲁圣·丹尼斯蛋糕店所首创，是一款真正属于巴黎的美食，它的创始人是著名的糕点大厨M·拉恩，而且发明这款美味小吃糕点的幕后故事与巴黎糕点世界有千丝万缕的联系。在这个传说中，大厨拉恩的糕点店位于鲁圣·丹尼斯，在巴黎金融区中心的右侧，紧挨着“巴黎证券交易所”，一天到晚银行家们会急匆匆地进入大厨拉恩的糕点店内找寻点什么可以果腹的糕点，这些情景让大厨拉恩突发奇思妙想，是否能够制作出一款小巧精致、非常方便携带、用手就可以直接取食的蛋糕，让银行家门感觉到简单易取、口感美味，在忙碌的工作场合中就可以方便食用的小吃。拉恩针对这些目标客户来命名这款糕点，这样就诞生了“financier”（金融家）这个名字。人们普遍认为，在这个绝佳的营销策划方案中，拉恩大厨，选择了深受金融家们喜爱的独特的矩形造型和梦幻的黄金色彩，他创造出的这一款糕点让他的客户们非常熟悉并且像极了他们所崇拜的金砖造型。这款蛋糕在银行家们的眼中大获成功，要感谢拉恩大厨非凡的创造力和睿智的商业头脑，今天我们都能够享用到这款美味的糕点小吃，就像金砖一样货真价实。

费南雪

学习内容

制作褐色黄油
使用裱花袋

产量

可以制作出1.4千克的费南雪面糊

工具

面筛，裱花袋，中号圆口裱花嘴，搅拌器，搅拌盆，烤架，保鲜膜，木勺，烤盘，酱汁锅，费南雪模具

配料

配料	
面粉	120克
榛果粉	270克
糖粉	250克
蛋清	305毫升
转化糖	100克
黄油	340克

制作方法

1. 将面粉、榛果粉、糖粉一起过筛备用。

2. 将蛋清和转化糖加入到过筛的干粉中一起搅拌，直到搅拌成光滑细腻的面糊。

3. 在一个小号酱汁锅内，将黄油融化并且加热到快要变色的程度，一旦黄油中的固形物开始变成深褐色（称为褐色黄油，也称栗子色黄油，beurre noisette）时，将黄油端离开火源并且倒入搅拌均匀的面糊中，迅速与面糊搅拌均匀。

4. 将面糊倒入一个大的搅拌盆中，用保鲜膜封盖，放入冰箱里冷藏松弛一宿。

5. 将烤箱预热到220℃，将费南雪模具涂上一层薄薄的黄油，将模具摆放到烤盘里。

6. 将面糊装入带有一个中号圆口裱花嘴的裱花袋中。

7. 将面糊挤到费南雪模具中装填到2/3满，放入烤箱里烤至金黄色，大约需要烘烤10分钟。

8. 从模具中脱模，放到烤架上晾凉。

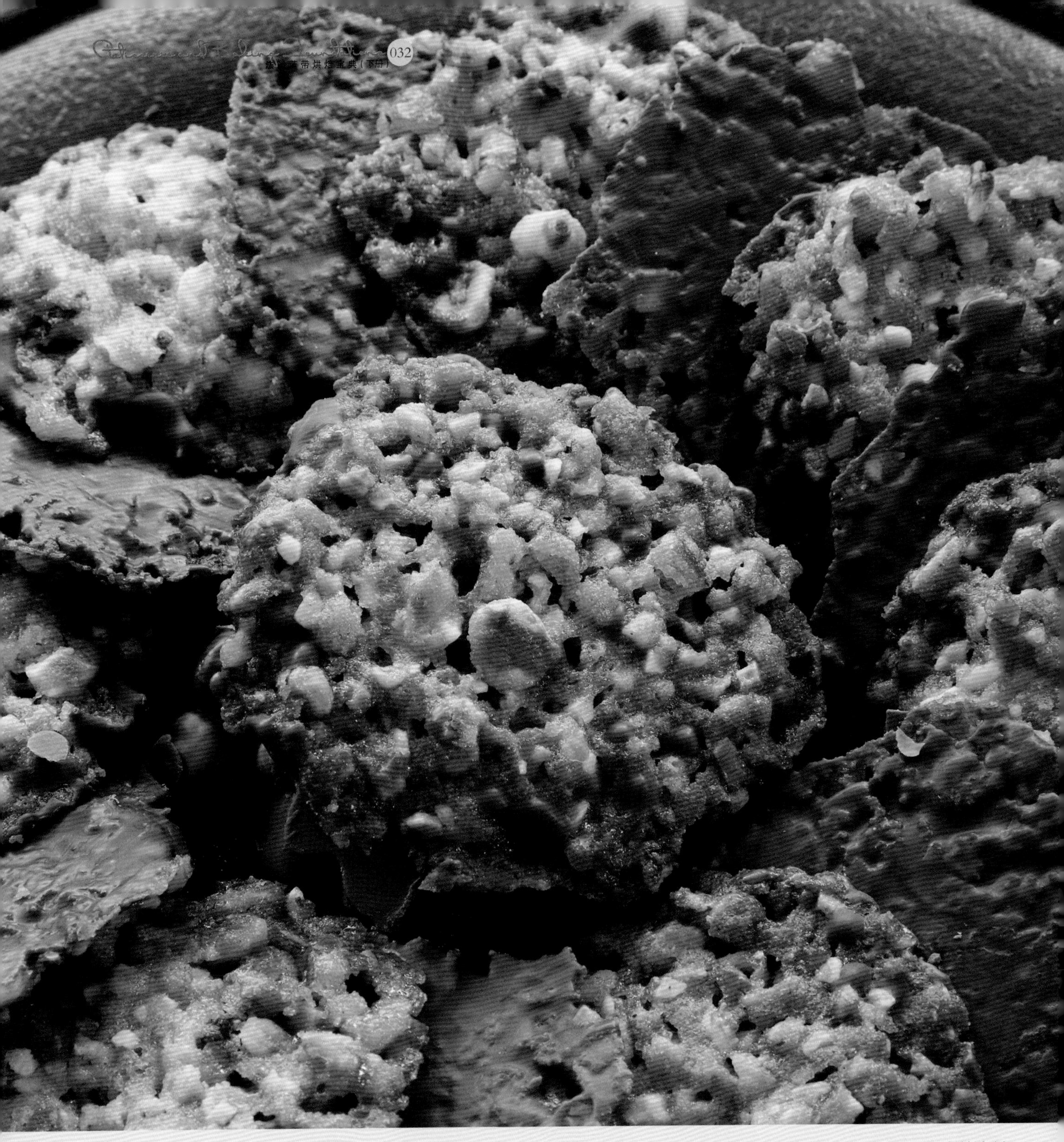

隐藏在佛罗伦萨饼干（又称蕾丝蛋糕，lace cake）背后的故事带有一丝神秘的色彩。其中令人信服的一种说法是这款味美甘甜、香酥薄脆的饼干来自于意大利城市佛罗伦萨，但是事实上似乎并非如此，这款饼干叫佛罗伦萨这个名字的字面意思是“产自于佛罗伦萨”，然而，几乎没有任何证据能够表明这款甘美香甜的糕点与这座文艺复兴时期的城市有什么关联。我们所能够知道的是这款糕点在17世纪中叶的某个时间段来自于欧洲的某个地方，从那一刻开始，关于它的准确起源地就众说纷纭。不管如何，这款糕点起源地最令人信服的观点是由路易十四的御用糕点大厨在1682年到1715年间的某个时候制作而成，当时太阳王（Roi soleil，Sun king）居住在凡尔赛宫内，据说这款糕点是作为礼物赠送给佛罗伦萨梅迪奇家族的（托斯卡纳大公，佛罗伦萨的统治者）。制作出这样一款精致美味的糕点作为礼品，由一位欧洲君主赏赐给其他人享用。这样就解释清楚了为何这款糕点会起佛罗伦萨这个名字。

佛罗伦萨饼干

学习内容

制作佛罗伦萨饼干

产量

可以制作出1.1千克的佛罗伦萨饼干面团

工具

木勺，硅胶烤垫，烤架，搅拌盆，面筛，烤盘

配料	
黄油（软化）	200克
红糖	200克
面粉	120克
杏仁（切碎）	120克
核桃仁（切碎）	120克
榛子仁（切碎）	120克
糖渍橙皮（切成细末）	250克

制作方法

1. 将烤箱预热到180℃。将面粉过筛备用。
2. 将软化的黄油和红糖一起打发。
3. 加入过筛后的面粉搅拌均匀。
4. 加入切碎的干果仁和糖渍橙皮末一起搅拌均匀。
5. 将一勺面糊舀到烤盘上的硅胶烤垫上，每勺面糊之间间距为7.5厘米，以利于面糊在烤制过程中扩展开。
6. 放入烤箱内烤至开始变色时，从烤箱内取出，放置5分钟让饼干凝固定型，然后小心地将饼干取出放到烤架上冷却。

注 如果喜欢，可以在佛罗伦萨饼干的底部沾上巧克力。

马卡龙：巧克力、香草、开心果风味

马卡龙（又称gerbet）是世界上最受欢迎的甜点之一。马卡龙最早起源于意大利，在8世纪时由修道院所发明。说起来挺有意思的是，马卡龙被认为是模拟了修道士肚脐眼的形状制作而成的。马卡龙这个名字来源于意大利语"maccerone"，意思是"压碎"，被认为是表示压碎的杏仁，这是制作马卡龙最重要的原材料之一。马卡龙首次被引入法国的时间是在1533年，佛罗伦萨的凯瑟琳·德·梅迪奇带着大批的随从人员，包括一些顶级的意大利糕点大厨，嫁给法国国王亨利二世，自从法国人首次在皇家婚礼上见到了马卡龙，这款惹人喜爱的糕点受欢迎的程度就开始呈指数级增长趋势。早期的马卡龙是一款非常简单的以杏仁为主料的饼干，与现代的杏仁饼干（amaretti）相类似。从那时开始，法国人制作出了真正属于自己的马卡龙。时至今日众所周知的马卡龙的诞生可以追溯到皮埃尔·迪斯芬太尼，在20世纪初期，他是世界上知名的法国巴黎Ladurée糕点店的厨师长。迪斯芬太尼厨师长构思了一个绝妙的主意，在两块蛋白糖霜饼干中夹入一层甘纳许（ganache）馅料，这种标新立异的创新糕点广受好评，Ladurée糕点店从发明至今一直都在出品这种糕点。至今马卡龙在法国仍然非常受欢迎，以至于法国城市蒙莫里隆(Montmorillon)创建了杏仁和马卡龙博物馆以纪念这款绝佳美味的糕点。

制作方法

制作香草马卡龙

1. 将烤箱预热至160℃。将杏仁粉和糖粉一起过筛备用。
2. 打发蛋清至湿性发泡（中度发泡）。加入白砂糖及一滴食用红色素，将蛋清打发至发泡紧密而呈幼滑状。
3. 将过筛之后的杏仁粉和糖粉轻轻拌入打发好的蛋清中。
4. 将搅拌均匀的材料装入带有大号圆口裱花嘴的裱花袋中。
5. 在烤盘内的硅胶烤垫上将材料挤出成小圆形状。
6. 将挤好的圆形马卡龙放入烤箱中，烤至马卡龙在硅胶烤垫上膨发起来，需要10分钟。
7. 将烤盘从烤箱中取出，将硅胶烤垫移至烤架上冷却。
8. 填馅：马卡龙冷却之后，在裱花袋中装入小号圆口裱花嘴，装入树莓果酱。在一个马卡龙的底部挤上一些树莓果酱，将另外一个马卡龙放置其上。要确保马卡龙的圆顶是朝外的。重复此操作，直至全部完成。

制作开心果马卡龙

1. 按照制作香草马卡龙的步骤制作，只是使用食用绿色素代替红色素。
2. 填馅：将奶油和葡萄糖浆在盆内混合，搅拌均匀。分次加入开心果果酱，每次加入的量不要太多，直到搅拌均匀呈幼滑状。将杏仁膏加入其中，也搅拌均匀并呈幼滑状。加入樱桃白兰地再次搅拌均匀。在裱花袋内放入小号圆口裱花嘴，将搅拌均匀的杏仁/开心果果酱装入裱花袋中。重复与制作香草马卡龙填馅相同的操作步骤。

制作巧克力马卡龙

1. 将可可粉、杏仁粉和糖粉一起过筛，接下来的做法与制作香草马卡龙相同，只是不使用食用红色素。
2. 填馅（甘纳许）：将奶油在厚底锅内用中火加热烧沸。将巧克力慢慢地加入锅中加热的奶油里，同时使用搅拌器搅拌，搅拌至所有的巧克力完全融化，与奶油融为一体。
3. 在另外一个盆里，将水和可可粉搅拌至完全溶解没有颗粒的程度，加入无盐黄油，搅拌均匀。
4. 将搅均匀的巧克力和奶油加入搅拌好的可可粉黄油液体中，混合均匀。将小号圆口裱花嘴装入裱花袋中，将搅拌均匀的甘纳许装入裱花袋内。重复与制作香草马卡龙填馅和开心果填馅相同的操作步骤完成巧克力马卡龙的制作。

学习内容

制作蛋白霜
调色
挤出圆形马卡龙
学制作甘纳许
在马卡龙中夹入馅料

产量

可以制作出大约2千克的马卡龙面糊

工具

搅拌盆，面筛，厚底锅，硅胶烤垫，胶皮刮刀，搅拌器，裱花袋，大号圆口裱花嘴，小号圆口裱花嘴，烤架，厚底烤盘

配料	
杏仁粉	250克
糖粉	400克
蛋清	225毫升
白砂糖	100克
食用红色色素	1滴
用于香草马卡龙的树莓（覆盆子）馅	
树莓果酱	300克
开心果馅马卡龙（使用香草马卡龙的配方）	
食用绿色色素	2滴
开心果馅	
奶油	75毫升
葡萄糖浆	25毫升
杏仁膏	80克
开心果果酱	25毫升
樱桃白兰地	20毫升
巧克力马卡龙	
可可粉	50克
糖粉	400克
杏仁粉	225克
蛋清	250毫升
白糖	100克
甘纳许	
黑巧克力	500克
重奶油	700毫升
可可粉	100克
黄油（无盐）	200克
水	50毫升

这款看起来丝毫不显眼的小贝壳形状的蛋糕的来历，已经引起了超过它本身所能承受的激烈论战。有些人认为应该是蓝带大厨玛德琳·珀米尔在1843年制作而成的，卡勒姆提出是由著名糕点大厨让·艾维斯所发明的。还有更早的证据能够表明，这款蛋糕是由一个受雇于柯美尔西公爵的叫玛德琳的农家女孩所研发的。尽管到现在争论还是喋喋不休，但是这款玛德琳蛋糕在法国人的童年记忆里占有着特殊的地位。它是法国作家马塞尔·普鲁斯特最喜爱的甜点，马塞尔·普鲁斯特曾经描述过在孩童时代每次吃到玛德琳蛋糕都类似于一次神圣的体验。

玛德琳——贝壳蛋糕

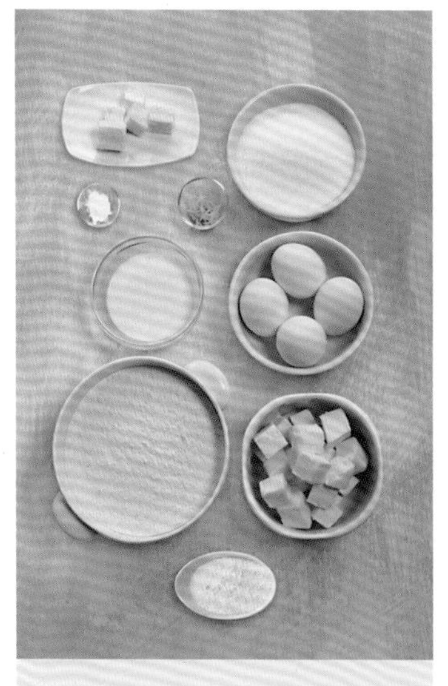

学习内容
制作褐色黄油
一起搅打鸡蛋和白糖
准备并烤制玛德琳蛋糕

产量
大约可以制作3打，36个玛德琳蛋糕

工具
刨丝器，面筛，搅拌器，油纸，保鲜膜，胶皮刮刀，裱花袋，12毫米圆口裱花嘴，搅拌盆，玛德琳蛋糕模具，小号酱汁锅

配料	
黄油	30克
面粉	30克
玛德琳蛋糕用料	
面粉	360克
黄油	170克
泡打粉	15克
柠檬皮（碎末）	3克
白砂糖	250克
鸡蛋	4个
牛奶	60毫升

制作方法

1. 将烤箱预热至240℃。

2. 将黄油放入到小号酱汁锅内，置于中火上加热融化。在玛德琳蛋糕模具上涂刷上黄油，放入冰箱内冷藏1～2分钟至黄油凝固。再在模具上涂刷一层黄油，撒上一层面粉备用。

玛德琳蛋糕

1. 将黄油放入小号酱汁锅内，置于中火上加热至开始变成褐色（beurre noisette）。将锅端离开火放到一边备用。

2 将面粉和泡打粉一起过筛到一张油纸上，再重新过筛一次。在搅拌盆内将柠檬皮和白砂糖混合好之后再加入鸡蛋。使用搅拌器搅打至颜色发白，抬起搅拌器时蛋液能够呈丝带状滴落。加入牛奶搅拌均匀。加入面粉，使用胶皮刮刀轻轻上下翻拌均匀。将两汤勺的面糊加入融化的黄油中，搅拌均匀。然后将此倒回面糊中一起搅拌均匀。用保鲜膜将搅拌盆盖好，放入冰箱内静置冷藏至少1小时。

烘烤

将准备好的面糊装入带有大号圆口裱花嘴的裱花袋里，在玛德琳蛋糕模具中挤出水滴形状，至模具一半满。将模具放入烤箱中烘烤6分钟，然后将烤箱的温度下调至200℃，将蛋糕烘烤至金黄色（需要3～4分钟）。当玛德琳蛋糕呈金黄色并且中间鼓起时，从烤箱中取出，将脱模后的蛋糕放置到烤架上。玛德琳蛋糕可以热食或者晾凉至室温时食用。

镜面饼干（mirror biscuits）是带有亮光果胶、美味可口的杏仁饼干。法语中“miroir”这个词汇是“镜面”的意思，此种饼干名字的由来是在饼干表面有一层亮晶晶、具有反光效果的杏酱果胶的原因。

镜面饼干

学习内容

制作蛋白霜
使用裱花袋
使用杏酱果胶

产量

可以制作出900克的镜面饼干面团

工具

裱花袋（4～5毫米的圆口），搅拌盆，面筛，胶皮刮刀，搅拌器，烤架，毛刷，烤盘

配料

杏仁奶油酱	
黄油（软化）	125克
糖粉	125克
杏仁粉	125克
鸡蛋	2个
朗姆酒	10毫升
镜面饼干	
杏仁粉	60克
榛果粉	60克
糖粉	60克
面粉	25克
蛋清	4个
白砂糖	60克
装饰材料	
杏酱果胶	适量

制作方法

1. 将烤箱预热至180℃。
2. 在烤盘上涂抹一层黄油，再撒上些面粉。在裱花袋中装入直径4～5毫米的圆口裱花嘴备用。

制作杏仁奶油酱

1. 将软化好的黄油加上糖粉搅打至细腻。
2. 加入杏仁粉搅拌均匀，然后加入鸡蛋，一次加入一个，搅打好之后再加入下一个，直至搅打混合均匀。再加入朗姆酒调味。

制作镜面饼干

1. 将杏仁粉、榛果粉、糖粉和面粉一起过筛。
2. 将蛋清和部分白砂糖一起打发至湿性发泡，再将剩余白砂糖一起加入打发至硬性发泡，直到泡沫紧密而细腻，抬起搅拌器时蛋白霜呈尖状。
3. 将干粉类材料轻柔地拌入打发好的蛋白霜中，直到混合均匀。将混合均匀的蛋糊装入到准备好的裱花袋中，在准备好的烤盘上挤成直径大约5厘米的环形，撒上碎杏仁，在中间填入杏仁奶油酱。
4. 放入烤箱内烘烤至边缘呈金黄色，中心部分呈浅黄色。取出放在烤架上冷却。
5. 稍微加热杏酱果胶直到变成液体状，使用毛刷在中间杏仁奶油酱上涂刷一层杏酱果胶，直至均匀并呈闪亮状。

布列塔尼饼干于20世纪初期起源于法国布列塔尼地区。这些带有香浓的黄油味道、美味可口的茶点以其出产地法国布列塔尼地区而得名。因带有浓郁的海滨风味，布列塔尼饼干也因此被称为布列塔尼“沙粒”（“sables”Breton），sables当然是“沙粒（sand）”的意思，这个“沙粒”饼干的名字来自于饼干本身颗粒状的质地，以及起源地所靠近的海岸区域。

布列塔尼饼干

制作方法

1. 将烤箱预热至175℃。
2. 将黄油和红糖一起打发，之后加入香草香精和蛋黄搅拌均匀。
3. 将面粉过筛，与海盐以及泡打粉一起放到盆内，加入之前打发的黄油等材料一起搅拌，当形成块状时，将它们揉搓成圆形。
4. 在撒有面粉的工作台面上擀开面团，大约为1厘米的厚度，用圆形切割刀切割成大的圆形。摆放到涂刷有油的烤盘内。
5. 在鸡蛋中加入一点水，搅打成为蛋液，用毛刷将蛋液涂刷到布列塔尼饼干的表面。待涂刷好的蛋液干燥之后再涂刷一遍蛋液。用餐叉的齿在饼干的表面刻划出菱形痕迹。放到烤箱内烘烤至金黄色，需要12～15分钟，然后将饼干从烤箱内取出，放到烤架上晾凉。

学习内容

使用切割器切割饼干
给饼干上光

产量

可以制作出10份，每份100克的面团

工具

擀面杖，大号圆形切割器，毛刷，搅拌盆，搅拌器，烤架，餐叉，烤盘

配料

配料	用量
咸味黄油	250克
红糖	190克
香草香精（或者一根香草豆荚中的香草籽）	5毫升
蛋黄	4个
面粉	385克
泡打粉	8克
海盐	少许
鸡蛋（蛋液用）	1个

香酥棒

香酥棒的形状有些类似于香酥条，这些类似于条形的美味糕点（例如蝴蝶酥和杏仁酥）使用的是制作酥皮糕点时剩余的边角材料，在法语中称为“les rongnures”。由于酥皮中的黄油含量比较高，对于糕点厨师来说酥皮糕点的成本就会比较高。所以剩余下来的任何边角材料都要做到物尽其用，蝴蝶酥和杏仁酥这两种成型技法的使用就确保了所有的边角料都不会造成丝毫浪费。

制作方法

学习内容

制作酥皮

制作包酥面团

产量

制作出1.1千克的酥皮面团

工具

厨刀，擀面杖，毛刷，面刷，塑料刮板，烤盘

制作酥皮

1. 将面粉过筛到干净的工作台面上，用塑料刮板在面粉中间做出一个井圈，在井圈中加入盐和水，用手指搅拌一下，让盐在水中溶化开。加入第一份黄油（切成小颗粒状）并用手指搅拌均匀。当面粉、黄油和水开始混合后，用塑料刮板反复进行叠压，直到形成一个颗粒比较粗糙的面团。如果面团太干燥可以再额外撒上些水再混合均匀。

2. 一旦将面团混合到没有干面粉时，将面团叠压成一个圆形，使用厨刀在面团顶端切割出一个深的十字形刻痕。

3. 将面团用保鲜膜包好，放到冰箱里冷藏松弛1小时以上（最好放置一宿）。

注　包酥面团（detrempe）是指还没有包入起酥用黄油时的面团。

4. 将第二份冷藏好的黄油（起酥黄油）用两张油纸包好，用擀面杖敲击并擀平，用塑料刮板修整成1厘米厚的方形，放置到一边备用。如果厨房内温度过高，可以放入冰箱内进行冷藏。在工作台面上撒一些面粉，将面团从保鲜膜中取出，放置到工作台面上，以切割好的十字形刻痕切口为参照，将面团擀开成十字形。要注意在擀开的过程中要让中间部位的面团比四边的面团略厚（当擀开面团和包裹黄油时，这样做非常重要）。将方块形黄油放入擀开的面团中间位置，将十字形相对的两块面团从黄油上方往中间位置折叠，直至略有重叠（在折叠过程中，小心不要产生任何气泡）。面团和黄油转动90° 将剩余两边的面团从黄油上方朝中间折叠，将黄油完全包裹住，面团接口处捏紧密封好，用擀面杖轻轻敲打包裹好黄油的面团，以让黄油均匀地分布在面团中，将面团转动90° ，继续轻轻敲打面团使得黄油分布得更加均匀，这个过程称为“包封”。

第一次和第二次折叠酥皮面团

5. 沿纵长擀开面团，形成一个规则的长方形，大小为原来面团的三倍，或者厚度为1厘米，刷掉表面多余的面粉，将朝向身体方向的1/3面团朝上折叠，将顶端1/3的面团盖过第一次折叠的面团，要确保边缘部分折叠得整齐均匀。将面团向右转动90° ，折叠的开口方向朝向身体的位置，重复刚才的擀面动作，要确保在每一次折叠面团之前和之后都要刷掉面团上多余的面粉，重复刚才的折叠动作（先朝上折叠一端的1/3，然后另一端的1/3盖过折叠好的这一个1/3部分），将面团转动90° ，在面团的左上角按压两个手指印。

注　这两个手指印用来记录面团折叠的次数，也用来表示后续折叠面团时转动的位置。用保鲜膜包好，放入冰箱内冷藏松弛至少20分钟。折叠两次的面团称为“佩顿”（paton）。

第三次和第四次折叠酥皮面团

6. 在工作台上略撒些面粉，将面团从冰箱内取出，除掉保鲜膜放到撒有面粉的台面上（按有两个手指印的面团位置是在左上角），继续进行第三次和第四次折叠（以与第一次和第二次相同的方式擀开和折叠面团），在面团的左上角按压上四个手指印之后用保鲜膜包好并继续放到冰箱里冷藏至少20分钟。

第五次和第六次折叠酥皮面团

7. 在工作台上略撒些面粉，将面团从冰箱内取出，除掉保鲜膜放到撒有面粉的台面上（按有四个手指印的面团位置是在左上角），继续进行最后两次的折叠，擀开与折叠的步骤与之前一样。在每次擀开折叠之前要用保鲜膜包好，放入冰箱内冷藏松弛至少20分钟。（冷藏松弛的时间越长，面团越容易擀开进行加工）。

8. 松弛之后，将面团分割成两块。

【小贴士】 因为和好的面团和起酥黄油冷藏之后硬度质地相似，必须按照上述操作方法进行折叠擀制。如果面团在折叠时冷藏过度，黄油在面团擀开过程中就会变硬并易碎。在制作酥皮时，要确保有足够的时间来完成折叠和擀制。

蝴蝶酥的制作

1. 使用第一块切割好的面团，纵长折叠一下在面团中间形成一个折痕。展开面团，涂刷上蛋液，撒上白糖。

2. 握住面团纵长的两端分别朝向中间折痕处折叠，在中间位置留出一点空隙，刷上蛋液，再撒些白糖，分别朝向折痕处卷紧。放到冰箱内冷冻松弛至面团冻硬（需要30分钟）。

3. 将冷冻的酥皮面团切成1厘米厚的片，将切割的酥皮摆放到刷过薄薄一层油的烤盘上。

杏仁酥的制作

1. 将另外一块面团切成两半并擀开成3毫米厚均匀的片状。将擀好的面片放到烤盘上，放入冰箱内冷藏15～20分钟。

2. 在面片的表面刷上蛋液，然后撒上白糖和杏仁碎，用擀面杖滚压1~2次以确保白糖和杏仁碎均匀地沾在面片上。用大号、锋利的厨刀将面片切成1.2～2厘米宽的条。

3. 将切好的酥皮条一端朝下，用另一只手扭成螺旋状，抬起两端摆放到烤盘里，将两端下压以确保香酥条没有收缩和变形，依次间隔2厘米的距离摆放，以利于其膨发，烘烤至金黄色，需要12～15分钟。从烤箱内取出，摆放到烤架上冷却。

配料	
面粉	500克
冷水	200毫升
盐	8克
黄油（第一份）	200克
黄油（第二份）	200克
鸡蛋（打成蛋液）	1个
馅料	
白糖（糖粉或者砂糖）	适量
杏仁片（烘焙过，切碎）	适量

在燃气烤箱出现之前，为了能够充分发挥使用木柴作燃料的烤箱性能，一个面包师必须具备足够丰富的工作经验。由于各种小点心需要较低的烘焙温度，大型糕点在烘焙完成之后烤箱的温度会降低，对于需要较低烘焙温度的各种小点心来说，这段时间就是制作的最佳时刻。小点心（petits fours）可以翻译成“little flame（小火苗）”，是因为使用木柴进行烘烤的烤箱内使用的是小火。在“petits fours secs”中“sec”的意思是酥脆，这类小甜点与茶、蛋奶布丁、冰淇淋和沙冰等可以形成绝佳的搭配。

什锦饼干

学习内容

使用裱花袋
使用蛋液
给什锦饼干上光
使用饼干模具

产量

8人份

工具

面筛，搅拌器，面刷，叉子，烤架，搅拌盆，胶皮刮刀，裱花袋，10毫米圆口裱花嘴，勺子，饼干模具，硅胶烤垫，4个烤盘，酱汁锅

制作方法

将烤箱预热至188℃。在烤盘上涂抹上薄薄的一层冷藏过的黄油，然后将烤盘放入到冰箱内冷藏备用。

权杖饼干

1. 将糖粉和杏仁粉一起过筛到一个盆里。

注 **等量的糖粉和杏仁粉混合后称为"tant pour tant（英文是equal amounts，等量的意思）"。**

2. 在大搅拌盆里搅拌蛋清至湿性发泡。慢慢加入白砂糖，同时继续搅拌直到硬性发泡并且泡沫呈现细腻状。将糖粉和杏仁粉加入到打发好的蛋清中，上下翻拌均匀。

3. 将拌好的蛋清混合物装入带有一个10毫米圆口裱花嘴的裱花袋中。在烤盘的四角分别挤出一点蛋清混合物，然后将油纸平铺到烤盘里并用蛋清混合物粘住。将蛋清混合物在油纸上沿着烤盘的长边成排地挤出短的条状，长度大约为8厘米。

4. 在挤出的长条上撒上杏仁碎。倾斜烤盘并轻敲，以让多余的杏仁碎从烤盘中掉落出来。

5. 放入烤箱烤至呈浅金黄色（需要10～15分钟）。

6. 从烤箱里取出烤盘之后，立刻从烤盘里将权杖饼干抖落到大理石台面上。

7. 冷却之后，将权杖饼干的底部蘸上融化的巧克力，平放到铺有油纸的烤盘内，放入冰箱内冷藏。

烟卷造型饼干

将黄油和糖粉一起打发，加入蛋清搅拌均匀。再加入面粉搅拌均匀，使用之前要静置松弛至少1小时。在烤盘内放上一个硅胶烤垫，舀4～6小勺的面糊倒在烤垫上，每勺面糊之间间隔至少8厘米。放入烤箱烘烤大约6分钟或者烘烤至面糊摊开边缘开始变成金黄色。从烤箱内取出，分别快速地用金属铲子取出，卷在木勺的把柄处。如果饼干变得太硬无法卷起，将烤盘放回烤箱内烘烤一会使其回软，使用剩余的面糊制作出所需要数量的烟卷造型饼干。

葡萄干薄脆饼

1. 将烤盘涂上油并撒上些面粉。放入冰箱内冷藏备用。

2. 将糖粉过筛到一个盆里。

3. 使用搅拌器，在大的搅拌盆里搅打黄油直到颜色变浅并呈蓬松状。加入糖粉和盐继续打发。再加入鸡蛋，一次一个地加入，并不停地搅打至混合物颜色变成浅色。将面粉过筛，加入其中，用胶皮刮刀拌匀。将面糊放入冰箱内冷藏松弛至少30分钟。

4. 将葡萄干中的朗姆酒控干净。

5. 将松弛好的面糊装入带有10毫米圆口裱花嘴的裱花袋内，在烤盘上挤出成排的圆形面糊，每个直径大约为2厘米，因为烘烤过程中会扩展开，因此在烤盘内要确保挤出的面糊相互之间至少留出5厘米的空隙，在每个面糊表面摆上3粒葡萄干，用手轻压进面糊中，将烤盘放入烤箱中，烘烤至边缘呈金黄色（需要6～8分钟）。

6. 在糖粉中加入一点水，搅拌成糊状，用毛刷将其涂刷在刚刚出炉的薄脆饼上。

7. 将薄脆饼取出，放在烤架上晾凉。

杏仁瓦脆薄片

1. 将烤箱预热至175℃。

2. 将杏仁片烘烤至边缘呈浅金黄色。

3. 将面粉和糖粉过筛后混合均匀。

4. 将硅胶烤垫摆放到烤盘里。

5. 当杏仁冷却之后，加入面粉和糖粉中。加入鸡蛋和蛋清搅拌均匀。舀取一勺面糊到硅胶烤垫上，用一把沾过水的叉子将面糊在烤垫上摊成圆形（确保留出足够的间距以利于瓦脆薄片在烘烤过程中扩展开），将烤盘放入烤箱中烘烤至金黄色。

6. 烤盘一旦从烤箱内取出，用金属铲子立刻将瓦脆薄片从烤盘上铲起，放到模具中成型。

配料	
权杖饼干	
糖粉	130克
杏仁粉	130克
蛋清	150毫升
白砂糖	30克
杏仁碎	200克
黑巧克力（融化好）	300毫升
烟卷造型饼干	
黄油	50克
糖粉	100克
蛋清	2个
面粉	45克
葡萄干薄脆饼	
糖粉	125克
黄油	125克
盐	少许
鸡蛋	2个
面粉	150克
葡萄干（用朗姆酒泡软）	80克
杏仁瓦脆薄片	
面粉	40克
糖粉	125克
鸡蛋	1个
蛋清	2个
杏仁片	150克

花纹饼干

这是一种被许多地方看做是“sablées”的饼干，充分地利用了油酥面团的酥脆性和黄油的属性特点，面团本身也可以用来作为塔皮使用。“sablée”这个词汇，或者称为“sandy/sanded”，指的是面团的质地在黄油和面粉经过手指的反复揉搓下形成了含有黄油颗粒的结构。花纹饼干由于在面团中使用了巧克力交织而成的纹路变化，呈现出了令人震撼的视觉美感，通常是与香草面团一起组成方格棋盘的形状。

制作方法

将烤箱预热至170℃。

制作香草饼干面团，使用糖油拌和法

1. 将面粉和泡打粉一起过筛到工作台面上，将中间的面粉朝外扒出，形成一个大的井圈。在这个井圈中加入糖粉并扒到周围的面粉中再次形成井圈。在井圈中加入水、蛋黄及香草香精并将它们混合，同时逐渐地将糖粉加入进行溶化。再将软化后的黄油加入揉搓到一起。

2. 使用塑料刮板，逐渐将面粉从周围翻切到中间的材料中。一旦混合形成了面团，所有的原料粘连到了一起时，将面团进行叠压以形成一个圆形，用手掌根朝向身体之外的方向揉搓，重复此动作，直到将面团揉搓至光滑，然后用保鲜膜将面团包好放入冰箱内冷冻保存。

制作巧克力饼干面团，使用糖油拌和法

按照制作香草饼干面团的做法，在加入黄油之后直接加入过筛的可可粉一起和成面团。

组装

1. 制作方格棋盘花纹饼干：使用擀面杖，将香草饼干面团擀成一个厚的长方形（擀开的面团厚度取决于你所需要的方格棋盘尺寸的大小），然后将巧克力饼干面团擀开成同样的厚度。

2. 将擀开的巧克力饼干面团和香草饼干面团分别切成条形，然后将它们交替地叠放在一起，在层次之间刷上蛋液。将剩余的香草饼干面团擀开成薄薄的一层，大小要足够包裹住叠放在一起的条形面团，用保鲜膜包好冷冻保存。

3. 制作螺旋状花纹饼干：将巧克力饼干面团和香草饼干面团分别擀成薄片状。首先，在擀开的香草饼干面片上刷上蛋液，然后将擀开的巧克力面片放到香草饼干面团上面。继续轻轻地擀制这两块叠放在一起的面片，以消除面片中间所有的气泡。将面片四周用刀切割整齐，然后紧紧地卷起成为面卷，用保鲜膜包好冷冻保存。

4. 将冷冻的面卷用刀切割成3~5毫米厚的片状并摆放到一个干净的烤盘上，放入烤箱，将饼干烘烤至边缘刚开始上色时取出，放到烤架上晾凉。

注　以不同的方式来组合巧克力饼干面团和香草饼干面团，可以获得富于各种变化的图案造型。例如，将两种切成条形的面团揉搓在一起形成圆柱形，可以制作出大理石花纹造型的饼干。不要忘记使用蛋液将叠放在一起分层的面团粘合在一起。

学习内容

能够将两种不同颜色的面团组合在一起形成一块面团
制作饼干面团
揉制饼干面团

产量

可以制作出1.9千克的饼干面团

工具

厨刀，面筛，擀面杖，面刷，塑料刮板，烤架，烤盘

配料	
香草饼干	
面粉	400克
泡打粉	4克
香草香精	5毫升
糖粉	200克
水	15毫升
鸡蛋	4个
黄油（软化）	200克
巧克力饼干	
面粉	400克
泡打粉	5克
香草香精	5毫升
糖粉	200克
水	15毫升
蛋黄	4个
黄油（软化）	200克
可可粉（过筛）	20克
装饰材料	
鸡蛋（打成蛋液）	1个

在一个小个头的泡芙中填入朗姆酒风味的蛋奶酱馅料，这款沙朗波泡芙出现在19世纪后期，以雷耶斯（Reyer）的歌剧沙朗波（Salammbô）来命名，它本身也是由福楼拜（Flaubert）的同名小说改编而成的。

沙朗波：朗姆酒奶油风味焦糖泡芙

学习内容

制作泡芙面团
制作沙朗波泡芙
制作蛋奶酱
在泡芙中填入馅料
制作焦糖

产量

8人份

工具

木勺，胶皮刮刀，裱花袋，12毫米圆口裱花嘴，小号星状裱花嘴，6毫米圆口裱花嘴，面刷，餐叉，搅拌器，塑料刮板，硅胶烤垫，1个大号酱汁锅，2个中号酱汁锅，2个小号酱汁锅，1个烤盘

制作方法

将烤箱预热至220℃。

制作泡芙面团

1. 制作面糊：将水、牛奶、黄油、白砂糖和盐一起加入大号酱汁锅内，用中大火烧沸，搅拌至盐和糖完全溶化。当黄油全部融化并且水烧沸时，将锅从火上端离开，将所有的面粉立刻一次性全部加入。使用木铲将面粉搅拌均匀。将酱汁锅重新放回中火上加热并且要继续搅拌直至形成一个光滑的面团，并且没有沾到锅壁上为好。将酱汁锅内热的面团放入一个干净的盆内略微晾凉。一次一个地加入鸡蛋，每一次加入鸡蛋后都要搅拌均匀之后再加入下一个。搅拌均匀的面糊应具有弹性和黏性，从盆里抬起木勺时，面糊能够形成一个V形。将搅拌均匀的面糊装入带有一个12毫米圆口裱花嘴的裱花袋内，在涂了薄薄一层黄油的烤盘上，挤出成排的既短又粗的称为沙朗波（salambos）的闪电泡芙造型。

2. 在泡芙上刷上蛋液，然后将叉齿沾上蛋液，轻抹泡芙的表面使其形状均匀。将泡芙放入烤箱里，当泡芙开始上色时，转动烤盘将烤盘里外对调。烤好之后，将泡芙摆放到烤架上晾凉。凉透之后，使用小号星状裱花嘴，在每个泡芙的底部戳出两个孔洞。

制作蛋奶酱

1. 将一个小托盘或者餐盘铺上保鲜膜备用。将牛奶倒入一个中号酱汁锅内，将香草豆荚从中间劈开，刮出香草子，加入牛奶中搅拌均匀，在中火上将牛奶烧沸。加入大约1/4用量的白砂糖，搅拌至溶化。

2. 牛奶加热的同时，将蛋黄加入一个小的搅拌盆里并将剩余的白砂糖加入，将白砂糖搅拌进蛋黄中至完全吸收并打发蛋黄至颜色变浅，在蛋黄液体中加入面粉和玉米淀粉并搅拌均匀。

3. 当牛奶快要烧沸时，将酱汁锅端离开火源，将1/3量的牛奶倒入搅拌好的蛋黄中，搅拌均匀使蛋黄回温，然后将搅拌均匀的蛋黄牛奶液体倒回并搅拌到剩下的热牛奶锅中。重新加热至液体开始冒泡，继续搅拌（确保搅拌器能够搅拌到酱汁锅底的四周位置）。继续熬煮1分钟让淀粉成熟，制作好的蛋奶酱应该非常浓稠。将制作好的蛋奶酱立即倒到铺有保鲜膜的小托盘上，用餐叉的齿叉住一块冻硬的黄油，在蛋奶酱的表面反复涂抹，以在表面形成一层黄油保护膜。再覆盖上一层保鲜膜，赶出所有的气泡，将蛋奶酱晾凉到室温再冷藏保存。

组装

1. 将冷藏的蛋奶酱放入搅拌盆里搅拌至光滑而富有弹性。加入朗姆酒搅拌均匀。将搅拌好的蛋奶酱装入到带有一个6毫米圆口裱花嘴的裱花袋里，通过底部的两个孔洞将沙朗波泡芙填满馅料。

2. 在硅胶烤垫上，用杏仁片拼摆出小的造型图案。

制作焦糖

在一个中号酱汁锅内用中火将水和白砂糖烧沸，继续加热直到液体变成浅焦糖色。将酱汁锅的锅底直接放入冰水中以防止焦糖继续加热颜色变深。将沙朗波泡芙沾上焦糖并摆放好，沾上焦糖的那一面朝下，放到硅胶烤垫上已经拼摆好的杏仁片图案上。要小心不要让手指头触碰到焦糖糖浆。在从硅胶烤垫上移动沙朗波泡芙之前要让焦糖晾凉变硬。装盘时带焦糖的一面朝上摆放。

配料	
泡芙面团	
水	125毫升
牛奶	125毫升
黄油	125克
白砂糖	12克
盐	小许
面粉	150克
鸡蛋	4~5个
鸡蛋（打成蛋液）	1个
蛋奶酱	
牛奶	750毫升
香草豆荚	1根
蛋黄	6个
白砂糖	150克
面粉	45克
玉米淀粉	45克
朗姆酒或者干邑白兰地	2毫升
焦糖	
白砂糖	150克
水	50毫升
杏仁片（用开水烫过）	适量

椰味饼干

椰味饼干的种类可以说是数不胜数，以至于几乎不可能找到其产自于哪一个特定的时间段或者具体是由哪一位糕点大厨发明。在为制作椰味饼干准备的材料方面，椰子首先是在1674年法国科学院中作为一种天然植物出现而让人一饱眼福的，而不是在历史研究方面取得了突破性的进展。公平地说，在法国椰子被用于烹调是在它被引进法国之后。对于法国或者欧洲国家涉及椰子风味的甜点来说，在东南亚国家，特别是在印度的甜点制作中，许多与椰子风味有关的甜点可能会带来最初在西点设计方面的灵感启示。例如“coconut barfi”是一款印度著名的甜品，从外观上来看与“rochers a la noixde coco（椰子球）” 有某些相似之处。还有一点是，众多的印度椰子风味甜点都是切成片供应的。当然在本款椰味饼干中使用了蛋白霜和巧克力，使得它们明显地有别于这些印度和东南亚甜食。

制作方法

将烤箱预热至180℃。

制作甜味油酥面团

1. 将面粉过筛到干净的工作台面上并堆好，将糖粉也过筛到工作台面上，在面粉旁边堆好。将盐撒到糖粉上，然后使用塑料刮板在面粉和糖粉中分别挖出一个井圈。

注　在接下来的操作步骤中，要保持一只手的清洁和干燥（因为这只手要握住塑料刮板操作），使用另外一只手搅拌这些湿性原料。

2. 将黄油加入糖粉中间的井圈中，用手指揉搓至黄油变软。使用塑料刮板，逐渐将周边的糖粉铲到黄油上并用手将它们揉搓到一起。继续混合糖粉和黄油直至完全混合并呈乳白色。
3. 在黄油糖粉中加入蛋黄和水并用手指将其混合均匀，成品应为略呈块状。再加入香草香精，用手指将其混合至完全吸收。
4. 用干爽的那只手，使用塑料刮板将一些面粉逐渐地加入搅拌成糊状的黄油原料中，同时用手指进行搅拌。继续加入面粉搅拌直至成黏稠的膏状。使用塑料刮板加入剩余的面粉，直至形成一个大的面团。
5. 使用手掌根部，用力地朝前挤压面团，以使得面团中没有硬块残留。反复揉搓面团直至面团光滑柔顺。然后用保鲜膜包裹好，压扁。放到冰箱里冷藏松弛至少30分钟（最好放置一宿）。
6. 将面团擀开成3毫米厚的长方形大片。用擀面杖将其卷起并移到涂抹过一层油的烤盘上。用针形滚刀在面皮上滚过以戳出孔洞，放到烤箱内烘烤。烘烤到面片刚开始上色时取出，刷上杏酱果胶，待其干燥之后再刷一层杏酱果胶。
7. 将烤箱温度调低到130℃。

制作瑞士蛋白霜

1. 保温锅内加水，将白砂糖和蛋清放到圆底盆中，置于保温锅中保持小火加热至微沸的状态。搅打至白砂糖完全溶解并且蛋清液体触摸起来感觉到烫手，温度在50～55℃时，将圆底盆从保温锅里的热水中端出，同时继续不停地搅打蛋清液体直到温度降低到37℃。
2. 将椰蓉和面粉、香草香精混合均匀，然后轻轻地拌入打发的蛋白霜中。混合均匀之后立刻停止搅拌，将其涂抹到烘烤过的并涂有杏酱果胶的油酥面团上，将烤盘再次放入烤箱内烘烤至蛋白霜触摸起来干燥不粘手，需要 25～30分钟的时间。从烤箱里取出放凉。
3. 待椰味饼干完全冷却，修整饼干的边缘部分。先沿纵长切割成3～4条，然后再切割成方块形或者三角形。蘸上融化好的巧克力。

学习内容

制作甜味油酥面团
制作瑞士蛋白霜
使用杏酱果胶

产量

制作出1.1千克的饼干面团

工具

锯刀、平抹刀，圆底盆，搅拌盆，细筛，塑料刮板，针形滚刀，擀面杖，搅拌器，面刷，胶皮刮刀，烤盘，保温锅

配料	
甜味油酥面团	
面粉	250克
黄油	125克
盐	少许
香草香精	5毫升
蛋黄	3个
糖粉	125克
杏酱果胶	适量
瑞士蛋白霜	
蛋清	5个
白砂糖	250克
椰蓉	200克
面粉	15克
香草香精	5毫升
装饰材料	
巧克力（融化）	300毫升

塔 类

杏仁塔
Almond Tarts

果馅塔
Flan Tart

布尔达卢塔
Bourdaloue Tart

柠檬蛋白霜塔
Lemon Meringue Tart

草莓塔
Strawberry Tart

苹果塔
Apple Tart

大米塔
Rice Tart

杏仁塔

"amandine"这个词在法语烹饪术语中表示将杏仁加入到甜品中的意思，无论在甜品中还是其他美味佳肴的制作过程中，杏仁都是使用最广泛的坚果类材料之一。由于它美味可口、柔和甘甜，因此杏仁也被认为是一种非常有益于健康的食品。杏仁通常被称为是一种"超级食品"，营养学家们将其划归于有益于身体健康的最佳食品之列。

制作方法

制作甜味油酥面团

1. 将面粉过筛到干净的工作台面上，聚成一堆。将糖粉过筛到面粉的旁边也聚成一堆。将盐撒在糖粉上，用塑料刮板在糖粉中间做出一个井圈。

注　在接下来的操作步骤中，要保持一只手的清洁和干燥（因为要用这只手握住塑料刮板进行操作），使用另外一手搅拌这些湿性原料。

2. 将黄油加入糖粉中间的井圈中，用手指揉搓至黄油变软。使用塑料刮板，逐渐将周边的糖粉铲到黄油上并用手将它们揉搓到一起。继续混合糖粉和黄油直至完全混合并呈乳白色。

3. 在黄油糖粉中加入蛋黄和水并用手指将其混合均匀，混合好的成品应略呈块状。再加入香草香精，用手指将其混合至完全均匀。

4. 用干爽的那只手，使用塑料刮板将一些面粉逐渐加入搅拌成糊状的黄油原料中，同时用另一只手的手指进行搅拌。继续加入面粉搅拌直至成黏稠的糊状。使用塑料刮板将剩余的面粉逐渐加进去搅拌，直至形成一个大的面团。

5. 使用手掌根部，用力地朝前方按压面团，以使得面团中没有硬块残留。反复揉搓面团直到光滑柔顺。用保鲜膜包裹好之后压扁。放到冰箱里冷藏松弛至少30分钟（最好放置一宿）。

6. 在塔模内涂抹薄薄的一层黄油。

7. 使用擀面杖，将面团擀开成3毫米厚的大面片。

8. 使用圆形切割模具，在面片上切割出尽可能多的圆形面片。将一个圆形面片摆放到塔模里，一定要居中摆放。在剩余的面团上揪取面团揉搓成圆形，沾上些面粉，用这块面团轻压塔模里的面片，使得面片在塔模的底部完全铺展开。用大拇指，一边转动塔模，一边按压面片的边缘部分，将圆面片做成塔模的形状。用小雕刻刀将多出塔模部分的面片切掉。将塔模连同制作好的塔皮一起放到烤盘上冷冻至需用时再取出。

制作杏仁奶油酱

1. 将黄油和白砂糖一起打发至轻柔而蓬松。加入鸡蛋搅拌至混合均匀。使用小雕刻刀，将香草豆荚沿纵长劈成两半并刮取其香草籽，将香草籽混合到打发的黄油中。最后加入杏仁粉和朗姆酒混合均匀。

2. 将杏仁奶油酱装入带有中号圆口裱花嘴的裱花袋中。在冷冻好的塔模底部挤上杏仁奶油酱，挤至半满。在表面撒上杏仁片，然后将塔模放到烤盘上，之后放入烤箱内烘烤至杏仁奶油酱膨发起来并且呈金黄色，大约需要烘烤25分钟。用手指在杏仁塔表面轻触时应感觉干燥，轻轻按压时有弹性。

3. 将杏仁塔取出放到烤架上晾凉，然后轻轻地脱模取出使其完全晾透。在一个小平底锅内加热杏酱果胶，直至果胶开始融化，杏仁塔凉透之后，刷上融化好的杏酱果胶。

学习内容

制作甜味油酥面团
使用塔模
制作杏仁奶油酱
用手按压塔皮
用果胶上光

产量

可以制作12个小杏仁塔

工具

小雕刻刀，塑料刮板，搅拌盆，搅拌器，10厘米圆形切割模具，保鲜膜，擀面杖，面刷，12个8厘米塔模，烤盘，烤架，裱花袋，中号圆口裱花嘴

配料

甜味油酥面团	
面粉	200克
糖粉	100克
盐	少许
黄油	100克
蛋黄	2个
水	1毫升
香草香精	5毫升
杏仁奶油酱	
黄油	60克
白砂糖	60克
鸡蛋	1个
香草豆荚	1根
杏仁粉	60克
朗姆酒	10毫升
杏仁片	125克
杏酱果胶	250克

果馅塔（flan tart）也称“巴黎塔”（flan Parisien），在法国是留存在人们众多儿童时代记忆中的无穷回味。果馅塔在如何通过使用面团边角料烘烤出塔皮并且使用手头上现成的原材料（例如像鸡蛋、白糖以及牛奶等食材）一起进行烘焙，将食物的利用率最大化方面是一个很好的例证。古时候，果馅塔是利用烹制晚餐之后烤箱的余温制作而成的。而现在制作各种果馅塔时，还可以使用甜味的发酵面团来替代油酥面团，或者使用酥皮面团来制作出香酥可口、表面焦黄色的蛋奶塔。

果馅塔

学习内容

制作甜味面团
制作小圆面皮
制作果馅塔皮
将鸡蛋和白糖搅拌至呈缎带状态
将果馅塔脱模取出

产量

可以制作出一个20厘米的果馅塔，可供8～10人食用

工具

平抹刀，搅拌盆，擀面杖，木铲，搅拌器，餐盘或者蛋糕纸板，20厘米环形模具，酱汁锅

配料

甜味油酥面团	
牛奶	100毫升
鲜酵母	15克
白砂糖	60克
面粉	250克
鸡蛋	1个
盐	少许
黄油（软化）	75克
果馅	
牛奶	500毫升
蛋黄	4个
白砂糖	150克
香草香精	5毫升
玉米淀粉	40克
面粉	40克

制作方法

1. 将牛奶用小火加热到体温，确保加热之后的牛奶温度不太高（大约32℃）。将酵母放到一个中等大小的盆里，将微温的牛奶倒入盆中的酵母里搅拌至酵母溶化。加入白砂糖和部分面粉，搅拌均匀成柔滑的糊状，加入鸡蛋和盐搅拌至完全混合均匀。再加入黄油，然后将剩余的面粉逐渐加入进去，直至揉成一个面团。

2. 在工作台面上撒上些面粉，在撒过面粉的工作台面上将面团揉搓至光滑并且不粘手为止。根据需要可酌情添加面粉。将揉好的面团放到一个干净的盆里，盖好，醒发到体积增至两倍大，大约需要1个小时。

3. 在环形模具内涂抹上黄油并放到烤盘里。

4. 取出面团，用手挤压以排出气体，用擀面杖将面团擀开成一个圆形面片，大小要足够覆盖整个环形模具的边缘部分。将擀好的面片用擀面杖轻轻地卷起来，并小心地覆盖到环形模具上再展开。留出边缘部分的面片制作花边用。放到一边备用。

5. 将烤箱预热到180℃。

6. 制作果馅：将牛奶倒入平底锅内并用中火加热烧沸。同时在一个盆内，将白砂糖和蛋黄一起搅拌至浓稠并且颜色变成浅黄色。将香草香精、玉米淀粉和面粉加入蛋黄中搅拌均匀至柔滑。牛奶刚烧沸就要立刻端离开火，将部分热牛奶倒入蛋黄混合物中搅拌均匀使其回温。然后将回温后的蛋黄混合物倒入剩下的热牛奶中并放到火上重新加热。边加热边搅拌至快沸腾时，继续加热1分钟之后从火上端离开，立刻倒入模具里的面片中，用抹刀将表面抹平。放入到预热好的烤箱内烘烤至表面膨发，颜色变成深褐色。从烤箱内取出后晾凉，再从环形模具中轻轻取出，提供给顾客。

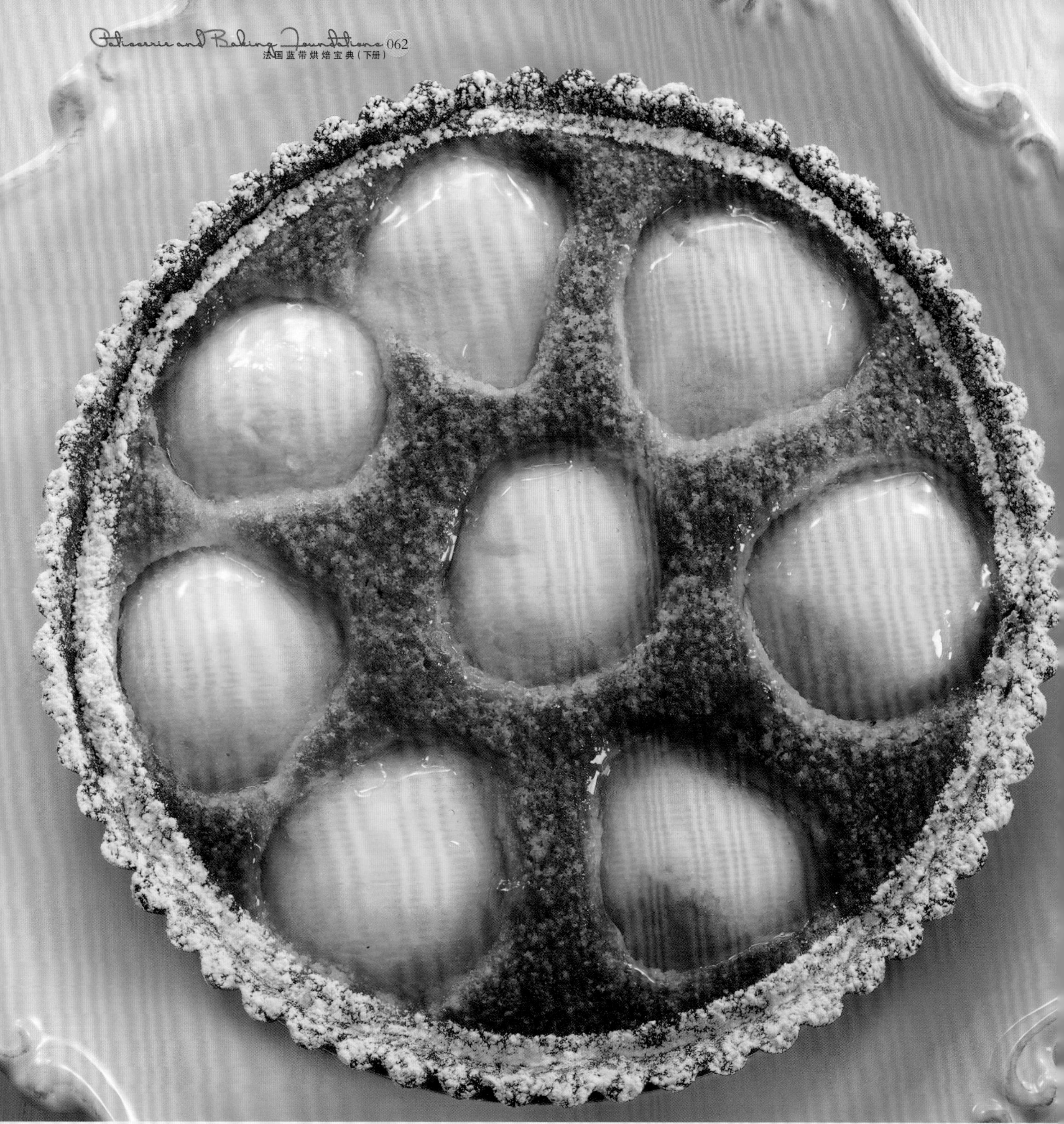

约瑟夫·法夫尔（Joseph Favre，1849—1903），著名大厨，作家，在法国美丽年代时期（La Belle Époque）是最权威的烹饪专家。他为M.法斯凯勒（M.Fasquelle）创作了布尔达卢塔这道甜点，法斯凯勒的糕点店位于巴黎布尔达卢大街上。但是有一些反对者直接就指出了使用煮水果制作的布尔达卢塔在时间上要早于其出现在法斯凯勒糕点店的时候。今天我们所熟知的这个布尔达卢塔的配方，给约瑟夫.法夫尔的主张提供了支持，菜谱在日期上要早于其出现在法斯凯勒蛋糕店的时间，以及街道被命名为布尔达卢的时间。所有这些都是为了向著名的耶稣会神父路易斯·布尔达卢致以最崇高的敬意。

布尔达卢塔

学习内容

制作甜味面团
制作杏仁奶油酱
用手揉制面团
在塔模具中铺设面皮
在面皮上扎些孔洞
在塔上进行装饰或者按压出花形
用果胶上光

产量

8～10人份

工具

小雕刻刀，塑料刮板，搅拌器，擀面杖，面筛，保鲜膜，木铲，搅拌盆，针形滚刀，20厘米活动底塔模，1个25厘米塔模

制作方法

制作甜味油酥面团

1. 将面粉过筛到干净的工作台面上，聚成整齐的一堆。将糖粉过筛到面粉的旁边也聚成一堆。将盐撒在糖粉上，用塑料刮板在糖粉中间做出一个井圈。

注　在接下来的操作步骤中，要保持一只手的清洁和干燥（要用这只手握住塑料刮板操作），使用另外一只手搅拌这些湿性原料。

2. 将软化好的黄油加入糖粉中间的井圈中，用手指揉搓至黄油与糖粉混合好。使用塑料刮板，逐渐将周边的糖粉铲到黄油上并用手将它们揉搓到一起。继续混合糖粉和黄油直至完全混合并呈乳白色。

3. 在黄油糖粉中加入蛋黄和水并用手指将其混合好，成品应为略呈块状。加入香草香精，用手指将其混合至完全吸收。

4. 用干爽的那只手，使用塑料刮板将一些面粉逐渐加入搅拌成糊状的黄油混合物中，同时用手指进行搅拌。继续加入面粉搅拌直至成黏稠的糊状。将剩余的面粉也使用塑料刮板加入进去，直到形成一个大的面团。

5. 使用手掌根部，用力地朝前方挤压面团，以使得面团中间没有硬块残留。反复揉搓面团直至面团光滑柔顺。用保鲜膜包裹好，压扁，放到冰箱里冷藏松弛至少30分钟（最好放置一晚上）。

6. 在工作台面上撒上些面粉,将面团放置在中间位置，擀开面团，用擀面杖向四周擀开，并转动面团直到将面团擀开至大约3毫米厚，比塔模宽出3指的大小。用指针滚刀或者叉子在面片上戳出些孔洞，然后用擀面杖将面片卷起来，慢慢铺到塔模上，将位置固定好，保留面皮的边缘部分，可以在模具的边缘制作出一定的造型。用擀面杖在模具上方擀压过去，削除多余的面皮。轻捏面皮的边缘部分制作出一个花边造型。将制作好的塔皮连模具一起放到冰箱里冷藏松弛至少30分钟。

制作杏仁奶油酱

将黄油和白砂糖一起打发至轻柔而蓬松，加入鸡蛋继续打发至混合均匀。使用小雕刻刀将香草豆荚沿纵长劈开为两半并刮取豆荚中的香草籽，将其混合进入打发好的黄油中。再加入朗姆酒混合均匀，最后加入杏仁粉混合均匀，将制作好的杏仁奶油酱放到盆里密封，放入冰箱冷藏至需要使用时再取出。

注　香草豆荚也可以用1～2茶匙的香草香精代替。

组装

1. 将烤箱预热到170℃。

2. 制作布尔达卢塔：在塔模的底部均匀地铺满杏仁酱。然后将切半的梨切口朝下摆放到杏仁奶油酱中，梨的宽边朝外摆放。如果需要，可以将摆放在中间位置的梨修整一下。

3. 将布尔达卢塔放到烤箱里烘烤至杏仁酱膨发起来并变成金黄色，需要烘烤30～35分钟。

4. 将烘烤好的布尔达卢塔从烤箱内取出晾凉。用小火将杏酱果胶加热至呈液态，用毛刷轻轻地在梨的表面均匀地刷上一层杏酱果胶使得布尔达卢塔表面呈现亮晶晶状，沿着塔的边缘位置撒上些糖粉作装饰（如果喜欢也可以撒上些烘烤过的杏仁）。

注　一定要等到布尔达卢塔晾凉了之后再刷上杏酱果胶。如果塔中间的梨是热的，余温将会让果胶融化并变得干燥，梨也会变得软塌塌而影响成品效果。

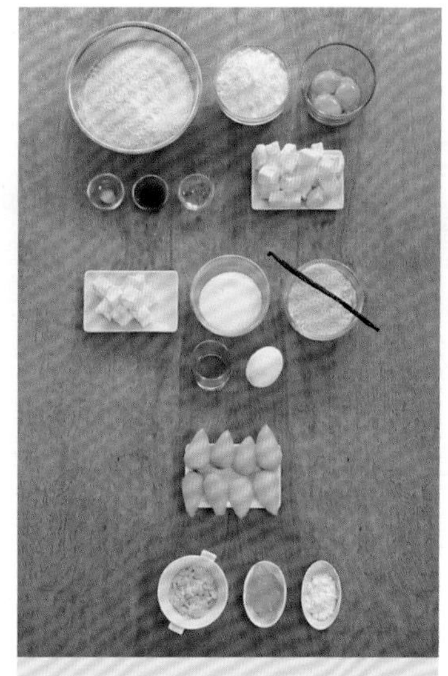

配料	
甜味油酥面团	
面粉	300克
糖粉	150克
盐	少许
黄油（软化好）	150克
蛋黄	3个
水	10毫升
香草香精	10毫升
杏仁奶油酱	
黄油	60克
白砂糖	60克
鸡蛋	1个
香草豆荚	1根
朗姆酒	10毫升
杏仁粉	60克
糖浆煮梨（切半）	8个
烘焙好的杏仁片（可选）	适量
杏酱果胶	适量
糖粉（可选）	适量

柠檬蛋白霜塔

在《巴黎家事书》（Le Ménagier de Paris，十四世纪出版的家庭指南）一书中，给出了塔的基本概念，塔在美国称作open pie（开面馅饼，或者单层馅饼），几个世纪以来除了使用花样繁多的馅料和不同种类的面团以外，塔基本上没有什么变化。直到17世纪的时候，制作蛋白霜的技术还在持续的研发当中，而柠檬蛋白霜塔这道糕点的制作却可以上溯到中世纪时期。

制作方法

1. 将烤箱预热至205℃。
2. 用面刷在活动底塔模内刷上一层薄薄的软化黄油，将塔模放入冰箱内冷藏保存。

制作甜味油酥面团

1. 将面粉过筛到干净的工作台面上，聚成一堆。将糖粉过筛到面粉的旁边也聚成一堆。将盐和柠檬碎皮撒在糖粉上，用塑料刮板分别在糖粉和面粉中间各自形成一个井圈。

注　在接下来的操作步骤中，要保持一只手清洁和干爽（要用这只手握住塑料刮板操作），使用另外一只手搅拌这些湿性原料。

2. 将软化后的黄油加入糖粉中间的井圈中，用手指揉搓至黄油变软。使用塑料刮板，逐渐将周边的糖粉铲到黄油上并用手指将它们揉搓到一起。继续混合糖粉和黄油直至完全均匀，颜色呈乳白色。
3. 在黄油糖粉中加入蛋黄并用手指将其混合均匀，成品应略呈块状。用干爽的那只手使用塑料刮板将面粉逐渐加入到乳化后的黄油中，同时用手指持续地搅拌，直到形成一个浓稠的糊状面团。使用塑料刮板加入剩余的面粉，直至形成一个大的面团。
4. 使用手掌根部，用力地朝前挤压面团，以使得面团中没有硬块残留。反复揉搓面团直至面团光滑柔顺。用保鲜膜包裹好，压扁。放到冰箱里冷藏松弛至少30分钟（最好放置一宿）。

杏仁奶油酱

1. 将黄油和白砂糖一起打发至轻柔蓬松。
2. 加入鸡蛋继续打发至完全混合均匀。
3. 使用小雕刻刀，将香草豆荚沿纵长劈开，将香草籽刮出，加入到混合物中搅拌均匀。
4. 加入朗姆酒搅拌均匀，最后加入杏仁粉并混合均匀。
5. 将盛装杏仁奶油酱的盆密封，放入冰箱内冷藏保存，使用时再取出。

制作柠檬馅

在圆底盆内将鸡蛋和白砂糖一起打发至颜色变浅。加入柠檬汁和柠檬碎皮并搅拌均匀，将圆底盆放置在热水中隔水将鸡蛋打发至浓稠，继续加热，同时继续搅拌鸡蛋至浓稠状，将盆端离开，加入黄油后搅拌至完全融化。将其倒入到一个干净的盆内用保鲜膜封好，晾凉到室温之后放入冰箱内冷藏保存。

学习内容

制作甜味油酥面团
制作杏仁奶油酱
用手整理面团
制作塔皮
制作意式蛋白霜
给蛋白霜上色
熬糖
使用圣欧诺瑞裱花嘴
将蛋清和白糖打发到缎带程度
在塔边上制作出花形

产量

6人份

工具

小雕刻刀，面刷，塑料刮板，搅拌盆，胶皮刮刀，刨丝器，面筛，擀面杖，针形滚刀，搅拌器，裱花袋，圣欧诺瑞裱花嘴，烤架，餐盘或者蛋糕纸板，20厘米塔模，中号酱汁锅，小号平底锅

制作柠檬塔皮

1. 在大理石工作台面上撒些面粉，将面团放置在中间位置，擀开面团，用擀面杖往四周擀开，继续擀开并转动面团直到将面团擀开至大约3毫米厚，比塔模宽出3指。用针形滚刀或者叉子在面片上戳出些孔洞，然后用擀面杖将擀好的面片卷起来，抬起慢慢铺到塔模上，将面片的边缘部分挤压进塔模中，在塔模的内侧形成一圈均匀的内沿，同时挤压塔模边缘部位（用拇指和一个手指）。重复此动作将塔皮在塔模中铺设均匀，然后用擀面杖在塔模顶部擀过以挤压掉多余的面皮。轻捏塔皮四周的边缘部分形成美观的装饰花边。
2. 将制作好的塔皮连模具一起放入冰箱内冷藏松弛至少30分钟。
3. 将杏仁奶油酱填入塔皮中并将其均匀地抹平。然后放在烤盘上放入烤箱中烘烤。一放入烤箱，就要将烤箱的温度下调至185℃。将塔皮烤至浅金黄色，里面的杏仁奶油酱馅轻轻晃动时不会流动并且轻触表面时干爽不粘手。如果塔皮上色太快，降低炉温或者用锡纸覆盖住塔皮之后再烘烤，每烘烤大约10分钟就转动一下塔模。烤好之后从烤箱内移出放到烤架上晾凉。再将烤箱升温至260℃备用。

制作意式蛋白霜

在一个大的搅拌盆里，用搅拌器将蛋清搅打至起泡，放置一边。在一个中号平底锅里用中火将糖和水一起加热，煮至软球阶段（softball stage，121℃）。同时，打发蛋清至湿性发泡。一旦糖的温度达到121℃，将糖浆呈细流状注入蛋清中并持续搅打，搅打至蛋白霜非常坚挺并冷却至室温。放置一边备用。

组装

1. 将准备好并经过冷却的柠檬馅放到冷的塔皮中并将其抹平。将意式蛋白霜装到带有圣欧诺瑞裱花嘴的裱花袋中，然后在塔上挤出设计好的造型图案，完全覆盖住柠檬馅。在蛋白霜表面撒上一些糖粉和一些杏仁片。然后放到烤盘上，放入烤箱里烘烤至杏仁片上色，蛋白霜的边缘也开始上色。从烤箱内取出并放置到烤架上晾凉。
2. 脱模，将塔模放到一个翻扣的平底锅上（锅底只比塔模略窄些），让塔模的模圈掉落下去，将柠檬蛋白霜塔从塔模的底片上滑到餐盘里或者蛋糕纸板上。上桌之前要先冷藏。

配料	
甜味油酥面团	
面粉	200克
糖粉	100克
盐	少许
柠檬（擦出碎皮）	1个
黄油（软化）	100克
蛋黄	3个
杏仁奶油酱	
黄油	60克
白砂糖	60克
鸡蛋	1个
香草豆荚	1根
朗姆酒	10毫升
杏仁粉	60克
柠檬馅	
鸡蛋	3个
白砂糖	100克
柠檬（挤出柠檬汁）	2个
柠檬（擦出碎皮）	1个
黄油（切成小粒）	100克
意式蛋白霜	
蛋清	120毫升
白砂糖	250克
水	80毫升
糖粉	适量
杏仁片	适量

与制作柠檬蛋白霜塔那样直接烘烤的制作方法不同，草莓塔这一类的塔涉及对甜味油酥面团制成的塔皮进行预先烘烤。为了避免塔皮在烘焙过程中出现收缩和移动现象，在烘烤塔皮的过程中，会放置由陶瓷制成的珠子（称为烤珠，ceramic beads）在塔皮中间以压制住塔皮。这个烘焙的过程称为“预烤”（baking blind，又称盲烤）。

草莓塔

学习内容

制作甜味面团
制作慕斯琳奶油
用手揉制面团
在塔模具中铺设面皮
在面皮上扎些孔洞
在塔边上进行装饰或者按压出花形
烘烤塔皮
用果胶上光

产量

8人份

工具

小雕刻刀，面刷，塑料刮板，搅拌盆，面筛，搅拌器，木铲，擀面杖，针形滚刀，烤珠，裱花袋，10毫米圆口裱花嘴，保鲜膜，糕点夹，餐盘或者蛋糕纸板，烤盘，20厘米塔环，小号酱汁锅，中号酱汁锅

制作方法

1. 将烤箱预热至205℃。

2. 用油刷将20厘米塔环和烤盘都刷上薄薄的一层黄油。放到冰箱里冷藏保存。

制作甜味油酥面团

1. 将面粉过筛到洁净的工作台面上，聚成整齐的一堆。将糖粉过滤到面粉的旁边也聚成一堆。将盐和柠檬碎皮撒在糖粉上，用塑料刮板在糖粉中间做出一个井圈。

注 在接下来的操作步骤中，要保持一只手的清洁和干爽（要握住塑料刮板操作），使用另外一只手搅拌这些湿性原料。

2. 将软化后的黄油加入糖粉中间的井圈中，用手指揉搓至黄油变软。使用塑料刮板，逐渐将周边的糖粉铲到黄油上并用手将它们揉搓到一起。继续混合糖粉和黄油直至完全混合并呈乳白色。

3. 在黄油糖粉中加入蛋黄并用手指将其混合均匀，成品应为略呈块状。用干爽的那只手使用塑料刮板将面粉逐渐加入到乳化后的黄油中，同时用手指头持续地搅拌，直到形成浓稠的糊状面团。使用塑料刮板加入剩余的面粉，直到形成一个大的面团。

4. 使用手掌根部，用力地朝前挤压面团，以使得面团中没有硬块残留。反复揉搓面团直至面团光滑柔顺。用保鲜膜包裹好，将面团压扁成圆形。放到冰箱里冷藏松弛至少30分钟（最好放置一宿）。

制作慕斯琳奶油

1. 在一个小托盘上或者餐盘上铺好保鲜膜。将牛奶倒入中号酱汁锅内，将香草豆荚沿纵长劈开，刮出香草籽，加到牛奶中搅拌好并用中火加热烧沸。将1/4用量的白砂糖加入牛奶中，再加入樱桃白兰地，搅拌均匀。

2. 加热牛奶的同时，将蛋黄放入一个小的搅拌盆内并将剩余的白砂糖加进去。将白砂糖搅拌进蛋黄中至完全吸收溶解，蛋黄的颜色变浅。加入玉米淀粉或者面

粉搅拌至完全混合均匀。

3. 当牛奶快要烧沸时，从火上撤离下来，并将1/3的热牛奶倒入蛋黄中，搅拌均匀使蛋黄回温，然后将搅拌好的蛋黄液体倒回到剩余的热牛奶中并搅拌均匀。将锅放回到火上重新加热至开始冒泡。继续搅拌（要确保搅拌器搅拌到锅底的四周区域）并持续加热1分钟让淀粉成熟。奶油酱会变得非常浓稠。将其倒入到一个干净的盆内并冷却到室温。当奶油酱冷却之后，将软化的黄油加入到奶油酱中搅拌均匀。

注　现在制作好的奶油酱可以作为慕斯琳奶油酱来使用了。

4. 将慕斯琳奶油酱倒入铺好保鲜膜的托盘上。用叉子叉住一块冻硬的黄油在其表面来回涂抹以形成一层保护膜。用第二块保鲜膜将其完全覆盖好，将所有的气泡都挤压出来。冷藏保存之前让慕斯琳奶油酱先冷却到室温。

配料	
甜味油酥面团	
面粉	200克
糖粉	70克
盐	少许
柠檬（擦出碎皮）	1个
黄油（切成小粒）	100克
蛋黄	3个
慕斯琳奶油	
牛奶	250毫升
香草豆荚	1根
白砂糖	60克
蛋黄	2个
面粉（或者玉米淀粉）	30克
樱桃白兰地	15毫升
黄油（软化）	125克
草莓（去头，切成两半）	300克
杏酱果胶	30克
开心果（切碎）	20克

制作塔皮

1. 将塔环放到烤盘上。

2. 在大理石工作台面上撒上些面粉,将面团放置在中间位置，擀开面团，用擀面杖将面团擀开成厚度大约为3毫米的面片，擀开的面片大约比塔模宽出3指。用指针滚刀或者叉子在面片上戳出些孔洞，然后用擀面杖将擀好的面片卷起来，慢慢铺到塔环上展开，抬起面片的边缘部分挤压进塔环中，在塔环的内侧形成一圈均匀的内沿，同时挤压塔环边缘部位（用拇指和一个手指）。重复此动作将塔皮在塔环中铺设均匀，然后用擀面杖在塔环顶部擀过以挤压掉多余的面皮。用糕点夹轻捏塔皮四周边缘部分以形成一个美观的装饰花边。

3. 将制备好的塔皮连模具一起放入冰箱内冷藏松弛至少20分钟。

4. 裁切出一块比塔环要大一些的圆形油纸，放置到塔皮中并填压上陶瓷烤珠。将其放进烤箱，关上烤箱门之后，立刻将烤箱的温度调到185℃。烘烤至塔皮呈淡金黄色，烘烤过程中每10分钟转动一下塔模。当塔皮的边缘部分开始变色时，从烤箱内取出，撤除陶瓷烤珠和油纸，重新放回烤箱里烘烤至颜色均匀。当烘烤至整个塔皮呈金黄色时，从烤箱内取出放到烤架上完全晾透。晾凉之后，小心地取下塔环，将烤好的塔皮摆放到蛋糕纸板上或者餐盘里。

组装

将慕斯琳奶油酱从冰箱内取出，将其搅拌至光滑而有弹性。将剩余的黄油搅拌进去至混合均匀，然后装入带有10毫米圆口裱花嘴的裱花袋中，在塔皮中挤出一层紧密的螺旋状花纹的奶油酱，要完全覆盖底层的塔皮。将切成两半的草莓摆放在上面，尖头朝上。在小号酱汁锅内用小火加热杏酱果胶直至其完全变成液体状，用毛刷将果胶涂刷到草莓上，撒上开心果碎后冷藏备用。

从中世纪到现代，在寒冷冬季的漫漫长夜里，一份美味的苹果塔会提供给我们温暖而舒服的享受。在美国，苹果派（实际上就是带着盖子的苹果塔）是如此地声名显赫以至于被视作国菜。它代表着顽强的意志力和坚强的道德品质。关于法式苹果塔的精品菜谱种类数不胜数。这里选择的独具特色的菜谱与其他菜谱的区别在于，使用了直接刨开香草豆荚取出香草籽加入煮水果中增添风味的烹调技法。

苹果塔

学习内容

制作甜味油酥面团
制作煮水果
制作塔皮
给苹果塔上光
在塔上制作出花形
在塔皮上戳出些孔洞

产量

8～10人份

工具

小雕刻刀，厨刀，削皮刀，苹果去核器，塑料刮板，面刷，擀面杖，搅拌盆，胶皮刮刀，针形滚刀，木铲，烤架，餐盘或者蛋糕纸板，20厘米塔模，中号酱汁锅，小号酱汁锅，大号平底炒锅，糕点夹

制作方法

将烤箱预热至205℃。用油刷将一个25厘米的活动底塔模刷上一层薄薄的软化的黄油，将塔模放入冰箱内冷藏备用。

制作甜味油酥面团

1. 将面粉过筛到洁净的工作台面上，聚成一堆。将糖粉过滤到面粉的旁边也聚成一堆。将盐和柠檬碎皮撒在糖粉上，用塑料刮板在糖粉中间形成一个井圈。

注　在接下来的操作步骤中，要保持一只手的清洁和干爽（要握住塑料刮板操作），使用另外一只手搅拌这些湿性原料。

2. 将软化黄油加入糖粉中间的井圈中，用手指揉搓至黄油变软。使用塑料刮板，逐渐将周边的糖粉铲到黄油上并用手将它们揉搓到一起。继续混合糖粉直至和黄油完全合为一体并且颜色呈乳白色。

3. 在黄油糖粉混合物中加入蛋黄并用手指将其混合均匀，成品应略呈块状。用干爽的那只手使用塑料刮板将面粉逐渐加入到乳化后的黄油中，同时用手指头持续不断地搅拌。直到形成一个浓稠的糊状面团。使用塑料刮板将剩余的面粉逐渐地加入进去，直到形成一个大的面团。

4. 使用手掌根部，用力地朝前挤压面团，使得面团中没有硬块残留。反复揉搓面团直至面团光滑柔顺。用保鲜膜包裹好，压扁。放到冰箱里冷藏松弛至少30分钟（最好放置一宿）。

制作苹果馅料

在一个大号平底炒锅中加入白砂糖并用中火加热直到白砂糖变成淡金黄色，将香草豆荚纵长劈开，用小刀的刀尖刮取香草籽，在白砂糖中加入黄油增香，加入苹果（用柠檬汁拌匀以防止变色）、香草籽及香草豆荚。用小火将苹果炖至完全成熟，但是还保留些许软嫩质地的程度。将制作好的苹果馅放入一个干净的盆内，晾凉到室温时用保鲜膜盖好，放入冰箱内冷藏备用。

制作塔皮

1. 在大理石工作台面上撒上些面粉，将面团放置在台面中间位置，用擀面杖将面团擀开，成为厚度3毫米的面片，大小要比塔环的边缘宽出3指。用针形滚刀或者叉子在擀好的面片上戳出些孔洞，然后用擀面杖将擀好的面片卷起来，慢慢铺设到塔环上展开，抬起面片的边缘部分挤压进塔环中，这样就会在塔环的内侧形成一圈均匀的内沿，同时挤压塔环边缘部位的塔皮（用拇指和一个手指）。重复此动作将塔皮在塔环中铺设均匀，然后用擀面杖在塔环顶部擀过以挤压掉多余的面皮。用糕点夹轻捏塔皮四周边缘的部分以在塔环内侧形成一个美观的装饰花边。

2. 将制备好的塔皮连模具一起放入到冰箱内冷藏松弛至少20分钟。

预烤塔皮

切割出一块比塔环大一些的圆形油纸，放到塔皮中并填压上陶瓷烤珠压住塔皮。将其放进烤箱内烘烤，关上烤箱门之后，立刻将烤箱的温度调到185℃。将塔皮烘烤至成熟但没有上色的程度，在烘烤过程中每隔10分钟要转动一下塔模。从烤箱内取出，撤除陶瓷烤珠和油纸，将塔皮放到烤架上晾凉备用。

组装

1. 从苹果馅料中将香草豆荚挑出不用，然后将苹果馅均匀地涂抹在烤好的塔皮中，将切好的苹果片按照同心圆的造型摆放在苹果馅上。

2. 将苹果塔放入烤箱烘烤至苹果片开始上色（需要25分钟）。将苹果塔从烤箱内取出并放到烤架上晾凉。用小火将小号酱汁锅内的杏酱果胶加热至变成液体状，注意不要加热过度。用毛刷将果胶均匀地涂刷到晾凉之后塔内的苹果片上。

3. 苹果塔脱模，将塔模放到一个翻扣的酱汁锅上（锅底只比塔模略窄些），让塔环的环圈掉落下去，将苹果塔从塔环的底片上滑到餐盘里或者蛋糕纸板上。

注 涂刷杏酱果胶之前一定要等到苹果塔完全凉透。如果苹果塔还是热的就涂刷上果胶，余温将会吸收果胶让苹果塔变得软塌。

配料	
甜味油酥面团	
面粉	200克
糖粉	100克
盐	少许
柠檬（擦出碎皮）	1个
黄油（切成小丁）	100克
蛋黄	3个
苹果馅	
苹果（去皮，去核，切成片并用柠檬汁拌匀）	3个
香草豆荚	1根
白砂糖	60克
黄油	40克
装饰材料	
苹果（去皮，去核，切成薄片）	3个
杏酱果胶	适量

比利时列日省的许多城市都声称是大米塔“真正”的发源地。韦尔维耶（Verviers），这个比利时小城镇被许多人认为是大米塔的诞生地。为了证明这件事情的真实性，那里的人索性举办了一项每两年一届的烹饪比赛。通过比赛，糕点大厨们相互竞争经过官方认证的可以烘焙和销售大米塔的资格证书。比赛评判的标准包括大米塔外形尺寸的准确度，以及其他更细分的得分点，例如在大米塔中使用的牛奶的质量，与风格整体的一致性，制备过程中的调味等等。乍看起来，大米塔是一款制作非常简单的塔类糕点，而围绕着制作大米塔所产生的激烈竞争准确无误地表明了可以通过化繁为简的加工步骤从而制作出尽善尽美的糕点。

大米塔

学习内容

- 制备米饭
- 制作蛋奶酱（卡仕达酱）
- 制作发酵面团塔皮
- 制作蛋白霜

产量

可以制作出一个1.25千克的大米塔供8～10人食用

工具

搅拌器，大号塑料刮板，搅拌盆，面筛，塔环模具，厚底烤盘，厚底酱汁锅

配料

发酵面团	
牛奶或者啤酒	75毫升
鲜酵母	15克
面粉	250克
油	15毫升
蛋黄	2个
盐	少许
黄油（软化）	75克
大米蛋奶酱	
大米	80克
牛奶	500毫升
白砂糖	75克
蛋黄	2个
法式蛋白霜	
蛋清	3个
白砂糖	30克
香草香精（可选）	5毫升

制作方法

1. 将牛奶或者啤酒略微加热（不超过32℃）。倒入盆内，加入酵母和一点白砂糖（从75克白砂糖中取用一点）溶化开。加入足够多的面粉（从250克面粉中取用）搅拌均匀成为细腻的面糊。然后将油、蛋黄以及盐搅拌进去并搅拌均匀。再加入黄油，然后逐渐将剩余的面粉加入进去并搅拌均匀，直到形成一个面团。揉制面团至光滑并且没有黏性，根据需要可酌情添加面粉，将揉好的面团放到一个干净的盆内，用保鲜膜盖好醒发至体积增至两倍大。这个醒发过程大约需要1小时。

2. 漂洗大米以洗出多余的淀粉。将洗涤好的大米倒入一个厚底酱汁锅内，加入牛奶，用中火煮至微开，同时要不停地搅拌，等牛奶烧沸时，加入白糖一起煮至大米成熟。将酱汁锅端离开火源放到一边备用。在一个干净的盆里加入蛋黄搅拌均匀并从酱汁锅内倒入一些牛奶米饭使其回温，搅拌均匀之后将蛋黄再倒回到热的牛奶米饭锅中，把酱汁锅再放回到火源上用小火加热，同时要不停地搅拌直至米饭变得浓稠。一旦将米饭熬煮到了合适的浓稠度，要立刻将锅端离开火源放到一边晾凉备用。

3. 将烤箱预热至175℃。

4. 在工作台面上撒些面粉，将面团放置到中间位置。挤压面团排出空气，然后使用擀面杖擀开面团，每擀开一次就转动面团90°，继续擀开并转动面团直至擀开的面皮厚度达到1厘米。在环形塔模内侧涂抹上一层黄油，将擀好的塔皮放入环形模具中。

5. 将蛋清打发至湿性发泡，然后加入白砂糖继续搅打至呈光滑细腻状。将打发好的蛋清拌入到米饭中，立即将搅拌均匀的米饭倒入塔皮内并抹平。将大米塔放入到烤箱里烘烤至塔皮及表面呈金黄色，需要烘烤35～45分钟。将烤好的大米塔从烤箱中取出，凉透之后将大米塔从塔模中取出，然后小心地摆放到餐盘里。

蛋 糕 类

树根蛋糕
Yule Log

草莓蛋糕
Strawberry Cake

柠檬蛋糕
Lemon Cake

水果蛋糕
Fruit Cake

泡芙塔
Croquembouche

主显节蛋糕
Epiphany Cake

果酱夹心海绵蛋糕
Jam-Filled Sponge Cake

洛林蛋糕
Lorraine Cake

外交官蛋糕
Diplomat Cake

大理石蛋糕
Marble Cake

巴黎布雷斯特蛋糕
Paris-Brest Cake

焦糖和吉布斯特奶油酥皮蛋糕
Cream Puff Cake with Caramel and Chiboust Cream

爱神蛋糕
King's Cobblestones Cake

拿破仑蛋糕
Napoleon

摩卡咖啡海绵蛋糕
Moka Coffee Butter Cream Sponge Cake

橙味蛋糕卷
Orange Roulade

热那亚杏仁蛋糕
Genoese Bread

杏仁奶油酥
Puff Pastry Filled with Almond Cream

金字塔蛋糕
Pyramid Cake

萨伐仑水果蛋糕
Savarin Cake with Fruit

榛果奶油蛋糕
Hazelnut Buttercream Meringue Cake

树根蛋糕

对于许多讲法语的人们来说，树根蛋糕是传统的圣诞甜点。精心装饰好之后的树根蛋糕看起来像极了一段木头——一种源自于欧洲传说的点燃木头的传统习惯，这个传说可以追溯到异教徒们为了纪念冬至日到来在篝火晚会上举行的燃烧一段巨大木头的宗教仪式。庆祝圣诞节活动的兴起逐渐取代了冬至的庆典活动。在平安夜里为了制作出一顿丰盛的晚餐，大量的木头被投入炉火之中，而燃烧之后的灰烬则被仔细地保留了下来，许多人认为这些灰烬具有神秘的药用功能。

制作方法

将烤箱预热到180℃。在烤盘上铺上油纸备用。

制作巧克力手指蛋糕

1. 将面粉和可可粉混合过筛，放到一边备用。
2. 将蛋黄和白砂糖在一个大盆内打发至颜色变浅并且抬起搅拌器时蛋黄呈丝带状滴落。
3. 打发蛋清至中性发泡，将一部分打发好的蛋清与蛋黄搅拌均匀，然后用胶皮刮刀将剩余的蛋清也搅拌进去，在混合拌匀之前，加入面粉和可可粉，混合均匀。
4. 将搅拌好的手指蛋糕糊涂抹到准备好的烤盘上。放入烤箱内烤至用手触摸蛋糕表面时感觉到干燥不粘手的程度，需要烘烤8～10分钟。从烤箱中取出（不要移除油纸）轻移到烤架上晾凉。

制作甘纳许

1. 将巧克力切碎并放到一个盆内。将奶油烧沸迅速地倒在巧克力上。
2. 静置1～2分钟然后用木铲轻缓地搅拌均匀。

制作咖啡朗姆酒糖浆

1. 将白砂糖和水在小号酱汁锅内搅拌均匀，烧沸。
2. 用勺子将浮沫撇干净，煮至糖完全溶化，同时用面刷将锅边的糖液刷干净，从火上端离开，加入速溶咖啡搅拌好并让其冷却，之后加入朗姆酒。

制作巧克力奶油糖霜

1. 准备一个盛有冷水的小盆，一把大勺子，以及一个干净的面刷。
2. 准备一个大盆，盆内盛有冷水和冰块。
3. 将白砂糖（第一份）和水放到一个小号酱汁锅内搅拌至糖溶化开，然后烧沸。
4. 用勺子将浮在表面的浮沫撇干净，同时用蘸过水的面刷将锅壁粘上的糖液刷干净。这是为了防止糖浆再次结晶。
5. 在蛋黄内加入第二份白砂糖（30克）搅拌至颜色变浅并且抬起搅拌器时蛋黄能够呈丝带状滴落。
6. 将糖浆加热到软球状态。迅速端离开火源，将酱汁锅的底部放置到盛有冰水的大盆里降温，以防止糖浆温度继续上升。

学习内容

- 制作手指饼干
- 在蛋糕上涂刷糖浆
- 制作甘纳许
- 制作奶油糖霜
- 制作瑞士蛋白霜
- 使用杏仁膏
- 制作蛋黄糖浆

产量

可以制作出1个2.1千克的树根蛋糕

工具

厨刀，搅拌盆，搅拌器，面筛，胶皮刮刀，木铲，平烤盘，面刷，裱花袋，中号裱花嘴，小号裱花嘴，烤架，油纸，餐叉，树根蛋糕模具，保温锅，小号酱汁锅

7. 将热的糖浆逐渐倒入到蛋黄中，同时要不停地搅拌，注意不要将糖浆倒在搅拌器上。倒完糖浆之后还要继续搅拌，直到混合液冷却下来，用手触摸时感觉到微温。将黄油切成小粒也搅拌进去。继续搅拌至液体光滑并且颜色变浅。再加入巧克力并搅拌均匀，然后放到一边备用。

制作瑞士蛋白霜

将放有蛋清和白砂糖的盆放在保温锅内隔水加热打发，一直打发到蛋清变得浓稠，用手触碰蛋清液体时感觉到热的程度。从保温锅内将盆取出，继续搅拌至蛋清温度降低，然后装入到一个带有圆口裱花嘴的裱花袋内。

制作蘑菇造型蛋白霜

1. 制作蘑菇的根茎：将裱花袋竖起垂直握住，在烤盘内的油纸上或者硅胶烤垫上挤出圆柱形蛋白霜，最后停止挤压裱花袋并轻轻地提起裱花嘴留出一个朝上的尖状蛋白霜。按照这种方法使用1/2的蛋白霜挤出蘑菇的根茎造型。
2. 制作蘑菇头：将裱花袋调整到与烤盘略呈角度的姿势，挤出圆形蛋白霜，最后停止挤压，将裱花嘴呈圆周形动作快速提起，这样操作就会挤出一个扁平的圆形蛋白霜。将手指沾上点水，在蛋白霜上所有的尖角上抚过并将其抹平。
3. 放入烤箱，100℃下烘烤1小时。
4. 烤好之后，将蘑菇的根茎戳入到蘑菇头的底部来完成蘑菇形蛋白霜的组装。

组装

1. 将手指蛋糕从油纸上取下，并切除边角部分。
2. 切下一块足够覆盖树根蛋糕模具大小的手指蛋糕，将手指蛋糕放入到模具中，两边露出部分要高出模具一些。在手指蛋糕上涂刷一层糖浆，用甘纳许将底部填满，然后在中间位置放入切成条的手指蛋糕。
3. 在条状的手指蛋糕上也涂刷上糖浆，然后将剩下的甘纳许填入。再切一块条形的手指蛋糕作为树根蛋糕的底部，涂刷上糖浆，放置在甘纳许上，抚平并压稳。
4. 将蛋糕脱模并涂抹上奶油糖霜。使用一把餐叉的叉齿，在奶油糖霜上纵长刻划出类似于树皮状的花纹。用蛋白霜蘑菇和杏仁膏（杏仁面）做出的各种造型进行树根蛋糕的装饰。撒适量糖粉和可可粉作装饰。

配料	
巧克力手指蛋糕	
蛋黄	3个
白砂糖	70克
蛋清	3个
面粉	70克
可可粉	15克
甘纳许	
黑巧克力	250克
奶油	250毫升
咖啡朗姆酒糖浆	
白砂糖	60克
水	60毫升
速溶咖啡	5克
朗姆酒	60毫升
巧克力奶油糖霜	
白砂糖（第一份）	150克
水	60毫升
蛋黄	6个
白砂糖（第二份）	30克
黄油	360克
无糖巧克力（融化）	50克
瑞士蛋白霜	
蛋清	4个
白砂糖	250克
装饰材料	
杏仁膏	适量
蘑菇造型蛋白霜	适量
糖粉	适量
可可粉	适量

草莓蛋糕是一款美味可口的蛋糕，在蛋奶酱的涂层中包含着丰盛的新鲜草莓，夹在两层热那亚饼皮中（Genoese biscuit）。这款蛋糕因为中间所包含的主要原材料而得名。草莓，在法语中叫做“fraise”。在18世纪时草莓开始在法国流行并广为人知，草莓作为水果是法国国王路易十四的最爱之一。事实上，这位法国国王是如此地喜爱浆果类水果，据传说还专门以浆果为主题组织了一场诗歌比赛！

草莓蛋糕

学习内容

制作海绵蛋糕
使用保温锅隔水加热
制作慕斯琳奶油酱
制作蛋奶酱
使用自制油纸裱花袋
用糖浆涂刷蛋糕
将鸡蛋打发到丝带程度
使用裱花袋

产量

8～12人份

工具

曲柄抹刀，搅拌盆，搅拌器，胶皮刮刀，烤架，自制油纸裱花袋，面刷，保温锅，裱花袋，擀面杖，中号圆口裱花嘴，25厘米环形蛋糕模具，25厘米圆形蛋糕模具，中号酱汁锅，小号酱汁锅

制作方法

将烤箱预热至170℃。用面刷在蛋糕模具内涂刷薄薄的一层黄油并撒上些面粉备用。

制作海绵蛋糕

1. 将面粉过筛备用。
2. 在耐热盆内将鸡蛋和白砂糖一起打发。然后放到保温锅内隔水加热继续打发至感觉到鸡蛋液体烫手（60℃）的程度。当打发至颜色变浅并且体积增大至两倍时（舀起呈丝带状），从保温锅内的热水中端离开，将过筛的面粉轻缓地拌入，混合均匀。
3. 待混合均匀，在蛋糕模具中装1/2~3/4满。用170℃烤箱烘烤大约20分钟。

制作糖浆

将白砂糖和水放入一个小号酱汁锅内加热至保持微沸的程度，继续加热至白糖完全溶化。端离开火使其冷却之后再加入樱桃白兰地酒搅拌均匀。

制作慕斯琳奶油酱

1. 制作蛋奶酱：将牛奶倒入一个中号酱汁锅内用中火烧沸。加入大约1/4用量的白砂糖，搅拌至完全溶解。
2. 同时将蛋黄放入一个小盆内，加入剩余的白砂糖。打发蛋黄和白砂糖，直到白砂糖全部溶解，蛋黄颜色变浅。
3. 在蛋黄中加入面粉和玉米淀粉搅拌至完全混合均匀。当牛奶开始沸腾时，端离开火，将1/3的牛奶倒入蛋黄混合物中。搅拌均匀使蛋黄混合物回温，然后边搅拌边将其倒回到剩余的热牛奶中搅拌均匀。
4. 将牛奶放回火上搅拌加热至开始冒泡。继续搅拌（要确保搅拌器搅拌到锅底的四周区域）并持续加热1分钟让淀粉成熟。此时，奶油酱会变得非常浓稠。将蛋

奶酱迅速倒在铺有保鲜膜的盘内并摊开，在表面涂抹些黄油，以防止表面结皮。抬起保鲜膜挤压出所有的气泡，晾凉备用。

5. 蛋奶酱冷却之后，将其放入一个碗里搅拌至幼滑细腻。加入樱桃白兰地酒，加入黄油搅拌均匀使其呈蓬松状。

组装

1. 清洗并整理草莓，将所有的草莓都修剪整齐，使高度一致。
2. 在环形蛋糕模具内侧摆好一张条形塑料纸。
3. 将环形蛋糕模具放到圆形的蛋糕纸板上，修整海绵蛋糕让其只比环形蛋糕模具尺寸略微小一点。像片开汉堡包一样的操作法将海绵蛋糕水平地从中间片开成上下两半。
4. 将草莓切成两半，切口朝外竖起来沿着条形塑料纸摆放一圈。
5. 将其余的草莓切成小丁放到一边备用。
6. 将海绵蛋糕上面一层切面朝上摆放到环形蛋糕模具的底部并涂刷糖浆。
7. 将慕斯琳奶油酱装入一个带有中号圆口裱花嘴的裱花袋中，在蛋糕上呈螺旋状地挤出慕斯琳奶油酱覆盖住蛋糕。在摆放好的草莓之间也要挤满奶油酱。再撒上草莓丁。将另一片海绵蛋糕摆放在上面，切口朝下轻轻压牢。在蛋糕上涂刷糖浆，再挤一层奶油酱，最后将剩余的草莓丁撒到上面。
8. 用抹刀在蛋糕表面覆盖上最后一薄层慕斯琳奶油酱，在环形模具里用奶油酱将所有的空隙都抹平。
9. 擀开杏仁膏。切割下来直径如同环形蛋糕模具一样大的杏仁膏片，盖住蛋糕表面，放入冰箱内冷藏以让慕斯琳奶油酱凝固。
10. 最后使用自制油纸裱花袋装上融化的巧克力对草莓蛋糕进行装饰。

注 如果喜欢，可以在草莓蛋糕的底部垫上一层薄薄的巧克力。

配料	
海绵蛋糕	
鸡蛋	4个
白砂糖	150克
面粉	150克
糖浆	
白砂糖	150克
水	200毫升
樱桃白兰地	60毫升
慕斯琳奶油酱	
牛奶	500毫升
香草豆荚	1根
白砂糖	150克
蛋黄	4个
面粉	40克
玉米淀粉	40克
黄油	250克
樱桃白兰地	40毫升
装饰材料	
草莓	1000克
杏仁膏	200克
黑巧克力	100克

当准备使用柠檬的时候，要记住几个简单的小窍门。首先要挑选那些颜色明黄、熟透了的柠檬，并且外皮没有擦痕或者斑点。柠檬本身要比看上去的个头显得略微重一些，外皮要有些油亮，并且带有浓郁的柠檬芳香，制作柠檬碎皮时（柠檬外层皮），要将柠檬洗干净并且仅仅刮取柠檬的表皮，而不取用柠檬白色的外皮部分（这部分外皮往往过于苦涩）。当榨取柠檬汁时，要先把柠檬子去掉。只要按照这些步骤去操作就能够确保芳香扑鼻的柠檬风味留存在每一道美味可口的菜肴中。

柠檬蛋糕

学习内容

打发各种原材料

产量

可以制作出一个800克的柠檬蛋糕，供8～10人食用

工具

小雕刻刀，搅拌盆，研磨器，面筛，木铲，面刷，烤架，烤盘，800克容量的蛋糕模具

配料

蛋糕	
面粉	300克
泡打粉	10克
黄油	125克
白糖	180克
柠檬（擦出碎皮）	1个
鸡蛋	3个
香草香精或者朗姆酒	适量
糖粉涂层	
糖粉	适量
水或者柠檬汁	适量

制作方法

将烤箱预热到170℃。

1. 将蛋糕模具涂上黄油并撒上面粉备用。
2. 将面粉和泡打粉一起过筛备用。
3. 在一个大盆内，将黄油和白糖一起打发至完全混合均匀。然后加入鸡蛋，鸡蛋要一次一个地加入，每加一个鸡蛋都要搅拌均匀之后再加入下一个。最后加入柠檬碎末和香草香精。
4. 加入过筛后的面粉和泡打粉，搅拌至混合均匀。
5. 将搅拌好的面糊装入准备好的蛋糕模具中，放入到预热好的烤箱中烘烤。

制作糖粉涂层

1. 在糖粉中加入足够的水搅拌均匀，制作出糖粉涂层需要用到的材料量以及浓度。放到一边备用。
2. 烘烤蛋糕至在蛋糕中间插入小雕刻刀的刀尖，抽出时刀尖是干爽的程度，大约需要烘烤30分钟。将烘烤好的蛋糕从烤箱内取出，脱模之后放到置于烤盘上面的烤架上晾凉。
3. 趁着蛋糕还有余温时，将糖粉涂层涂抹到蛋糕上，然后让蛋糕完全冷却。

水果蛋糕可以长时间保存，这种传奇能力涉及它被研发出来之后盘根错节的幕后历史故事。大比例用量的糖（并且经常用到酒），以及加入进去的形形色色的水果组成了制作这款水果蛋糕的基本材料，这也成为防止水果蛋糕腐败变质的一种非常有效的方式。基于这个原因，水果蛋糕已经存在于世好几个世纪了。水果蛋糕的制作最早可以追溯到古罗马时期，在漫长的战争期间供给罗马军团中的千夫长们食用。在中世纪时期，对于漫漫征途中的十字军来说，水果蛋糕也是一道主要的供给品。随着时间的推移，不同类型的糖、不同种类的水果以及各种酒类在水果蛋糕中的使用变得更加丰富多彩，使得欧洲的水果蛋糕变得越来越浓郁而香醇。在维多利亚时期，水果蛋糕被认为是“诱人的”，并且在整个欧洲都被严令禁止生产和销售。万幸的是，由于水果蛋糕拥有巨大的市场，这项法律很快就被废除了。时至今日，水果蛋糕通常会被认为是一道圣诞甜点。水果蛋糕重糖、重水果和非凡的耐保存的特点，使其成为喜剧演员表演节目的压轴笑话。约翰尼·卡森曾经有一段著名的连珠妙语：“最糟糕的礼物就是水果蛋糕，如果整个世界上只剩下最后一个水果蛋糕，全世界的人们相互之间还都千方百计地想着如何送给对方”。尽管在这款蛋糕身上发生了许多非常有趣的故事，但是直到今天它仍然非常受欢迎，如果准备工作做得充分得当，就可以制作出这款绝妙的传统节日甜点。

水果蛋糕

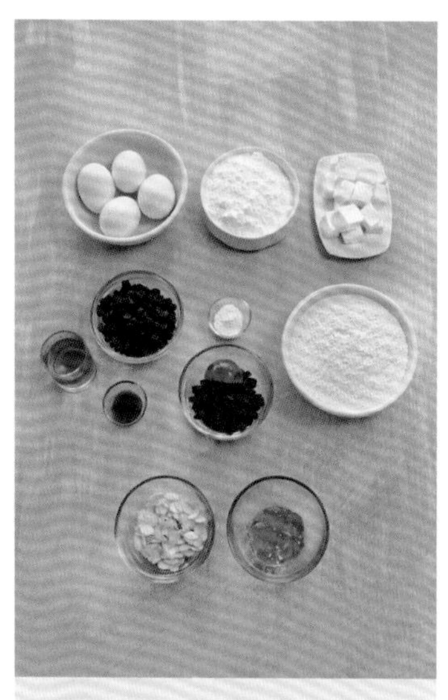

学习内容

打发原料

在蛋糕表面涂抹果胶上光

产量

可以制作出2个500克的水果蛋糕，供6~8人食用

工具

小雕刻刀，搅拌盆，油纸，面筛，搅拌器，面刷，2个500克的蛋糕模具，小号酱汁锅

配料

蛋糕	
葡萄干	100克
果脯（切碎）	100克
朗姆酒	50毫升
面粉	225克
泡打粉	5克
黄油	160克
糖粉	160克
鸡蛋	4个
香草香精	适量
装饰材料	
杏仁片	适量
杏酱果胶	适量

制作方法

将烤箱预热到200℃。

制作水果蛋糕

1. 首先要用朗姆酒浸泡葡萄干和果脯一宿。这项工作要提前做好，以便让水果变得柔软。

2. 将蛋糕模具涂抹上黄油并铺好油纸备用。

3. 将面粉和泡打粉一起过筛备用。

4. 将黄油和糖粉一起打发蓬松，至黄油颜色变浅的程度，再逐渐加入鸡蛋和香草香精搅拌均匀。

5. 在一个碗里沥干果脯和葡萄干中的朗姆酒，碗内的朗姆酒可以留作他用。将大部分果脯和葡萄干轻轻地拌入面粉中。将面粉、水果加入到打发好的黄油蛋液中搅拌均匀，直至没有干面粉为止。

6. 将面糊填装到模具中并填满每个边角，要小心不要将面糊洒落到模具边缘的油纸上。在表面撒上杏仁片，将蛋糕放入到预热好的烤箱中烘烤4~5分钟之后，将小刀的刀尖蘸上黄油或者水，沿着纵长划一个切口。

7. 将烤箱的温度降至160℃继续烘烤大约35分钟，直到将刀尖插入到蛋糕中间拔出之后刀尖是干净的。

注　蛋糕表面刻划的刀痕不需要太深，因为刻划刀痕的目的是切开蛋糕的表皮。这就要求在蛋糕的表面用小刀快速地刻划而过即可。

8. 蛋糕烤好之后，从烤箱内取出并迅速脱模。趁蛋糕热时，将剩余的在朗姆酒中浸泡好的果脯撒在蛋糕上。放在烤架上晾凉。

9. 蛋糕凉透之后，在一个小号酱汁锅内加热杏酱果胶，使其变成液体状，用面刷涂刷到蛋糕的表面。如果喜欢，可以用整个果脯装饰，例如樱桃。在切割蛋糕之前要先揭除油纸。

在所有的烹饪装饰艺术中，泡芙塔（croquembouche）是最引人注目并且最具标志性的之一。croquembouche的字面意思为“嘎嘣脆（crunch in mouth）”，在法国几个世纪以来这款耀眼的甜点一直都是作为传统的婚礼蛋糕或者洗礼蛋糕呈现在众人面前的。泡芙塔是矗立在用牛轧糖制作而成的基座上，由众多泡芙堆砌在一起成为一个圆锥造型的泡芙塔蛋糕。使用焦糖和蛋白糖霜将泡芙相互之间粘合在一起，并且使用一些装饰物、坚果类和巧克力等进行美轮美奂的装饰。这种类型的蛋糕是“组合蛋糕”的最好佐证，组建一个富丽堂皇的塔形甜点，并精心设计和使用各种色彩缤纷的糖果或者糕点以一种令人眼花缭乱和优雅迷人的方式粘合到一起，是典型的法式蛋糕制作风格。这种泡芙塔的制作方法是由现代法国烹饪之父安东尼·卡勒姆在18世纪研发而成的。毫无疑问的是，卡勒姆曾经是一名学过建筑艺术的学生并且说过这样的名言：“建筑艺术是最高尚的艺术，而糕点艺术就是建筑艺术世界中最高端的表现形式”。

泡芙塔

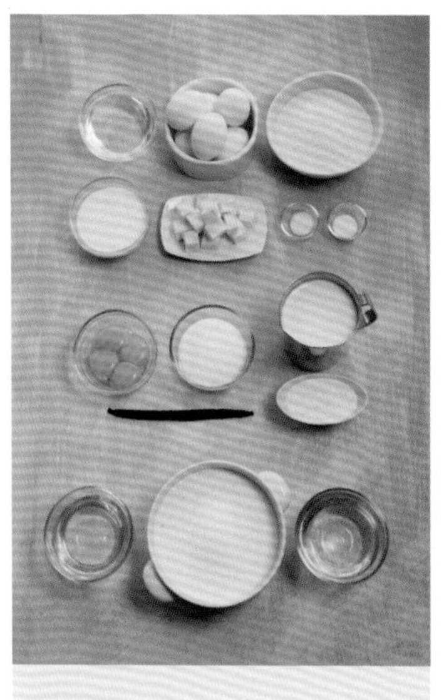

学习内容

制作泡芙面团
制作蛋奶酱
制作焦糖
制作蛋白糖霜（皇家糖霜）
制作牛轧糖
挤出泡芙
使用自制油纸裱花袋

产量

可以制造出一个组合了大约150个泡芙球的泡芙塔

工具

厨刀，小号平抹刀，搅拌盆，面筛，搅拌器，裱花袋，中号圆口裱花嘴，小号圆口裱花嘴，烤架，塑料刮板，木铲，擀面杖或巧克力牛轧糖专用擀面杖，叉子，面刷，牛轧糖专用切割刀，中号酱汁锅，小号酱汁锅，厚底烤盘，蛋糕模具

制作方法

将烤箱预热至220℃。用面刷将2个厚底烤盘涂刷上薄薄的一层油备用。

制作泡芙面团

1. 将面粉过筛。

2. 将黄油、白砂糖、盐、牛奶以及水放到一个酱汁锅内。将其烧沸，搅拌至盐和白砂糖完全溶解，黄油融化。将酱汁锅端离开火，将面粉一次性倒入。用木铲将面粉搅拌均匀。将酱汁锅重新放回火上加热并不停地搅拌至形成了一个柔滑的面团，在锅底和锅沿上没有面粉残留。将热的面团放入另一个盆内，并将其摊开使其略微冷却些。

3. 加入鸡蛋，一次加入一个，每次加入一个鸡蛋之后都要搅拌均匀再加入下一个。加入3个鸡蛋搅拌均匀之后，通过用木铲抬起一些面糊来检查面糊的浓稠度。面糊应该呈一定的伸展度，如果面糊仍然太稠，加入最后一个鸡蛋搅拌均匀，搅好的面糊浓稠度以抬起木铲时面糊呈“V”字形滴落为好。

4. 将搅拌均匀的面糊装入带有一个中号圆口裱花嘴的裱花袋中，在烤盘上挤出直径2.5厘米大小的圆球形泡芙面团。刷上蛋液，并用一把叉子将泡芙面团的顶部抹平。放入烤箱内烘烤至膨发起来并且颜色均匀，大约需要25分钟。 取出泡芙放到烤架上冷却。

制作蛋奶酱

1. 将牛奶倒入一个中号平底锅内用中火烧沸。加入大约1/4用量的白砂糖，搅拌至糖完全溶化。

2. 同时，将蛋黄放入一个小盆内加入剩余的白砂糖。将白砂糖与蛋黄一起搅拌至糖完全溶解并且蛋黄的颜色变成浅色。将玉米淀粉加入蛋黄中搅拌至混合均匀。当牛奶将要沸腾时，端离开火，将1/3的牛奶倒入蛋黄中，同时不停地搅拌使其回温，搅拌均匀之后将其边倒回边搅拌到剩余的热牛奶中。将酱汁锅重新加热至蛋奶酱开始冒泡。继续搅拌（注意要用搅拌器搅拌到酱汁锅的每一个角落）并继续加热大约1分钟让淀粉成熟。制作好的蛋奶酱会非常浓稠。待其冷却之后要放入到冰箱内冷藏保存。制作过程中可加入少许风味香精，做成自己喜欢的口味。

制作牛轧糖

1. 将一个烤盘和一个20厘米蛋糕模具的外层都涂上一层薄薄的油备用。

2. 加热白砂糖和葡萄糖浆至颜色开始变深（165℃）。将锅端离开火并且迅速地加入杏仁碎（或片）搅拌均匀。将牛轧糖倒在涂过油的烤盘内，用擀面杖擀成3厘米厚的大片状。必须快速地擀制，否则牛轧糖会迅速变硬。趁着牛轧糖仍软的时候，用擀面杖卷起擀开的牛轧糖覆盖到蛋糕模具上并快速地按压下去制作出一个圆形的牛轧糖。用剪刀修剪整理，将剩下的牛轧糖迅速放到一个热的烤盘上保温保存。

3. 用牛轧糖专用切割刀切割出一个圆的形状，直径大约7.5厘米，放到一边备用。使用厨刀在剩下的牛轧糖片上切割出一些三角形牛轧糖，或者狼牙的造型。切割时牛轧糖要保持一定的温度，否则会碎裂成块状。

制作蛋白糖霜

将糖粉过筛到一个盆里，加入蛋清。搅打至呈浓稠的糊状，继续搅打至糊状变软并且体积开始增大。如果此时变得太浓稠，可以加入一点蛋清使其变软。搅打到体积增至两倍大时，用一块湿巾覆盖好以防止形成硬皮。

制作焦糖

1. 准备一碗冷水、一把勺子及一个面刷。

2. 准备一大碗里面加了冰块的冰水。

3. 将白砂糖、葡萄糖浆和水一起用大火烧沸。烧沸之后用勺子将所有浮沫撇净并用沾水的面刷将锅边的糖浆刷净。待糖浆变清澈以后，继续加热直到糖浆开始变色。当糖浆加热到呈现美观、均匀的琥珀色时，端离开火，将锅底放到冰水中以阻止糖浆继续升温。将锅放到折叠好的毛巾上。

组装

1. 小心地从模具中取出圆形牛轧糖，放到一块蛋糕纸板上或者放到餐盘中。在带有中号星状裱花嘴的裱花袋内装入一些蛋白糖霜，沿着牛轧糖的外沿挤出一圈蛋白糖霜。

2. 准备一个上面铺着硅胶烤垫的烤盘，用小刀的刀尖或者小裱花嘴的尖部在每一个泡芙的底部戳出一个4～5毫米宽的孔洞。

3. 待蛋奶酱凉透之后，放到盆里搅拌细腻。装到带有一个小号圆口裱花嘴的裱花袋内，将裱花嘴的尖口塞进泡芙的孔洞中缓慢地将蛋奶酱挤到泡芙中。

4. 小心地将已经装填好奶油酱的泡芙顶端蘸上焦糖糖浆，并把蘸上糖浆的这一面朝下摆放在准备好的烤盘上。一定要小心手指不要触碰到糖浆，或者让糖浆滴落到手上，否则会引起严重的烫伤。待所有已填馅的泡芙都蘸完糖浆之后，静置一会儿让糖浆凝固变硬。

5. 如果焦糖糖浆开始变凉变硬，就略微加热，将泡芙的一边蘸上糖浆，然后间隔开分别蘸上砂糖和杏仁。将泡芙球用糖浆粘在牛轧糖底座的边缘上，蘸有糖浆的那一面朝外，并且让带有砂糖和杏仁的泡芙间隔摆放形成美观的图案。按照这种模式摆放一圈。然后交错地在里面摆放第二圈泡芙，让第二圈泡芙比第一圈略微朝里一些。按照这种方式摆放随后的泡芙球，逐渐减少泡芙球的周长，制作出一个倒锥形泡芙塔，最顶端摆放4个泡芙球。

6. 让其冷却，一旦糖浆凝固，在顶端的泡芙上涂抹些糖浆，利用抹刀将圆形的牛轧糖固定在上面。利用其余的牛轧糖创作出所希望的造型来装饰泡芙塔的顶端部分，用蛋奶面包模具制作出造型图案来体现出这种设计方式。用焦糖糖浆作为黏合剂将制作好的牛轧糖造型粘贴在最顶端的位置。

7. 如果使用狼牙造型的牛轧糖装饰泡芙塔的底座部分，可以使用焦糖糖浆将它们沿着泡芙塔的底座粘上一圈。

8. 在自制油纸裱花袋中装入一些蛋白糖霜，在三角形牛轧糖造型的边缘挤出一圈蛋白糖霜。在两个三角形牛轧糖中间非常缓慢地挤出线形的蛋白糖霜线条，让其干燥。

9. 如果喜欢，可以使用五彩杏仁糖或者糖霜制成的树叶造型，以及使用拉糖工艺制作的糖艺饰品进行装饰（例如糖艺绳索、树叶、彩带以及卷等造型）。

注　由于使用了蛋奶酱和焦糖，制作好的泡芙塔必须在组装后的当天使用。用牛轧糖制作而成的装饰物、泡芙以及蛋奶酱等可以提前制作好。

配料	
泡芙面团	
水	125毫升
牛奶	125毫升
盐	4克
白砂糖	4克
黄油	100克
面粉	165克
鸡蛋	5～6个
蛋奶酱	
牛奶	500毫升
白砂糖	100克
蛋黄	4个
玉米淀粉	40克
面粉	40克
自己选择使用的各种风味香精	少许
牛轧糖	
葡萄糖浆	250毫升
白砂糖	250克
杏仁（片或碎）	300克
蛋白糖霜	
蛋清	2个
糖粉	250克
柠檬汁	适量
装饰材料	
五彩杏仁糖	适量
糖艺饰品	适量

在英国，主显节蛋糕也称国王蛋糕（King' s cake）。在12世纪。主显节蛋糕通常会在圣诞节过后的第12天开始食用。作为圣诞节日庆典活动的一部分，主显节蛋糕的表面会烘烤上精美的立体图案。无论是谁得到这个以国王或者王后名字命名的装饰图案，在整个晚宴上他都是当之无愧的国王。

主显节蛋糕

学习内容

制作酥皮面团
制作杏仁酱
使用裱花袋
装饰蛋糕围边

产量

6人份

工具

小雕刻刀，塑料刮板，毛刷，面刷，搅拌盆，胶皮刮刀，擀面杖，裱花袋，10毫米圆口裱花嘴，2个烤盘

制作方法

将烤箱预热至205℃。

制作酥皮

请参照上册第四章中有关酥皮的制作方法，按照本食谱的用量标准进行操作，制作出正确用量的酥皮。

制作杏仁酱

1. 制作杏仁奶油：将黄油和白砂糖一起打发至质地轻柔蓬松。再加入鸡蛋打发至混合均匀。用小雕刻刀将香草豆荚从中间沿纵长劈开，刮出香草籽，搅拌进入打发好的黄油中。加入朗姆酒，再加入杏仁粉搅拌均匀。将杏仁奶油放入一个盆内密封好，放入冰箱里冷藏备用。

2. 在一个搅拌盆内，搅打蛋奶酱（提前制作好）至光滑有伸展性的程度。加入杏仁奶油，用搅拌器搅打至两者混合均匀。装入带有一个中号圆口裱花嘴的裱花袋内。

组装

1. 在工作台面上撒上些面粉，将制作好的酥皮面团放到撒有面粉的工作台面上擀开（使用擀面杖）成厚度为3毫米的片状。将擀开的酥皮放到铺有油纸的烤盘上，然后放到冰箱内冷藏松弛10分钟。

2. 从冰箱内取出酥皮平铺到工作台面上。使用环形蛋糕模具或者酥皮圈作为模具。切割出两个圆形酥皮，一个是20厘米大小，另外一个要略微大一点（剩余酥皮要放到冰箱里冷藏保存留作他用）。将略微大一点的圆形酥皮放到铺有油纸的烤盘上，放到冰箱里冷藏备用。

3. 将另外一个圆形酥皮表面刷上水并翻转过来反扣到铺有油纸的烤盘上。在酥皮饼边缘位置刷上蛋液。

注　一定要反扣过来将刷过水的那一面朝下放到烤盘里，因为水可以让面皮沾到烤盘上防止在烘烤的过程中酥皮层卷曲起来。

4. 在酥皮上挤出一层紧密的螺旋状杏仁酱（从酥皮的中间开始挤杏仁酱，然后根据自己设计的图案朝外挤，留出最外边一圈刷蛋液的位置不要挤上杏仁酱）。将烤盘放到冰箱内冷藏10分钟使杏仁酱凝固。

5. 将两个烤盘上的圆形酥皮从冰箱内取出，在大一点的酥皮上撒些面粉从中间折叠起来，放到挤有杏仁酱的酥皮上面，注意要小心地将两个圆形酥皮的边缘部分对整齐。打开上面的酥皮让其完全覆盖住下面的酥皮并且不要让里面有空气残留。

6. 轻压边缘位置让蛋液将酥皮粘连到一起，用环形蛋糕模具做参照物，扣压掉圆形酥皮饼上多余的边缘酥皮部分。将制作好的酥皮饼在烘烤之前放到冰箱内冷冻30分钟。

烘烤蛋糕

1. 将酥皮饼从冰箱内取出，在表面刷上蛋液，用小雕刻刀的刀背在表面上刻划出“V”形图案造型，在酥皮饼的边缘位置也用小刀的刀背刻划出图案造型。

2. 将酥皮饼放到预热好的烤箱内烘烤10分钟，然后将烤箱的温度降至170℃再继续烘烤20分钟或者烘烤至呈金黄色，将烤好的主显节蛋糕从烤箱内取出滑落到烤架上冷却。

3. 将主显节蛋糕在室温下放到餐盘上提供给顾客。

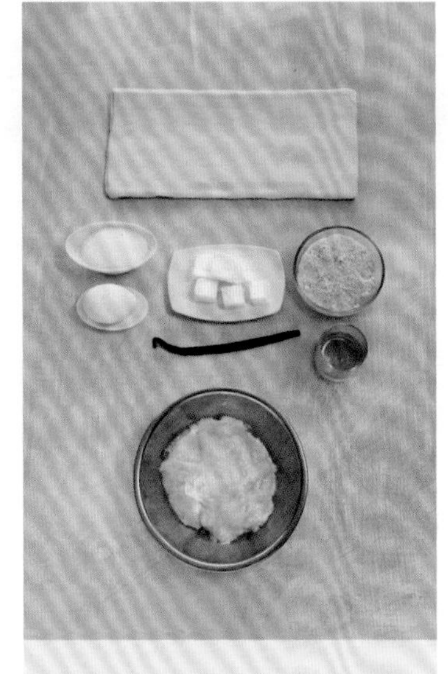

配料	
酥皮面团	
面粉	500克
水	225毫升
黄油（第一份）	200克
盐	10克
黄油（第二份）	200克
鸡蛋（用作蛋液）	1个
杏仁酱	
黄油	60克
白砂糖	60克
杏仁粉	60克
鸡蛋	1个
朗姆酒	10毫升
香草豆荚	1根
蛋奶酱（见拿破仑蛋糕菜谱中酥皮一节中的相关内容）	100克

果酱夹心海绵蛋糕

学习内容

制作海绵蛋糕
使用隔水加热方法
制作糖浆
在蛋糕上涂刷糖浆
使用塑料刮板
使用蛋白糖霜对蛋糕进行装饰

产量

6人份

工具

锯刀，搅拌器，胶皮刮刀，面筛，搅拌盆，烤架，保温锅，中号酱汁锅，20厘米圆形蛋糕模具，烤盘

制作方法

1. 将烤箱预热到205℃。
2. 将20厘米的圆蛋糕模具涂抹上黄油并放入冰箱冷冻5分钟将黄油冻硬。取出再在模具上涂抹上一层黄油，并撒上面粉。轻拍模具去掉多余的面粉，将模具放到冰箱内冷藏备用。

制作海绵蛋糕

1. 将黄油放入小号酱汁锅内用小火加热将其融化，放到一边备用。
2. 将面粉过筛到一张油纸上备用。
3. 在一个酱汁锅内装入1/4满的水，用中火将其烧至微开。
4. 将鸡蛋打入一个大的搅拌盆内，加入蛋黄和白砂糖，搅拌至白砂糖完全溶解，将盆放到锅内盛有微沸的水的锅上继续隔水加热的同时搅打鸡蛋，直至鸡蛋颜色变浅，鸡蛋液体触摸时有热感（大约45℃）。
5. 鸡蛋搅拌到此时，从盆内抬起搅拌器时鸡蛋液体应形成丝带状滴落回盆内。将盆从锅上端离开并继续搅拌鸡蛋液体至温度降到室温。
6. 加入面粉并用胶皮刮刀轻柔地搅拌均匀。加入融化的黄油搅拌均匀，然后将搅拌好的面糊装入准备好的蛋糕模具中，放入烤箱内烘烤。
7. 烤箱门关闭之后，将烤箱温度降至185℃继续烘烤18~20分钟（用一根牙签插入到蛋糕中间进行成熟度测试，如果牙签拔出之后是干爽的，表示蛋糕已经烤好）。从烤箱内取出海绵蛋糕，在蛋糕模具中冷却2~3分钟。将蛋糕脱模取出，反扣在烤架上冷却备用。

制作糖浆

在一个小号酱汁锅内混合均匀白砂糖和水。将其烧沸，煮到白砂糖完全溶化。从火上端离开锅，放到一边冷却备用。

制作蛋白糖霜

将糖粉过筛到一个大的搅拌盆内，在中间挖出一个井圈。将蛋清和柠檬汁倒入一个小盆内搅拌至起泡沫。将蛋清柠檬汁倒入糖粉做成的井圈中。搅拌所有的材料直到质地呈柔滑状。用一块湿巾盖好蛋白霜保存至需要使用时。

组装

1. 将杏仁片撒到烤盘上烘烤至呈浅金黄色（需要5～10分钟）。放到一边备用。
2. 将蛋糕纸板切割成8英寸（直径20厘米）的圆形，在纸板中间涂抹上一小勺树莓果酱以固定住海绵蛋糕。
3. 将蛋糕翻转过来使得圆形底座那一面朝上，用锯刀修剪平整。放到蛋糕纸板上，用锯刀在蛋糕立面周围做出一圈刻痕，将蛋糕标记出均匀的两等分。沿着刻痕标记，开始片开，缓缓地锯切向中间，直至片成两半。将上半部分移走备用。在底部蛋糕上用毛刷均匀地涂刷一层糖浆，然后舀一大勺树莓果酱，用抹刀将果酱涂抹均匀。将上半部蛋糕放上并轻压平整。用抹刀将挤出露在外面的果酱清理干净。用小刀将蛋糕表面切割清理平整并涂刷上糖浆。
4. 将蛋糕摆放到烤盘里的烤架上。
5. 将果酱放入一个中号酱汁锅内用中火加热，直到果酱变成浓稠的糖浆状。同时，将蛋白糖霜装入纸质裱花袋内，将尖部剪掉。将果酱倒在蛋糕上覆盖住蛋糕，将蛋白糖霜从蛋糕中心位置朝外沿呈螺旋状快速挤出。用一根牙签从蛋糕中心位置朝外刻画，每两条刻痕之间间距45°（形成四个等间距的辐条状刻画痕迹）。将蛋白糖霜一一对应朝反方向刻画以形成一个网状图案。
6. 将烘烤好的杏仁片按压在蛋糕的四周覆盖住蛋糕边缘部分。
7. 将制作好的蛋糕放到冰箱内冷藏10分钟以让树莓果酱凝固。
8. 将制作好的蛋糕放到一个干净的蛋糕纸板上或者摆放到餐盘上冷藏保存至需要时。

配料	
涂抹具内层	
面粉	30克
黄油	30克
海绵蛋糕	
黄油	25克
面粉	150克
白砂糖	150克
鸡蛋	4个
蛋黄	2个
蛋白糖霜	
糖粉（过筛）	200克
蛋清	1个
柠檬（挤出柠檬汁）	1个
组装	
杏仁片（脱皮、切片、烤熟）	适量
树莓果酱（带子）	适量
糖浆	
白糖	150克
水	150毫升

洛林蛋糕

这款蛋糕称为洛林蛋糕是因为它是法国洛林区的特产。这是一款制作非常简单且带有浓郁的佛朗哥日耳曼风味的甜点，它的起源可以追溯到17世纪。制作工序的简单化增加了其风味的多样性，通过添加各种搭配在一起使用的不同的原材料可以获得许多不同的风味。这款蛋糕可以添加各种水果和利口酒，也可以搭配奶油、糖粉、糖浆和各种风味浓郁的糖霜一起进食。

制作方法

学习内容

制作蛋奶面包
制作尚蒂伊奶油
使用裱花袋挤出装饰奶油

产量

可以制作出2个洛林蛋糕，每个蛋糕直径大约为25厘米

工具

厨刀，搅拌盆，搅拌器，裱花袋，大号星状裱花嘴，烤架，烤盘

配料

蛋奶面包	
鲜酵母	20克
牛奶（微温）	50毫升
面粉	500克
盐	5克
白砂糖	60克
鸡蛋	6～7个
黄油	250克
尚蒂伊奶油	
奶油	400毫升
糖粉	60克
樱桃白兰地	50毫升
装饰材料	
鸡蛋（打成蛋液）	1个
切碎的杏仁	适量

制作蛋奶面包面团

1. 将微温的牛奶倒入盆内，加入酵母搅拌溶化，然后放到一边备用。加热牛奶的温度非常重要。如果牛奶太凉则酵母菌无法激活，如果太热则会杀死酵母菌。如果牛奶太凉，在加入酵母之前，将其倒入一个小号酱汁锅内用小火加热到不超过32℃再使用。

2. 在盆内将鸡蛋和白砂糖混合，用搅拌器搅拌。将面粉过筛到一个干净并干燥的工作台面上，加入盐，用塑料刮板在面粉中间做出一个井圈，将牛奶和酵母混合液倒入，将蛋液倒入，用手指在井圈中将所有原材料混合均匀，同时用刮板将外围的面粉逐渐加入进去。继续加入直到中间的材料形成浓稠的面糊，将所有的材料混合均匀，用手掌揉制直到完全混合均匀。

3. 用手掌使劲揉搓面团。注意：此时和好的面团应该足够柔软，能够沾到工作台面上。如果面团太硬，可以加入一点牛奶，一次只加入一勺，直至达到所希望的柔软程度。

4. 继续揉制面团并进行反复折叠，直到把面团揉制得有弹性不再粘手为止。

5. 将软化的黄油切成小颗粒状，加入面团中，揉制面团将黄油全部吸收。将面团在工作台面上反复进行摔打，折叠之后继续摔打，直至摔打出面筋。

6. 将面团揉搓成球形，撒上些面粉，放入一个干净的盆内。用湿布盖好，放在醒发箱内或者温暖处醒发到体积增至2倍大。需要2小时。

7. 将面团揉好并切割成两块。分别揉搓成两个扁圆形，用布盖好进行二次醒发。需要1小时。

8. 将烤箱预热到200℃。

9. 在面团表面刷上蛋液并撒上杏仁碎。

10. 放入烤箱烘烤至金黄色，需要35分钟。从烤箱内取出烤好的洛林蛋糕，放到烤架上凉透。

制作尚蒂伊奶油

1. 将奶油加上糖粉打发至湿性发泡，再加入樱桃白兰地搅拌均匀。

2. 将制作好的尚蒂伊奶油装入带有大号星状裱花嘴的裱花袋内。

组装

1. 将蛋奶面包从中间片开。在底部面包上挤上奶油。将上部面包轻轻地放到奶油上。

2. 保持冷藏直到提供给顾客。

蛋奶面包（布里欧），是制作外交官蛋糕的基础材料，是一种产自于法国诺曼底地区自15世纪以来一直深受人们喜爱的甜味面包。它还有一个久负盛名的典故，在人类历史长河中身处最重大的历史事件之一的焦点位置。它是引起1789年法国大革命的导火索，人们认为当年法国玛丽·安托瓦内特王后被告知，大饥荒中的农民已经没有面包可吃并且正在忍受饥饿时，她发表了那句令世人震惊的名言“让他们吃蛋糕吧。”，但是实际上她说的可能是“Qu' ils mangent de la brioche”意思是“让他们吃蛋奶面包吧”，在当时这是一款比起现代同样的蛋奶面包来说不是很甜的面包。但是对于生活在饥饿困境之中的她的子民来说，这句话仍然是太过于敏感（虽然尚不清楚能否肯定她当时说过这句话），这种说法确实引发人们更多的不满。

外交官蛋糕

学习内容

制作蛋奶面包（布里欧）
制作英式奶油酱
把奶油酱熬煮到合适的浓度
制作水果酱

产量

可以制作出一个大的由蛋奶面包制成的外交官蛋糕，供6～8人食用

工具

小雕刻刀，锯刀，搅拌盆，搅拌器，木铲，细网筛（过滤器），酱汁锅，蛋奶酥模具（舒芙里模具）

配料

外交官蛋糕	
蛋奶面包（制作方法见第99页）	1条
蛋黄	3个
鸡蛋	2个
白砂糖	100克
香草豆荚	半根
牛奶	500毫升
果脯	50克
葡萄干	50克
英式奶油酱	
牛奶	250毫升
蛋黄	3个
白砂糖	60克
覆盆子果酱	
覆盆子果肉	250克
糖粉	40克
柠檬（挤汁）	半个

制作方法

制作一条蛋奶面包（制作方法见本书第99页）。将蛋奶面包切成大丁备用。

注：为达到制作的最佳效果，蛋奶面包最好提前一天制作好。

将烤箱预热至180℃。

制作外交官蛋糕

1. 在蛋奶酥模具内涂抹上黄油备用。
2. 在一个大盆里，将蛋黄、鸡蛋和白砂糖一起打发。将香草豆荚劈开刮出香草子加入蛋液中。加入香草豆荚，最后加入牛奶搅拌均匀。
3. 将果脯和葡萄干与蛋奶面包丁一起搅拌均匀。将其填入涂抹过黄油的蛋奶酥模具中并压紧。
4. 将搅拌均匀的蛋液浇淋到模具内拌好的蛋奶面包上，留一些时间让蛋液可以将面包泡软。然后放入预热好的烤箱中烘烤30～35分钟，或者烘烤到呈金黄色用小刀插入面包中间拔出时刀尖是干净的程度。从烤箱内取出放到一边晾凉。

制作英式奶油酱

1. 将牛奶倒入一个酱汁锅内用中火烧沸。将白砂糖加入蛋黄中，快速打发至蛋黄颜色变浅。
2. 在蛋黄中加入一些热牛奶搅拌均匀使其回温。将搅拌均匀的蛋黄液体倒回剩余的热牛奶中，用小火加热的同时用木铲不停地搅拌（牛奶要搅拌到浮起泡沫）。继续加热搅拌到呈一定的浓稠度，至牛奶混合物可以挂住木铲的背面而不滴落的程度。将锅端离开火并迅速将英式奶油酱过滤到一个干净的盆内。

制作覆盆子果酱

1. 将覆盆子果肉、糖粉和柠檬汁一起搅打成泥，倒入一个细网筛中过滤到干净的盆里。
2. 用一把勺子挤压网筛中的果肉，将果汁全部挤压出来，放到一边备用。将外交官蛋糕脱模到一个餐盘内，搭配英式奶油酱和覆盆子果酱一起食用。

大理石蛋糕被认为来自美国，制作大理石蛋糕的食谱出现在1870年左右。大理石蛋糕因其带有独具一格的呈旋转样式的美丽图案而得名，这种类似于大理石花纹的图案来自于蛋糕的制备过程。正是由于带有如此美丽的大理石图案造型，使得大理石蛋糕成为新英格兰州聚会中女主人的最爱。最初蛋糕带有大理石花纹的效果是通过在蛋糕面糊中添加糖浆、果酱和水果等制作而成的。而现代大理石蛋糕的制作方法只是增加了它的普及程度，因为目前的大理石蛋糕制作工艺与之前最大的不同是大理石花纹需要两种不同的蛋糕面糊混合而成。这种蛋糕的优点是让就餐者用一个蛋糕的价格就可以品尝到两种不同风味的蛋糕。

大理石蛋糕

学习内容	
在蛋糕中制作出大理石花纹	

产量	
可以制作出一个500克的大理石蛋糕	

工具	
小雕刻刀，面筛，搅拌盆，搅拌器，木铲，胶皮刮刀，烤架，500克重的蛋糕模具	

配料	
香草蛋糕面糊	
黄油	125克
白砂糖	180克
鸡蛋	3个
面粉	300克
泡打粉	10克
牛奶	100毫升
柠檬（擦出碎皮）	1个
香草豆荚	1根
巧克力蛋糕面糊	
1/2 的香草蛋糕面糊	
可可粉	300克
牛奶	30毫升

制作方法

将烤箱预热至140℃。

1. 在蛋糕模具内涂抹上黄油并撒上些面粉备用。
2. 将面粉和泡打粉一起过筛备用。
3. 在一个大盆内，将黄油和白砂糖一起打发至蓬松，黄油颜色变浅。然后加入鸡蛋继续打发，鸡蛋要一次一个地加入，加入一个搅拌均匀之后再加入下一个。使用小刀将香草豆荚从中间劈开，刮出香草子，搅拌进入黄油混合物中。再将柠檬碎皮搅拌进去。加入面粉拌匀之后将牛奶逐渐搅拌进去。
4. 将1/2搅拌均匀的香草蛋糕面糊分装到另外一个盆内，将可可粉和牛奶加入搅拌均匀。
5. 将另一半香草蛋糕面糊的大部分装入蛋糕模具中，然后填装进去巧克力蛋糕面糊，在最上面再填入剩余的香草蛋糕面糊。使用小雕刻刀在两种面糊中间盘旋着搅拌出各种花纹。
6. 将装填好两种面糊的蛋糕模具放入预热好的烤箱内烘烤至在蛋糕中间位置插入小刀拔出时刀尖是干净的程度为止，需要烘烤35～40分钟。取出蛋糕之后轻轻地脱模，并放到烤架上冷却。

巴黎布雷斯特蛋糕

巴黎布雷斯特蛋糕因为每四年举行一届的从巴黎到沿海城市布雷斯特的1200公里自行车比赛而得名。布雷斯特位于法国的布列塔尼地区。自行车比赛始于1891年，这项至今仍然在举办的自行车比赛成为了法国最古老的赛事（它早于“环法自行车赛”12年）。巴黎布雷斯特蛋糕最早是由居住在自行车比赛沿线城镇的糕点厨师为了纪念比赛的开赛日而设计制作的。据说糕点厨师把蛋糕做成环形是模仿了自行车轮子的形状。

制作方法

将烤箱预热至200℃。将大号烤盘涂抹上黄油备用。

制作泡芙面团

1. 将面粉过筛备用。将黄油、白砂糖、盐、牛奶以及水放到大号酱汁锅内烧沸，搅拌至盐和白砂糖完全溶解，黄油融化。将酱汁锅端离开火，立刻将面粉一次性全部加入，用胶皮刮刀搅拌均匀。将酱汁锅再放回火上加热并不停地搅拌至面粉形成柔滑的面团，锅底和锅边没有面粉残留。将搅拌好的面团放入一个盆内，用胶皮刮刀将其摊开使其略微冷却。

2. 在面团盆内加入鸡蛋，一次加入一个，每次加入之后都要将鸡蛋搅拌入面团中。加入3个鸡蛋之后面团会变成浓稠的面糊，用刮刀舀起一些面糊来检查浓稠度。此时面糊应呈现一定的伸展度，如果面糊仍然太稠，可再加入一个鸡蛋搅拌均匀，以抬起胶皮刮刀时面糊呈软的尖状并滴落回盆内为好。

3. 将搅拌均匀的面糊装入带有大号圆口裱花嘴的裱花袋中。在烤盘内将泡芙面糊挤出一个大的环形造型，直径20～22厘米，在里圈再挤出一个环形造型，然后在两个环形中间位置的上方挤出第三个环形造型。

4. 在环形泡芙表面刷上蛋液并撒上杏仁片。放入烤箱烘烤至环形泡芙呈现出金黄色（包括泡芙上的裂纹也要烤上色）。取出烤好的泡芙放到烤架上晾凉。

制作蛋奶酱

1. 在一个小号餐盘内铺上保鲜膜备用。

2. 将牛奶倒入到中号酱汁锅内。将香草豆荚沿纵长从中间劈开并将香草籽刮取下来。加入香草籽到锅中，中火烧沸。再加入1/3用量的白砂糖并搅拌至完全溶化。

3. 在熬煮牛奶的同时，将蛋黄放入到一个小盆内，加入剩余的白砂糖。将白砂糖与蛋黄搅拌至完全溶解并且蛋黄的颜色变成浅色。加入面粉和玉米淀粉搅拌至混合均匀。

4. 当牛奶快要沸腾时，端离开火，将1/3的牛奶倒入蛋黄中，搅拌均匀使其回温，然后将其边搅拌边倒回到剩余的热牛奶中。将酱汁锅重新加热至蛋奶酱开始冒泡。继续搅拌（注意要用搅拌器搅拌到酱汁锅的每一个角落）并加热大约1分钟让淀粉成熟。制作好的蛋奶酱会非常浓稠。迅速将其倒在铺有保鲜膜的餐盘内，加上些黄油以防止表面干燥结皮。用保鲜膜覆盖好并排出其中的空气，冷却。

制作慕斯琳果仁酱

1. 蛋奶酱冷却之后，将其搅拌均匀至细腻状。加入果仁酱搅拌均匀，然后慢慢地加入黄油搅拌均匀。

2. 搅拌至完全均匀呈一体状之后，装入带有大号波浪花纹裱花嘴的裱花袋内。

3. 将烤好的环形泡芙从中间片开。将慕斯琳果仁酱以圆形动作挤在环形泡芙中间。将上半个环形泡芙轻轻盖上。撒上些糖粉作装饰。

学习内容

制作泡芙面团
制作蛋奶酱
制作慕斯琳奶油酱
使用裱花袋挤出各种花样造型
给蛋黄调温

产量

可以制作出1个巴黎布雷斯特环形蛋糕，供8～10人食用

工具

厨刀，搅拌盆，搅拌器，木勺，胶皮刮刀，裱花袋，大号圆口裱花嘴，大号波浪花纹裱花嘴，面筛，小号餐盘，烤架，保鲜膜，大号酱汁锅，中号酱汁锅，大号烤盘

配料

泡芙面团	
水	125毫升
牛奶	125毫升
盐	4克
白砂糖	4克
黄油	100克
面粉	165克
鸡蛋	5～6个
杏仁片	适量
慕斯琳果仁酱	
香草风味牛奶	250毫升
蛋黄	2个
白砂糖	50克
面粉	20克
玉米淀粉	20克
黄油	125克
果仁酱	60克

焦糖和吉布斯特奶油酥皮蛋糕

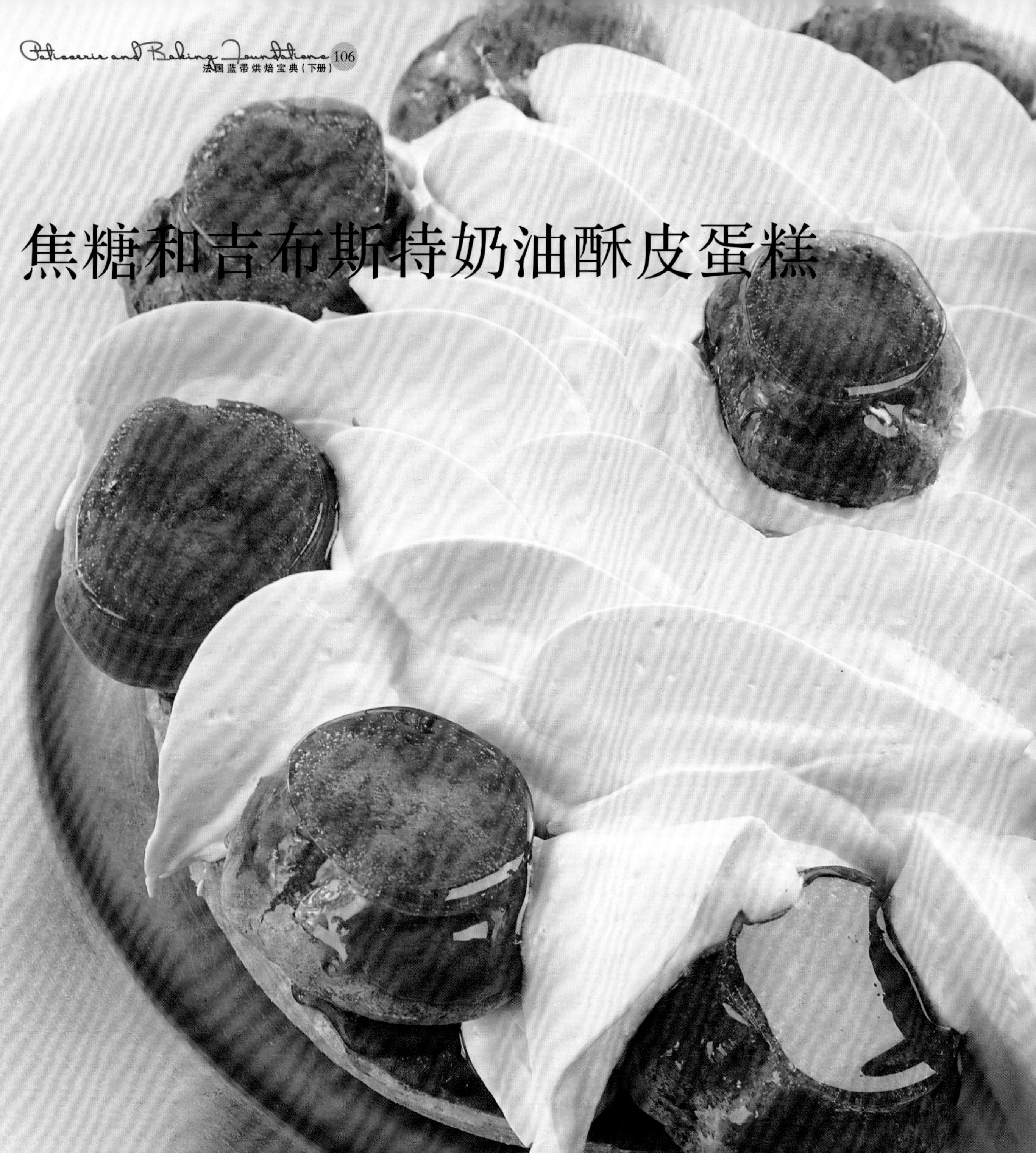

焦糖和吉布斯特奶油酥皮蛋糕（cream puff cake with caramel and chiboust cream）的法语名字是St. Honore，是以面包师守护神的名字来命名的，从传统意义上来说这是一款由面包师而不是糕点师制作而成的蛋糕。这款蛋糕中使用的吉布斯特奶油是由一位叫吉布斯特的糕点厨师首创的。

制作方法

将烤箱预热至220℃。

制作泡芙面团

使用本配方中的材料按照第89页泡芙塔中泡芙的制作方法制作出正确用量的泡芙面团。

制作油酥面团

1. 将面粉过筛到一个干净的工作台面上，用塑料刮板在中间做出一个井圈。
2. 将冻硬的黄油颗粒放到面粉的井圈中。用手指将黄油拌到面粉中，同时用塑料刮板切割面粉，直至将黄油颗粒切成蓬松状并与面粉混合均匀。
3. 用两只手掌揉搓面粉颗粒直至将面粉和黄油搓成沙粒般的细小颗粒。
4. 将面粉黄油颗粒混合物堆到一起，用塑料刮板在中间做出一个井圈。在井圈中加入盐、水和鸡蛋，用手指将这些原材料搅拌混合均匀，然后逐渐将外围的干面粉搓叠到面团中直至形成一个面团。
5. 用塑料刮板将剩余的干粉原料用切割的动作混合到一起，反复折叠直至形成一个蓬松的面团。用手掌揉搓面团直至面团中没有黄油颗粒呈现。反复折叠面团至均匀。
6. 将面团揉成圆形，用保鲜膜包好，按压成饼形。放到冰箱内冷藏松弛至少30分钟（最好松弛一宿）。

烘烤

1. 在工作台面上撒上些面粉。从保鲜膜中取出油酥面团放到撒有面粉的台面上擀开成厚度为5毫米的面片，四个角用擀面杖朝外擀开些。将擀好的面片放置到涂过油的烤盘上，用面团切割器戳些孔洞，用20厘米的环形蛋糕模具切割出一个圆形面片。除掉边角料，将烤盘内的面片放到冰箱内冷藏松弛。同时，将泡芙面团装入带有10毫米圆口裱花嘴的裱花袋中，在涂抹了薄薄一层油的烤盘上，挤出10～12个圆球形泡芙，直径2.5厘米，放到一边。将圆形面片从冰箱内取出，沿着圆形面片外沿挤出一圈泡芙面团，然后从中间开始，呈螺旋形在面片上挤出一层泡芙。在泡芙上刷上一层蛋液，小心不要让蛋液滴落，用叉子蘸上蛋液轻轻地将泡芙顶端抹平。
2. 烘烤泡芙及油酥面片至金黄色（需要烘烤12～15分钟，期间不要打开烤箱门）。当泡芙烘烤到金黄色以后，转动烤盘再继续烘烤至泡芙略显干燥。烤好之后，从烤箱内取出泡芙和面片放到烤架上晾凉。

学习内容

制作泡芙面团
制作油酥面团
制作焦糖
制作吉布斯特奶油酱
使用圣欧诺瑞裱花嘴
制作意式蛋白霜
使用裱花袋挤出花形

产量

6～8人份

工具

塑料刮板，擀面杖，面团切割器，环形蛋糕模，裱花袋，10毫米圆口裱花嘴，毛刷，餐叉，搅拌器，木勺，胶皮刮刀，大号圣欧诺瑞裱花嘴，1个小号酱汁锅，1个大号酱汁锅，1个中号酱汁锅，2个烤盘

制作吉布斯特奶油酱

1. 制作蛋奶酱：将牛奶倒入一个中号酱汁锅内。将香草豆荚纵长劈开刮出香草子，加入牛奶中，在中火上烧沸，加入1/4用量的白砂糖搅拌融化。

2. 同时，将蛋黄加入一个小盆内，倒入剩余的白砂糖，将白砂糖搅打入蛋黄中直至完全吸收，蛋黄的颜色变浅，加入玉米淀粉搅拌至混合均匀。

3. 当牛奶要沸腾时端离开火，将1/3量的热牛奶冲入蛋黄液体中，充分搅拌使其回温，然后将回温的蛋黄液体倒入剩下的热牛奶中搅拌均匀。重新放回火上加热至开始冒泡，继续搅拌（确保搅拌器搅拌到酱汁锅的每一个角落）加热1分钟，让淀粉成熟。此时蛋奶酱会变得非常浓稠。将制作好的蛋奶酱倒入到一个干净的盆内。

4. 用冷水浸泡吉利丁片直到完全变软。控净水，放入到热的蛋奶酱中用搅拌器搅拌融化。用餐叉叉住一块冻硬的黄油在蛋奶酱表面反复涂抹以形成一层保护膜。放到一边让其自然冷却。

5. 制作意大利蛋白霜：用搅拌器在一个大盆内搅打蛋清，直到产生泡沫。放到一边。将白砂糖和水放入一个中号酱汁锅内用中火加热，加热到软球阶段（121℃）。同时将蛋清打发至湿性发泡阶段。当糖浆熬制到121℃软球阶段时，将其呈细流状倒入到蛋清中，不停地搅打，直到蛋清泡沫坚挺，温度降至室温，放到一边备用。

6. 搅拌蛋奶酱直到光滑有弹性。加入1/2的意大利蛋白霜，用胶皮刮刀搅拌均匀。再加入剩余的意大利蛋白霜搅拌至完全混合均匀。将1/2制作好的吉布斯特奶油酱装入带有6毫米圆口裱花嘴的裱花袋内。

7. 用小号裱花嘴在泡芙底部戳出一个小孔，挤入吉布斯特奶油酱。在常温下保存。

制作焦糖糖浆

在一个小号或者中号酱汁锅内用中火加热白砂糖和水，将其加热到呈浅焦糖色的程度。将平底锅的锅底放入到冰水中以阻止糖浆的继续加热过程。将泡芙的顶端蘸上糖浆，用三个手指捏牢泡芙，小心不要让手指接触到糖浆液体。将蘸上糖浆的一面朝下摆放到硅胶垫上。使用糖浆作为黏合剂，将泡芙粘到油酥面片的外沿上。

最后装饰

将剩余的吉布斯特奶油酱装入带有大号圣欧诺瑞裱花嘴的裱花袋内，将吉布斯特奶油酱挤到油酥面片中间位置和泡芙之间的空隙处。制作好之后冷藏。

配料	
泡芙面团	
水	125毫升
黄油	60克
盐	少许
白砂糖	6克
面粉	125克
鸡蛋	2个
油酥面团	
面粉	200克
黄油（切成小丁）	100克
盐	少许
水	10毫升
鸡蛋	1个
鸡蛋（打成蛋液）	1个
吉布斯特奶油酱	
牛奶	500毫升
香草豆荚	1根
白砂糖	60克
蛋黄	8个
玉米淀粉	40克
吉利丁片	6片
意式蛋白霜	
蛋清	8个
白砂糖	400克
水	120毫升
焦糖糖浆	
白砂糖	100克
水	30毫升
柠檬	半个

尽管爱神蛋糕（King's cobblestones cake / pavé du roy）从外观上看起来制作非常简单，但是这款层次分明、含有酒精风味的巧克力海绵蛋糕可以挑战那些久负盛名的法式糕点。pave du roy照字面上的意思可以翻译成“the King's cobblestones（国王的鹅卵石）”，是根据布满于蛋糕顶层上的那些别具一格的巧克力慕斯造型而命名的。

爱神蛋糕

学习内容

制作慕斯
制作蛋白霜
打发蛋清
片切开蛋糕
使用裱花袋挤出造型
在蛋糕上涂刷糖浆

产量

可以制作出1个1.25千克的爱神蛋糕，供10～12人食用

工具

锯刀，搅拌盆，搅拌器，胶皮刮刀，面刷，裱花袋，中号圆口裱花嘴，小型食品加工机，烤架，油纸，面筛，20厘米方形烤盘，酱汁锅，保温锅

制作方法

制作巧克力慕斯

1. 在保温锅上隔水加热融化巧克力和黄油。待完全融化之后，端离开保温锅，搅拌均匀。

2. 将蛋清打发至湿性发泡。然后逐渐加入白砂糖打发至糖完全溶解。

3. 将蛋黄搅拌进融化的巧克力中，然后加入一些打好的蛋白霜。用搅拌器搅拌均匀。将剩余的蛋白霜用木铲搅拌进巧克力蛋黄液体中，注意不要过度搅拌，放到一边备用。

制作巧克力杏仁蛋糕

1. 将烤箱预热到160℃。

2. 在烤盘上涂抹上黄油，并在烤盘底部铺上油纸。

3. 将马铃薯淀粉和可可粉一起过筛，放到一边备用。将糖粉和杏仁粉一起放到盆里。加入鸡蛋搅拌均匀，然后将蛋黄一次一个地加入，加入的同时搅拌均匀，最后加入香草香精搅拌均匀。

4. 将蛋清打发至湿性发泡，然后加入白砂糖继续打发，打发至硬性发泡。将干粉原料加入到搅拌均匀的糖粉和杏仁粉中，用胶皮刮刀略微搅。然后加入一些打发好的蛋清略微搅拌，最后将剩余打发好的蛋清一起加入搅拌均匀。

5. 将搅拌均匀的面糊倒入铺好油纸的烤盘里，将面糊在烤盘四个角内平整地铺满。放入到烤箱内烘烤至用牙签插入蛋糕的中间拔出时是干燥的，需要烘烤20分钟。

6. 从烤箱内取出蛋糕晾凉。然后用小刀的刀尖沿着烤盘内侧刻划而过将蛋糕脱模，放到烤架上晾透。

制作糖浆

将白砂糖和水放入一个小号酱汁锅内搅拌均匀，烧沸，继续加热至白砂糖完全溶化。端离开火晾凉。待冷却之后加入君度利口酒或者其他橙味酒搅拌均匀。

组装

1. 将糖渍橙皮和君度利口酒放入小型食品加工机内搅拌成果蓉。
2. 待蛋糕凉透之后，根据需要，可以将蛋糕的表面修理平整，或者将蛋糕倒扣过来，将蛋糕片开成三层。
3. 将一团慕斯放到蛋糕纸板上，将片好的整个蛋糕放在其上，做出一个巧克力慕斯的底座。然后将上面两层蛋糕切片小心地移走放置到一边备用。在底片蛋糕上涂刷上糖浆，将1/2的糖渍橙皮撒在糖浆上面。
4. 再在糖渍橙皮上涂抹上一层慕斯，然后将片切好的中间那一片蛋糕放在上面，重复涂刷上糖浆和撒上糖渍橙皮及慕斯。
5. 将最后一片蛋糕切片轻轻地放在上面，按压平整。在蛋糕表面上涂刷上糖浆，并在蛋糕上涂抹上薄薄的一层慕斯。放到冰箱内冷藏使慕斯凝固。
6. 待蛋糕上的慕斯凝固之后，再在上面装饰上一层慕斯。将巧克力碎粒撒在蛋糕的四周，如果需要，可以使用剩余的慕斯、糖渍橙皮和巧克力饰物进行装饰。

配料	
巧克力慕斯	
巧克力	150克
黄油	75克
蛋清	4个
蛋黄	3个
白砂糖	50克
巧克力杏仁蛋糕	
马铃薯淀粉	15克
可可粉	15克
杏仁粉	80克
糖粉	100克
蛋黄	3个
蛋清	3个
鸡蛋	1个
香草香精	少许
糖浆	
白砂糖	100克
水	120毫升
君度利口酒	40毫升
装饰材料	
糖渍橙皮	40克
君度利口酒	40毫升
巧克力碎粒	适量

拿破仑蛋糕由法国糕点大厨鲁杰特（Rouget）创作而成，在Jurys dégustatures（19世纪时在巴黎举办的一项考核烹饪创新菜肴的赛事）烹饪大赛中引起轰动并获得好评的千层酥皮糕点。酥皮层夹上奶油酱成为这款糕点的独特风格。这款蛋糕通常是按一人份提供，但是也可以制作成一个大的蛋糕。如果准备妥当，一名技艺精湛的厨师可以使用一把锋利的锯刀切割开酥皮层的同时而不会让其中的奶油酱溢出。

拿破仑蛋糕

学习内容

制作酥皮面团
制作蛋奶酱
制作层次分明的大理石花纹图案
打发蛋黄和白糖
在翻糖中加入糖霜
使用纸质裱花袋

产量

8人份

工具

厨刀，小雕刻刀，塑料刮板，擀面杖，毛刷，面团切割器，面刷，烤架，搅拌器，搅拌盆，胶皮刮刀，裱花袋，10厘米圆口裱花嘴，大号曲柄抹刀，纸质裱花袋，中号酱汁锅，2个小号酱汁锅，保温锅，烤盘

制作方法

将烤箱预热至205℃。

制作油酥（包酥）面团

1. 在干净的工作台面上过筛面粉，用塑料刮板在面粉中间形成一个井圈，在井圈中加入盐和水，用手指搅拌一下，让盐在水中溶化开。
2. 加入第一份黄油（切成小颗粒状）并用手指搅拌。当面粉、黄油和水开始混合后，用塑料刮板进行叠压，直到将面粉制作成一个颗粒粗糙状的面团。如果面团太过干燥可以再额外洒上些水。
3. 混合到几乎没有干面粉时，将面团叠压成一个圆形，使用厨刀在面团顶端切割出一个深的十字形花刀切口。
4. 将面团用保鲜膜包好，放到冰箱里冷藏松弛1小时以上（最好放置一宿）。

注　和好的油酥面团（detrempe）指的是还没有包酥（包黄油）的面团。

制作酥皮面团

1. 将第二份冷藏好的黄油（起酥黄油）用两张油纸包好，用擀面杖反复敲击并擀平，使其硬度与油酥面团一致。
2. 用塑料刮板将擀开的黄油修整成1厘米厚的方形，放置一边备用。如果厨房内温度过高，可以把黄油放入冰箱内冷藏保存。
3. 在工作台面上撒上一些面粉，将油酥面团从保鲜膜中取出，放到工作台面上。
4. 以切割好的十字形花刀切口为参照，将面团朝四周擀开成十字形。注意在擀开面团的过程中要让中间部位的面团比四边的略厚一些（当擀开面团和包裹黄油时，这样做非常重要）。
5. 将方块形黄油放入擀开的面团中间位置，将十字形相对的两块面团从黄油上方往中间位置折叠，直至略有重叠（在折叠过程中，小心不要产生任何气泡）。转动面团和黄油90°，将剩余的两边面团从黄油上方朝中间折叠，将黄油完全包

裹住，将面团接口处捏紧密封好。

6. 用擀面杖轻轻敲打包裹好黄油的面团，让黄油均匀地分布在面团中，将面团转动90°，继续轻轻敲打面团使得黄油分布地更加均匀，这个过程称为“包封”。

6次折叠面团

1. 第一次和第二次折叠：沿纵长擀开面团，形成一个规则的长方形，大小为原来面团的三倍，或者厚度为1厘米，刷掉表面多余的面粉。

2. 将朝向身体方向的面团1/3朝上折叠，将顶端1/3的面团盖过第一次折叠的面团，要确保边缘部分折叠得整齐均匀。将面团向右转动90°到右侧，折叠的开口方向朝向身体的位置，重复刚才的擀面动作，要确保在每一次折叠面团之前和之后都要刷掉面团上多余的面粉。

3. 重复刚才的折叠动作（先朝上折叠一端的1/3，然后另一端的1/3盖过折叠好的1/3部分），将面团转动90°，在面团的左上角压上两个手指印痕迹做标记。

注　这两个手指印用来记录面团折叠的次数，也用来表示后续折叠面团时转动的位置。用保鲜膜包好，放入冰箱内冷藏松弛至少20分钟。折叠两次的面团称为“佩顿”（paton）。

4. 第三次和第四次折叠：在工作台上略撒些面粉。

5. 将面团从冰箱内取出，除掉保鲜膜放到撒有面粉的台面上（按有两个手指印痕迹的面团位置是在左上角），继续进行第三次和第四次折叠（以与第一次和第二次相同的方式擀开和折叠面团），在面团的左上角按压上四个手指印之后用保鲜膜包好并继续放到冰箱里冷藏至少20分钟。

6. 第五次和第六次折叠：在工作台上略撒些面粉。

7. 将面团从冰箱内取出，除掉保鲜膜放到撒有面粉的台面上（按有四个手指印痕迹的面团位置是在左上角），继续进行最后两次的折叠，步骤与之前一样。在每次擀开折叠之前要用保鲜膜包好，都要放入冰箱内冷藏松弛至少20分钟。（冷藏松弛的时间越长，面团越容易擀开进行加工）。

【小贴士】　因为和好的面团和起酥黄油冷藏之后硬度质地相似，必须按照上述操作方法进行折叠擀制。如果面团在折叠时冷藏过度，黄油在面团擀开过程中会变硬并易碎。在制作酥皮时，要确保有足够的时间来完成折叠和擀制。

8. 在工作台上略撒些面粉。使用擀面杖将面团擀成厚度为3毫米的方形、尺寸如同烤盘一般。

9. 将擀开的面片摆放到一个干净的烤盘上，用面团切割器戳出些孔洞，用毛刷刷上些冷水并撒上白砂糖。

10. 放到烤箱内烘烤至呈浅金黄色（20分钟）。将烤箱温度降低至190℃，继续烘烤5～10分钟，使得酥皮更加酥脆。从烤箱内取出烤盘，将烤好的酥皮放到烤架上进行冷却，晾凉到室温。将烤箱温度继续降到175℃。

制作蛋奶酱

1. 将一个浅盘或者烤盘铺上保鲜膜，放到一边备用。

2. 将牛奶倒入一个中号酱汁锅内，加入香草香精搅拌均匀，在中火上将牛奶烧沸。加入大约1/4的白砂糖，搅拌至溶化。

3. 同时，将蛋黄加入一个小的搅拌盆里并加入剩余的白砂糖，将白砂糖搅拌进蛋黄中并打发至蛋黄颜色变浅，在蛋黄液体中加入面粉或者玉米淀粉并搅拌均匀。

4. 当牛奶快要烧沸时，端离开火源。将1/3的热牛奶倒入搅拌均匀的蛋黄中，搅拌使蛋黄回温，然后将搅拌好的蛋黄液体搅拌到热的牛奶锅中。重新加热至液体开始冒泡，继续搅拌（确保搅拌器能够搅拌到酱汁锅锅底的四周）。继续熬煮1分钟让淀粉成熟，制作好的蛋奶酱应该非常浓稠。蛋奶酱制作好之后，倒入准备好的浅盘中或者烤盘里。用叉子叉住一块冷黄油划过表面以形成一层黄油保护膜。然后覆盖上一层保鲜膜，赶出其中所有的气泡，将四周密封。让蛋奶酱冷却到室温冷藏备用。

烘烤杏仁

将杏仁片撒到烤盘里，放到烤箱里烘烤至呈浅金黄色（需要5～10分钟）。放到一边备用。

组装

将烤好的酥皮放到一个干净的工作台面上，用锯刀切割掉四周的边缘部分。将酥皮横着切割成均等的3块，将其中的一块反扣到工作台面上，将另外两块放到一边备用。搅拌蛋奶酱至光滑而富有弹性的程度，装入带有一个10毫米圆口裱花嘴的裱花袋内，在酥皮切块上沿纵长并排平行地挤满蛋奶酱。将第二块酥皮反扣在蛋奶酱上，用烤架轻压使其固定到位。用之前相同的挤法在第二块酥皮上挤满蛋奶酱，将最后一块酥皮放置在最上面，反扣酥皮使得其光洁的一面朝上。用烤架轻压酥皮，使其固定到位。用曲柄抹刀在酥皮的四周涂上薄薄的一层蛋奶酱。

装饰

在纸质裱花袋内装上融化的巧克力，剪掉尖头。在一个中号酱汁锅内用微火轻缓地加热翻糖（用木铲轻轻地搅拌）。如果翻糖太过浓稠（甚至加热之后也很浓稠），可以加入几滴糖浆或者温水搅拌开。继续加热搅拌翻糖浆直到可以黏挂在勺子的背面，并且晶莹透亮。翻糖最适宜的温度大约是37℃。一旦翻糖达到了这个温度和适当的浓稠度，将其倾倒在酥皮的表面并用曲柄抹刀将糖浆在酥皮表面涂抹均匀。用纸制裱花袋将巧克力呈细线状沿纵长挤在翻糖浆上，然后用一根牙签横着来回在翻糖浆上刻画出如大理石般的花纹效果。将烘烤好的杏仁片粘压在酥皮侧面的四周。将做好的酥皮放到一个蛋糕纸板上或者放到餐盘里，冷藏至需用时。

配料	
油酥面团	
面粉	500克
盐	5克
水	225毫升
黄油（第一份，常温软化）	200克
黄油（第二份）	200克
糖（装饰用）	少许
蛋奶酱	
牛奶	250毫升
香草香精	10毫升
白砂糖	50克
蛋黄	2个
玉米淀粉	20克
装饰材料	
翻糖	200克
黑巧克力（融化开）	20克
烫熟的杏仁片	100克

摩卡咖啡海绵蛋糕

摩卡咖啡豆首次被欧洲人发现是在17世纪的海港城市摩卡（在也门）。摩卡咖啡豆的流行，源自于它本身如同巧克力般的质地以及芳香醇厚的口感，自18世纪中期开始，摩卡咖啡豆一直占据着主导地位。根据皮埃尔·拉康（Pierre Lacam）在《Le Memorial Hiseorique De La Pâtisserie（传统法式糕点大全）》一书中的描述，摩卡咖啡海绵蛋糕是由在巴黎Oarrefour de I' deon 工作的吉尼亚尔（Guignard）在1857年首先创作而成的。

制作方法

1. 将烤箱预热至205℃。

2. 将20厘米的圆形蛋糕模具涂抹上黄油，放入冰箱冷冻5分钟将黄油冻硬。再在模具上涂抹上一层黄油，并撒上面粉。轻拍模具去掉多余的面粉，将模具放到冰箱内冷藏备用。

制作海绵蛋糕

1. 将黄油放入小号酱汁锅内用小火加热将其融化，放到一边备用。

2. 将面粉过筛到一张油纸上备用。

3. 在一个酱汁锅内装入1/4满的水，用中火将其烧至微沸。

4. 将鸡蛋和蛋黄放入一个大的搅拌盆内，加入白砂糖，搅拌至白砂糖完全溶解，将盆放到盛有微沸的水的锅上隔水加热的同时继续搅打鸡蛋和蛋黄，直至颜色变浅，鸡蛋和蛋黄液体触摸时有热感。搅拌到此时，从盆内提起搅拌器时鸡蛋和蛋黄液体应形成丝带状滴落。将盆从锅上端离开并继续搅拌鸡蛋液体至温度降到室温。加入面粉并用胶皮刮刀轻柔地搅拌均匀（采用叠压翻拌的搅拌方法将面粉搅拌均匀）。加入融化的黄油搅拌均匀，然后将搅拌好的面糊装入准备好的蛋糕模具中，放入烤箱内烘烤。将烤箱温度降至185℃继续烘烤15～18分钟（用一根牙签插入到蛋糕中间测试，如果牙签拔出来之后是干爽的，表示蛋糕已经烤好）。从烤箱内取出海绵蛋糕，在蛋糕模具中冷却2～3分钟。将蛋糕脱模取出，反扣在烤架上冷却。

制作糖浆

在一个小号酱汁锅内混合好白砂糖和水。将其烧沸，煮到白砂糖完全溶化。从火上端离开锅，将糖浆倒入一个干净的盆内，冷却到室温时，用一把勺子将咖啡粉搅拌进去，盖好放到一边备用。

制作法式奶油酱

1. 将白砂糖和60毫升水放入一个中号酱汁锅内用中火加热至糖浆呈软球状（121℃）。与此同时，将蛋黄放入一个搅拌盆内。当糖浆熬煮到软球状态时，将糖浆呈细线状倒入蛋黄盆内，同时用搅拌器不停地搅拌。继续搅拌蛋黄直到变得浓稠并且颜色变浅，当从盆内抬起搅拌器时，蛋黄液体呈丝带状滴落。这个混合物称为蛋黄奶油酱（pâte à bombe，也称炸弹面糊）。

2. 继续搅拌蛋黄奶油酱直到搅拌盆用手触碰时能够感觉到热度，加入所有的黄油。用搅拌器用力搅拌至混合均匀并且能够定型。将咖啡粉搅拌进去，在室温下保存待用。

学习内容

制作海绵蛋糕
制作法式奶油酱
涂抹蛋糕
隔水打发技法
在蛋糕上涂刷糖浆
制作蛋黄糖浆
使用裱花袋挤出花形

产量

8人份

工具

锯刀，小雕刻刀，面刷，搅拌器，曲柄抹刀，搅拌盆，纸质裱花袋，塑料刮板，裱花袋，10毫米圆口裱花嘴，24毫米星状裱花嘴，梳子形状模具，大号曲柄抹刀，保温锅，20厘米圆形蛋糕模具，中号酱汁锅，小号酱汁锅

【小贴士】 要测试糖浆熬制到了什么程度，可将两个手指和大拇指浸到冷水中，然后快速地在熬煮糖浆的锅中捏取几滴糖浆之后立即将手指放入到冷水中。如果糖浆能够在手指中形成一个软球的形状，这就说明达到了软球阶段的温度（121℃）。如果糖浆形成的球形太软，则需要继续加热熬煮，如果糖浆形成的球形太硬，则表示熬煮过度，需要重新熬煮。

配料	
涂模具内层	
面粉	30克
黄油	30克
海绵蛋糕	
黄油	25克
面粉	150克
白砂糖	150克
鸡蛋	4个
蛋黄	2个
法式奶油酱	
白砂糖	180克
水	60毫升
蛋黄	6个
黄油	360克
咖啡粉	2毫升
糖浆	
水	200克
白砂糖	200克
咖啡粉	2毫升
装饰材料	
黑巧克力（融化开）	50克
带巧克力涂层的咖啡豆	8粒
烘烤过的杏仁（切碎）	适量

切割蛋糕

1. 将蛋糕翻转过来使得圆形底座那一面朝上，用锯刀修剪平整，放到蛋糕纸板上。将蛋糕纸板修剪成如同蛋糕一样大小的形状，放置到蛋糕转盘上。用锯刀将蛋糕片开成均匀的两等份。将上半部分移走备用。在底部蛋糕切面上用毛刷均匀地涂刷上一层糖浆，使得糖浆被蛋糕吸收，将法式奶油酱装入到一个带有10毫米圆口裱花嘴的裱花袋内。从蛋糕中心开始，一直到边沿，在底部蛋糕上挤出紧密的螺旋状奶油酱。将上半部蛋糕放上并轻压。用抹刀将挤压露在外面的奶油酱清理干净。用小刀将蛋糕表面切割清理平整并涂刷上糖浆。
2. 将蛋糕放入到冰箱内保存。将裱花袋内的奶油酱挤出到盆内，在室温下保存。

涂抹蛋糕

1. 将蛋糕从冰箱内取出。用毛刷在蛋糕的顶部刷上糖浆，等待一会儿让蛋糕将糖浆全部吸收，用大号曲柄抹刀，将蛋糕的侧面涂抹上奶油酱并涂抹平整，刮掉多余的奶油酱。在顶面上涂抹上一层厚厚的奶油酱并将四周涂抹成均匀的厚度。
2. 用抹刀将蛋糕的顶部抹平整。将抹刀插入蛋糕纸板的底部抬起蛋糕将蛋糕移送到一只手上。
3. 在手上转动蛋糕，用抹刀连续地朝下刮掉边角上多余的奶油酱使其光滑平整。

装饰

1. 在蛋糕表面上用梳形蛋糕模具制作出一个带有纹路的造型。用一只手端着蛋糕，另外一只手抓取杏仁碎撒到蛋糕的侧面，通过手的按压以形成半圆形或者穹顶形造型。重复此动作直到将蛋糕的一圈都撒上杏仁碎。将奶油酱装入一个纸制裱花袋，剪掉尖部，在蛋糕的表面写出“Moka”字样。
2. 在第二个纸制裱花袋内装入融化的巧克力，剪掉尖部，在写出的字体上再挤上巧克力。
3. 将剩余的奶油酱装入带有24毫米星状裱花嘴的裱花袋内，在蛋糕的表面挤出8个圆形装饰造型，每一个图案上摆放一个咖啡豆。
4. 将制作好的蛋糕放到蛋糕纸板上或者餐盘内，冷藏保存至需用时。

制作橙味蛋糕卷的主要材料是热那亚海绵蛋糕，这是一种轻质而多孔的泡沫蛋糕。海绵蛋糕被认为最初是在1850年左右起源于意大利城市热那亚（名字最早被翻译成“热那亚蛋糕”）。热那亚蛋糕与其他泡沫类型的蛋糕最大的区别在于在制作过程中使用了隔水加热这个操作步骤。在搅打全蛋和白糖的过程中使用保温锅通过隔水加热起到辅助作用，从而逐渐地将蛋糊打发起来，同时还保留着热那亚蛋糕的蓬松质地。

橙味蛋糕卷

学习内容

制作热那亚海绵蛋糕
制作蛋糕卷
制作橙味慕斯琳奶油酱
制作糖浆
制作糖煮水果
在蛋糕上涂刷糖浆
给蛋糕上光

产量

可以制作出1个2.1千克的橙味蛋糕卷，供10～12人食用

工具

抹刀，小雕刻刀，搅拌盆，搅拌器，研磨器（四面刨），炒锅，裱花袋，中号星状裱花嘴，干净的厨用毛巾，小号酱汁锅，烤盘，保温锅，中号酱汁锅

制作方法

将烤箱预热到180℃。

制作热那亚海绵蛋糕

1. 准备好保温锅。将鸡蛋、橙皮和白砂糖一起放到一个盆内，用搅拌器搅拌均匀。

2. 将盆放到保温锅上隔水加热的同时继续搅打至温度达到60℃。从保温锅上将盆端开继续搅打至蛋液冷却下来。

3. 加入面粉搅拌至混为一体。再加入黄油搅拌均匀，将面糊倒在铺有油纸的烤盘上涂抹平整，烘烤至金黄色，需要6～8分钟。放到烤架上冷却。

制作糖浆

1. 将水、白砂糖和橙汁一起放入到一个小号酱汁锅内，用中火加热。

2. 加热烧沸之后继续熬煮到白砂糖完全溶化。然后倒入一个干净的盆内冷却。冷却之后加入君度酒搅拌均匀。

制作橙味酱

1. 在一个中号酱汁锅内加热橙汁，并加入橙皮和香草豆荚一起熬煮。将蛋黄和白砂糖一起打发至颜色变浅，当抬起搅拌器时蛋黄呈丝带状滴落的程度。

2. 在蛋黄液体中加入面粉和玉米淀粉搅拌均匀。一旦橙汁烧沸，将部分橙汁倒入蛋黄液体中搅拌使其回温。一直搅拌至呈柔滑细腻状，然后将蛋黄液体倒回剩余的热橙汁中搅拌均匀。

3. 将搅拌均匀的混合物放回火上重新加热，搅拌至变得浓稠并煮沸。不断搅拌并持续加热1分钟，然后端离开火。

4. 将冷却后的橙味酱倒在铺有保鲜膜的平盘上。用一块黄油在表面涂抹一遍，然后再覆盖上一层保鲜膜，排净空气。冷却之后冷藏保存。

制作装饰物

1. 用白砂糖和水熬煮糖浆。将白砂糖和水一起烧沸，熬煮至白砂糖完全溶解，然后减为小火继续加热。
2. 清洗并切除橙子的两端，然后将橙子切成非常薄的片。将切好的橙片放入糖浆中用小火进行熬煮，直至将橙片熬煮到晶莹透明为止。此时不用再继续加热。
3. 将锅端离开火，让橙片浸泡在糖浆中冷却。待糖浆冷却之后将橙片从糖浆中捞出，控净糖浆。

制作橙味慕斯琳奶油酱

1. 待橙味奶油酱冷却之后，将其倒入一个盆内搅拌至柔滑细腻。
2. 分次加入黄油，每次加入之后都要搅拌均匀之后再加入，在加入之前要确保黄油在室温下已软化。

组装

1. 将蛋糕反扣在一块干净的厨用毛巾上，揭掉油纸。
2. 在蛋糕的表面涂刷一层糖浆。然后涂抹一层橙味慕斯琳奶油酱，留出一些奶油酱装饰使用。借助于毛巾的帮助，将蛋糕的底边抬起，将蛋糕卷成一个圆柱的木头形状。
3. 将蛋糕卷的缝隙处朝下摆放在餐盘内。在一个小号平底锅内，加热杏酱果胶至融化开，将果胶涂刷到蛋糕卷上。将预留的蛋奶酱装入带有中号星状裱花嘴的裱花袋内，在蛋糕卷的中间位置挤出美观的花形，用杏仁、糖渍橙片进行装饰。

配料	
热那亚海绵蛋糕	
鸡蛋	4个
橙子（擦出橙皮）	1个
白砂糖	120克
面粉	120克
黄油（融化开）	20克
糖浆	
水	150毫升
白砂糖	150克
橙汁	100毫升
君度酒（可选）	30毫升
橙味慕斯琳奶油酱	
橙汁	400毫升
橙子（擦出橙皮）	1个
蛋黄	4个
白砂糖	100克
面粉	30克
玉米淀粉	30克
黄油（常温下软化）	200克
香草豆荚	1根
装饰材料	
橙子	1个
白砂糖	200克
水	200毫升
杏仁（烘烤过）	适量
杏酱果胶	适量

热那亚杏仁蛋糕是一款以杏仁和黄油为主要材料制作而成的美味蛋糕。它的制作过程不应与海绵蛋糕相互混淆，因为海绵蛋糕中包含着大量的水果而不是杏仁。热那亚杏仁蛋糕的字面意思是热那亚面包（Genoa bread），在19世纪初期起源于意大利北部港口城市热那亚。这款蛋糕据传说是为了纪念1800年热那亚的围城战。在法国大革命战争期间，法国军队由安德烈·马塞纳（André Masséna）率领，迫于进入意大利的奥地利军队的压力被迫在热那亚城构筑防御工事。法国军队接管了城堡，粮食供给出现了短缺。据传，当时法国军队储存了50吨的杏仁，这最后剩余下的食物，成为了他们由于饥饿而准备投降之前最后的一根救命稻草。热那亚保卫战成为了这场战争胜败的关键因素，50吨杏仁的储备让拿破仑能有足够的时间在意大利聚集他的军队来赢得在马伦戈的这场重要战役的胜利。为了纪念在这场战争中法国士兵表现出的一往无前的勇气，一款几乎全部是由杏仁制成的蛋糕，曾经贯穿于整个热那亚保卫战中维持他们生命的食品，就这样诞生了。

热那亚杏仁蛋糕

学习内容

制作热那亚蛋糕

产量

制作出1个600克的热那亚杏仁蛋糕，供6~8人食用

工具

小雕刻刀，搅拌盆，木铲，搅拌器，面筛，烤架，15厘米x15厘米方形烤盘

配料

涂模具内层	
黄油	适量
杏仁片	适量
热那亚蛋糕	
面粉	30克
泡打粉	少许
杏仁膏	200克
鸡蛋（打散）	4个
朗姆酒	5毫升
黄油（融化）	60毫升

制作方法

将烤箱预热到190℃。

1. 在蛋糕模具的内侧和底面上涂抹上一层厚厚的黄油，再撒上杏仁片，放到一边备用。
2. 将面粉过筛备用。
3. 在一个大的搅拌盆内，用木铲搅拌杏仁膏，然后逐渐加入鸡蛋液搅拌，让杏仁膏变软。使用搅拌器，将剩余的鸡蛋液搅拌进去，将杏仁膏搅拌至柔滑细腻。再加入朗姆酒搅拌均匀。
4. 在融化开的黄油中加入一些搅拌均匀的杏仁膏，搅拌均匀。然后将剩余的杏仁膏也搅拌进去并搅拌均匀。再将干粉材料切拌进去。
5. 将搅拌好的面糊装入涂抹过黄油并撒有杏仁片的蛋糕模具中。 放入到烤箱内将蛋糕烘烤至呈现美观的金黄色，用一根牙签插入蛋糕中间，拔出时牙签是干净的表示蛋糕已经烤好。
6. 从烤箱内取出蛋糕，稍微晾凉，然后轻缓地脱模并放到烤架上冷却。

这款杏仁奶油酥，是由酥皮以及添加的杏仁酱为馅料制作而成，英文名以法国城市匹斯维尔（Pithiviers）的名字来命名的。匹斯维尔位于法国巴黎的西南部。杏仁奶油酥有种类繁多而相类似的制作方法，直到1805年左右才由西点大师安东尼·卡里姆正式统一制定出了杏仁奶油酥的标准菜谱。

杏仁奶油酥

学习内容

制作油酥面团
制作酥皮
制作杏仁酱
切割酥皮
给酥皮上光

产量

6～8人份

工具

小雕刻刀，搅拌盆，塑料刮板，擀面杖，毛刷，搅拌器，烤架，32厘米圆形蛋糕模具，面刷，裱花袋，中号圆口裱花嘴，酱汁锅，烤盘

制作方法

制作用于酥皮的油酥面团

1. 将面粉过筛到干净的工作台面上，用塑料刮板在面团中间形成一个井圈，在井圈中加入盐和水，用手指搅拌一下，让盐在水中溶化开。

2. 在井圈中加入黄油（第一份，切成小颗粒状）并用手指搅拌。当面粉、黄油和水开始混合后，用塑料刮板进行叠压，直到形成一个颗粒粗糙的面团。如果面团太干燥可以再额外撒上些水。

3. 一旦混合到几乎没有干面粉时，将面团叠压成一个圆形，使用厨刀在面团顶端切割出一个深的十字形花刀切口。

4. 将面团用保鲜膜包好，放到冰箱里冷藏松弛1小时以上（最好放置一宿）。

注 和好的油酥面团（detrempe）指的是还没有包酥（包黄油）的面团。

制作酥皮面团

1. 将第二份冷藏好的黄油（起酥黄油）用两张油纸包好，用擀面杖敲击并擀平，使其硬度与油酥面团一致。

2. 用塑料刮板将擀开的黄油修整成1厘米厚的方形，放置到一边备用。如果厨房内温度过高，可以放入冰箱内冷藏保存待用。

3. 在工作台面上撒上一些面粉，将油酥面团从保鲜膜中取出，放到工作台面上。

4. 以切割好的十字形花刀切口为参照，将面团朝四周擀开成十字形。注意在擀开面团的过程中要让中间部位的面团比四边的面团略微厚一些（当擀开面团和包裹黄油时，这样做非常重要）。将方块形黄油放入擀开的面团中间位置，将十字

形相对的两块面团从黄油上方往中间位置折叠，直至略有重叠（在折叠的过程中，小心不要产生任何气泡）。转动面团和黄油90°，将剩余的两边面团从黄油上朝中间折叠，将黄油完全包裹住，面团接口处捏紧密封好。

5. 用擀面杖轻轻敲打包裹好黄油的面团，让黄油均匀地分布在面团中，将面团转动90°，继续轻轻敲打面团使黄油分布得更加均匀，这个过程称为“包封”。

6次折叠面团

1. 第一次和第二次折叠：沿纵长擀开面团，形成一个规则的长方形，长度为原来面团的三倍，或者厚度为1厘米，刷掉表面多余的面粉。

2. 将朝向身体方向的面团1/3朝上折叠，将顶端1/3的面团盖过第一次折叠的面团，要确保边缘部分折叠得整齐均匀。将面团向右转动90°，折叠的开口方向朝向身体的位置，重复刚才的擀面动作，要确保在每一次折叠面团之前和之后都要刷掉面团上多余的面粉。

3. 重复刚才的折叠动作（先朝上折叠一端的1/3，然后另一端的1/3盖过折叠好的这一个1/3部分），将面团转动90°，在面团的左上角压上两个手指印痕迹做标记。

注 这两个手指印用来记录面团折叠的次数，也用来表示后续折叠面团时转动的位置。用保鲜膜包好，放入冰箱内冷藏松弛至少20分钟。因为在第一次和第二次折叠时加入了黄油，此时的面团称为“佩顿”（paton）。

4. 第三次和第四次折叠：在工作台上略撒些面粉。将面团从冰箱内取出，除掉保鲜膜放置到撒有面粉的台面上（按压有两个手指印痕迹的面团位置是在左上角），继续进行第三次和第四次折叠（以与第一次和第二次相同的方式擀开和折叠面团），在面团的左上角按压上四个手指印之后用保鲜膜包好并放置到冰箱里冷藏松弛至少20分钟。

5. 第五次和第六次折叠：在工作台上略撒些面粉。将面团从冰箱内取出，除掉保鲜膜放置到撒有面粉的台面上（按有四个手指印痕迹的面团位置是在左上角），继续进行最后两次的折叠，擀开与折叠的步骤与之前一样。在每次擀开折叠之前要用保鲜膜包好，放入冰箱内冷藏松弛至少20分钟。（冷藏松弛的时间越长，面团越容易擀开进行加工）。

【小窍门】 因为和好的面团和起酥黄油冷藏之后硬度质地相似，必须按照上述操作方法进行折叠擀制。在制作酥皮时，要确保有足够的时间来完成折叠和擀制面团。如果在折叠后冷藏过度，黄油在面团中就会变得太硬并且在擀开的时候容易碎。可喷些水或者喷些水雾。

6. 将一个干净的烤盘喷上水雾使其湿润。

7. 将面团从冰箱内取出，切成两半。一半放入冰箱内冷藏保存，另一半擀开成厚度为3毫米厚的方形。用擀面杖将擀开的面片卷起摆放到烤盘上，放到冰箱内冷藏松弛。

制作杏仁酱

1. 将黄油和糖粉一起打发至轻柔蓬松。

2. 将鸡蛋打发，将香草豆荚用小刀沿纵长劈开，刮出香草子。加入鸡蛋。加入朗姆酒，最后加入杏仁粉搅拌均匀。

3. 将制作好的杏仁酱倒入盆内盖好，放入冰箱内冷藏保存至使用时。

组装

1. 将鸡蛋搅散成蛋液。

2. 取出擀开并冷藏好的面片，用32厘米圆形模具在面片中间轻压出痕迹。涂刷上蛋液，然后在圆形痕迹中呈环形挤出杏仁酱，在中间位置多挤出一些，放一边备用。

3. 将第二块面团取出擀开成比第一块略微大一些的方形面片。叠成两半轻放到准备好的第一块面片上，折痕应在杏仁酱的中间位置上，轻轻地打开上面折叠的面片覆盖住杏仁酱的同时挤压出内部所有的空气，从杏仁酱的四周挤出气泡。按压均匀，放入到冰箱内冷藏保存大约20分钟。

4. 将烤箱预热至220℃。

5. 从冰箱内取出面片，用一把锋利的小刀沿着冷藏好的面片切割出一个凸圆形，切口要非常平整。如果在切割过程中面片有些软，可以再放到冰箱内冷藏一会儿。

6. 在表面刷上蛋液，小心不要让蛋液滴落到酥皮的边缘部分，因为蛋液会粘连住酥层而使其胀发得不均匀。用小刀尖部在酥皮上刻划出些圆弧形的图案，从中间向外刻划。再刷上第二遍蛋液，也要小心不要让蛋液滴落到酥皮层边上。

7. 放到预热好的烤箱内烘烤至金黄色，需要烘烤25～30分钟。

8. 在杏仁奶油酥烘烤的过程中，将白糖和水烧沸，让糖完全融化，放到一边备用。

9. 杏仁奶油酥烤好之后，在表面涂刷上糖浆，再放回烤箱内烘烤上色，需要5分钟。

10. 取出移到烤架上晾凉。

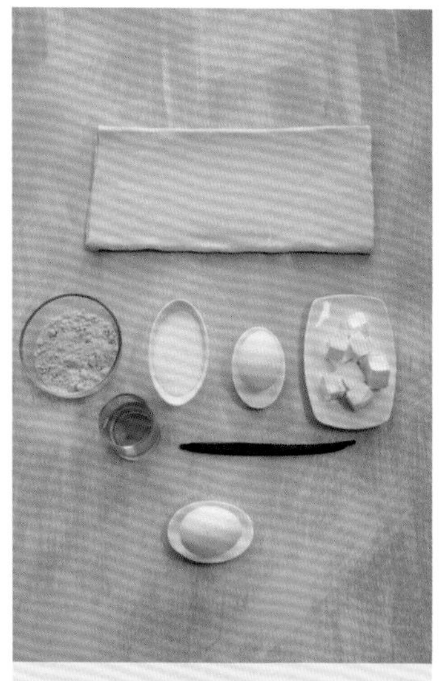

配料	
油酥面团	
面粉	250克
黄油（第一份）	100克
水	100毫升
盐	4克
黄油（第二份）	100克
杏仁酱	
黄油	60克
糖粉	60克
杏仁粉	60克
鸡蛋	1个
香草豆荚	1根
朗姆酒	适量
装饰材料	
鸡蛋（打成蛋液）	1个
糖浆	
白糖	60克
水	60毫升

金字塔蛋糕

虽然无法制作得如同人工建造的埃及金字塔那样严密繁杂，但是制作出一个具有坚果风味的金字塔造型的蛋糕对于需要进行精确计算的古代厨师来说仍然算得上是一个几何学上不同凡响的壮举。具体来说，使得复杂的操作步骤能够成功完成的两个关键因素是乔孔达海绵蛋糕和甘纳许。Joncondе（乔孔达）指的是达芬奇著名的肖像画"蒙娜丽莎"，这幅画像据说是以佛罗伦萨（意大利中部城市）名流Dell Joconde的夫人蒙娜丽莎为模特绘制的。甘纳许可以如同本食谱一样使用鲜奶油或者使用黄油来制作，但在绝大多数情况下这种做法不是很常见。人们普遍认为现在已知的制作甘纳许的最佳标准食谱是由色奥顿大厨整理而成的，19世纪50年代他曾经在巴黎工作过。除了在烹饪中的含义以外，"ganache"这个词汇翻译成英文的意思是"the lower jaw of a horse（一匹马的下颚）"，这或许会让你不由自主地联想到两者之间的意思关联——就像马在吃食物时咀嚼的声音（字面意思就像描述的动作一样逼真）——无论是从词汇的起源还是基于史实来说，都没有证据表明人们赞同这种说法。

制作方法

将烤箱预热到240℃。在烤盘上铺上油纸。

制作乔孔达海绵蛋糕

1. 将面粉过筛备用。将杏仁粉、糖粉和香草香精（可选）放入一个大盆内搅拌均匀。然后加入鸡蛋搅拌，一次一个地加入，每加入一个都要搅拌均匀之后再加入下一个。充分搅打至当抬起搅拌器时混合物呈丝带状滴落。

2. 将蛋清打发至湿性发泡。慢慢地加入白糖继续搅打，打发至泡沫密实而有光泽感。将打发好的部分蛋白霜搅拌进入鸡蛋混合物中搅拌均匀。然后使用胶片刮刀将剩余的蛋白霜与面粉混合。所有原材料混合好之后，再加入融化的黄油搅拌均匀。

3. 将面糊倒入准备好的烤盘上，涂抹平整，烘烤至呈淡褐色，需要烘烤6～8分钟。从烤箱内取出蛋糕，带着油纸将蛋糕从烤盘内取出，放到烤架上晾凉。

制作甘纳许

1. 将巧克力切成细粒状放到盆内。将重奶油烧沸。

2. 重奶油烧沸以后，迅速倒入巧克力盆内，用木铲轻缓地搅拌至巧克力完全融化，放到一边备用。

组装

1. 从蛋糕上撕掉油纸，将蛋糕横向切割成6块。在第一块上涂抹上一薄层甘纳许，然后将第二块放在其上。在第二层上也涂上甘纳许，再把第三块放在上面。重复此过程，直到将6块蛋糕叠加在一起，最后在上面一层的蛋糕上覆盖上一层甘纳许。放到冰箱内冷藏保存。

2. 修整边角。使用锯刀，从顶端的一角呈对角线切割到蛋糕的底部，形成两个三角形蛋糕切块。将对角线那一面朝外使得蛋糕的层次是朝上竖起的。将两个三角形蛋糕切块轻轻地但牢固地粘压在一起，形成一个金字塔的形状。

3. 重新加热甘纳许，直到变成液体状，将金字塔形的蛋糕放到烤架上。留出一小部分甘纳许备用，用长柄勺将液体甘纳许浇淋到金字塔蛋糕上，两面都要均匀地浇淋。让甘纳许冷却凝固，然后（如果愿意）用梳形蛋糕模具或者锯刀的齿在两侧做出锯齿的形状。将留出的甘纳许装入带有一个小号圆口裱花嘴的裱花袋内。沿着蛋糕的顶端挤出漂亮的花纹装饰图案，撒上烘焙好的榛子碎粒。将制作好的蛋糕放到餐盘内或者蛋糕纸板上，冷藏至需用时。

学习内容

制作乔孔达海绵蛋糕
制作甘纳许
制作蛋白霜

产量

可以制作出1个1.7千克的金字塔蛋糕，供8～10人食用

工具

抹刀，锯刀，搅拌盆，搅拌器，面筛，油纸，胶皮刮刀，木铲，梳形刮刀，裱花袋，小号圆口裱花嘴，烤架，酱汁锅，烤盘

配料

乔孔达海绵蛋糕	
面粉	40克
杏仁粉	140克
糖粉	140克
鸡蛋	4个
蛋清	4个
白糖	50克
黄油（融化）	30毫升
甘纳许	
重奶油	400毫升
巧克力	400克
装饰材料	
榛子碎粒	150克

那些著名的法国大厨们凭借着自身的实力，就像朱利安纳兄弟一样研发出了这款萨伐仑水果蛋糕，并以此命名来纪念布里亚·萨伐仑（Brillat Savarin），19世纪著名的美食家和《味觉生理学》（*Physiolgie du goût*）的作者。布里亚·萨伐仑卒于1826年，传说在他去世20年之后这款以他名字命名的蛋糕问世。

萨伐仑水果蛋糕

学习内容

制作发酵面团
在蛋糕上涂刷糖浆
制作尚蒂伊奶油酱
给蛋糕上光

产量

8人份

工具

小雕刻刀，搅拌盆，塑料刮板，搅拌器，面刷，长柄勺，烤架，裱花袋，大号星状裱花嘴，烤盘，萨伐仑蛋糕模具

制作方法

1. 将烤箱预热到205℃。
2. 在萨伐仑蛋糕模具上涂刷上融化的黄油，然后放到冰箱内保存。

制作萨伐仑蛋糕面团

将面粉过筛到一个干净的工作台面上，将盐和白砂糖撒在面粉上。将酵母用温水泡开至完全溶解。用塑料刮板在面粉中间做出一个井圈，将酵母水、鸡蛋和融化了的黄油一起加入井圈中。用手指逐渐地将四周的面粉搅拌进中间的液体中。将所有的面粉与液体混合均匀之后，从台面上抓起面团在台面上不停地摔打。如果面团没有粘到台面上，表示面团太硬，需要再加些水。继续摔打面团，直到面筋足够坚韧，并且不再粘工作台面。接下来，将面团揉成团，放到一个干净的盆内，用湿润的毛巾盖好，放到温暖的地方醒发至体积增至两倍。醒发好之后，叠压面团，排净空气，揉好呈环形。放入刷有黄油的萨伐仑蛋糕模具中，放到温暖处继续二次醒发，直到体积增至两倍。

注　在制作面团的过程中，一定不要将盐直接放到酵母和温水混合液中，否则所起的化学反应会杀死酵母菌。加入一点白砂糖有助于激发酵母菌的活性。

制作糖浆

1. 将水倒入一个小号酱汁锅内，然后加入白砂糖。用中火加热至沸腾，继续加热将白砂糖完全溶化。将锅端离开火，放到一边备用。
2. 待煮好的糖浆冷却到室温时，将香草香精和朗姆酒一起加入搅拌均匀。

烘烤

当面团二次醒发之后，放到烤箱里烘烤。大约烘烤20分钟之后，将烤箱温度降至195℃。再继续烘烤20分钟，或者继续烘烤至蛋糕呈金黄色。蛋糕烤好之后，从烤箱内取出，在模具中冷却5分钟，然后脱模放到置于烤盘之上的烤架上。趁热在蛋糕的表面涂刷上糖浆，直到蛋糕吸透糖浆，并且所有的糖浆都已涂刷完毕。让蛋糕冷却到室温。

组装

1. 在一个小号酱汁锅内用中火融化杏酱果胶直到变成液体状。用一把毛刷，将杏酱果胶涂刷到蛋糕的表面形成一层晶莹剔透的外层果胶。将蛋糕放到冰箱内冷藏保存。

2. 准备尚蒂伊奶油酱：将盛装在一个大盆内的奶油放到冰块上，用一个大号搅拌器打发至湿性发泡。加入糖粉和香草香精，继续打发至硬性发泡。将打发好的尚蒂伊奶油酱放入冰箱内冷藏备用。

3. 将蛋糕放到一个冷的餐盘内。将尚蒂伊奶油酱装入带有中号星状裱花嘴的裱花袋内，挤到蛋糕中间的位置。将新鲜水果摆放到尚蒂伊奶油酱上面，冷藏保存至需用时。

配料	
萨伐仑面团	
面粉	500克
盐	10克
白砂糖	30克
酵母	30克
温水	140毫升
鸡蛋（打散，室温下）	4个
黄油（融化，室温下）	150毫升
糖浆	
水	800毫升
白砂糖	400克
香草香精	2克
朗姆酒	50毫升
尚蒂伊奶油酱	
奶油	200毫升
糖粉	30克
香草香精	5毫升
装饰材料	
杏酱果胶（热的）	150克
新鲜水果	250克

在包罗万象的《美食家词典》（*Dictionnaire de Gastronome*）中也只是简单地解释了榛果奶油蛋糕不为人所知的原因，据推测是这款蛋糕缺乏相关的资料信息：它是由糕点大厨首先制作出来的完美的成功作品吗？又或者是在宴会上用来庆祝取得的某些成就而专门制作的？毫无疑问，当奶油糖霜恰到好处地为达克瓦兹蛋糕提供了外酥脆内柔软的均衡品质时，这款蛋糕完全承受得起gatâau succès（榛果奶油蛋糕的法语名称）这个名字。一个有趣的现象是榛果奶油蛋糕有时候被犹太烘焙师当做逾越节蛋糕使用。不过，这不是基于历史原因，是因为制作榛果奶油蛋糕时没有使用面粉，面粉是严禁在逾越节期间使用的一种原材料。

榛果奶油蛋糕

学习内容

制作达克瓦兹蛋糕（又称杏仁蛋白蛋糕）
制作法式奶油糖霜
使用裱花袋挤出造型
制作蛋黄糖浆
使用杏仁糖
使用巧克力在蛋糕上写字

产量

8人份

工具

小雕刻刀，搅拌器，胶皮刮刀，塑料刮刀，面筛，裱花袋，10毫米圆口裱花嘴，擀面杖，纸质裱花袋，搅拌盆，小号画笔，25厘米环形蛋糕模具，烤盘，中号酱汁锅

制作方法

1. 将烤箱预热到195℃。

2. 用冷藏过的黄油涂抹烤盘，并将烤盘放入冰箱内冷藏5分钟。从冰箱内取出烤盘，撒上些面粉，将多余的面粉抖落掉，用25厘米环形蛋糕模具作参考，在烤盘内画出两个圆圈形。再将烤盘放到冰箱内冷藏备用。

制作达克瓦兹蛋糕

1. 将杏仁粉、糖粉、面粉和香草香精一起过筛，放到一边。

2. 制作蛋白霜：将蛋清打发至湿性发泡。然后逐渐加入白砂糖并不断地打发到泡沫坚挺而细腻，当用两个手指捏取些蛋白霜摩擦时应感觉不到泡沫中白砂糖的颗粒感。将干粉原料搅拌进入混合均匀。

3. 将搅拌好的材料装入带有10毫米圆口裱花嘴的裱花袋内。从冰箱内取出烤盘，以在烤盘上做好的圆圈形标记为参考，在圆圈内挤出2个10英寸（直径25厘米）的螺旋状的圆形。轻轻拍打烤盘，让挤出的圆形螺旋状花纹之间没有缝隙。撒上糖粉，放入烤箱烘烤至呈淡金黄色（需要烘烤8～10分钟）。

4. 从烤箱内取出烤盘，将烤好的蛋糕放到烤架上晾凉。将烤箱的温度下调至175℃。

制作法式奶油糖霜

1. 将白砂糖和水放入中号酱汁锅内用中火加热烧沸，熬煮至糖浆呈软球状（121℃）。同时将蛋黄放到搅拌盆内搅拌。当糖浆熬煮到121℃时，将糖浆呈细流状倒入到搅拌中的蛋黄里同时要不停地搅拌，直至将蛋黄搅拌到变得浓稠颜色变浅，当从盆内抬起搅拌器时，蛋黄液体呈丝带状滴落。此时的混合液称为pâte à bombe（蛋黄奶油酱，又称炸弹面糊）。

2. 继续搅拌，直至搅拌盆用手触摸时感觉不烫手，加入所有的黄油。使用搅拌器快速搅拌至混合均匀，抬起搅拌器时，混合物的纹路不会消失。加入榛子果仁糖混合均匀，在室温下保存。

注：要说明糖浆熬制到了什么程度，将两根手指和拇指一起伸到冷水中沾上些水，然后快速地捏取几滴糖浆，立刻直接浸入到冷水中。如果糖浆能够形成一个可塑性的球形，这就是软球状态（121℃）。如果糖浆形成的软球太软，就需要继续加热熬煮，如果形成的软球太硬，则表示加热过度，需要重新熬煮糖浆。

配料	
达科瓦兹蛋糕	
杏仁粉	150克
糖粉	225克
香草香精	10毫升
面粉	75 克
蛋清	6个
白砂糖	75克
奶油糖霜	
白砂糖	100克
水	30毫升
蛋黄	3个
黄油	200克
榛子果仁糖	50克
装饰材料	
杏仁片	100克
杏仁膏	100克
食用绿色色素	适量
整粒榛果	适量
巧克力（融化）	适量
可可粉（装饰用）	适量

组装蛋糕

1. 使用环形蛋糕模具为参照，将蛋糕边缘多余的部分修剪掉。

2. 将奶油糖霜装入带有一个10毫米圆口裱花嘴的裱花袋内。取一根25厘米的蛋糕纸板，将一个达克瓦兹蛋糕片反扣着放在上面。从中间开始，在蛋糕上挤出一层紧密的螺旋形状的奶油糖霜，将蛋糕完全覆盖住。将第二片达克瓦兹蛋糕摆放到上面，正面朝上，轻轻按压蛋糕片以固定好位置。刮除蛋糕边缘位置上多余的奶油糖霜，将蛋糕放入冰箱内冷藏保存。

装饰蛋糕

1. 在烤盘上摊开杏仁片，放到烤箱内烘烤至淡金黄色（需要5～10分钟）。取出晾凉备用。

2. 在工作台面上撒上些糖粉。使用擀面杖，在糖粉台面上将杏仁膏擀成2毫米厚。切割出一个长方形，放到一边备用。将剩余的杏仁膏揉搓成一个圆形，加入一滴食用绿色色素。将杏仁膏中的色素揉搓均匀。重新擀开杏仁膏，切割出几个树叶的造型，再切割出一些小细条，用来包裹住几个去皮的榛果，象征着新鲜的榛果。使用小号、干爽的画笔在用杏仁膏制作好的榛果上、树叶上、长方形上涂撒上些可可粉以细化和美化这些造型。将融化的巧克力盛入到纸质裱花袋内，去掉尖头。在制作好的长方形杏仁膏上写出“Succès”字样。放到一边备用。

完成蛋糕的制作

从冰箱内取出蛋糕。用一只手端住，用抹刀将奶油糖霜涂抹在蛋糕的四周。将蛋糕涂抹平整并除掉多余的奶油糖霜，小心不要触碰到蛋糕的表面。将蛋糕放到工作台上，在蛋糕的表面撒上些糖粉直到蛋糕表面全部变成白色。将烘烤好的杏仁片按压在蛋糕的侧面奶油糖霜上并完全覆盖住奶油糖霜。将杏仁膏装饰物摆放到蛋糕的表面。将蛋糕放到干净的蛋糕纸板上或者餐盘内冷藏保存。

甜 点 类

三色巴伐利亚奶油冻
Tri-Colored Bavarian Cream

传统风味面包苹果夏洛特
Traditional Bread Apple Charlotte

马拉可夫夏洛特
Charlotte Malakoff

梨夏洛特
Pear Charlotte

巧克力慕斯蛋糕
Chocolate Mousse Cake

柠檬和草莓慕斯蛋糕
Lemon and Strawberry Mousse Cake

黑醋栗（黑加仑）慕斯蛋糕
Black Currant Mousse Cake

三色巴伐利亚奶油冻

制作方法

将夏洛特模具放到冰箱内冷冻备用。

制作英式奶油酱

1. 将牛奶放入一个中号酱汁锅内用中火烧至微沸。用小雕刻刀将半根香草豆荚从中间沿纵长劈开，刮出香草子，连同香草豆荚一起放入牛奶中熬煮，搅拌一会。

2. 将蛋黄放到一个搅拌盆内，加入白砂糖，将白砂糖快速地搅拌进入蛋黄中。继续搅拌至白砂糖完全溶解并且蛋黄颜色开始变浅的程度。

3. 牛奶一旦煮沸，先将其用量的1/3倒入蛋黄中搅拌使其回温，同时不停地搅拌至混合均匀并且温度一致。

4. 将搅拌回温的蛋黄液体倒回酱汁锅内剩余的热牛奶中，同时用木铲不停地搅拌。将酱汁锅重新放回小火上加热，同时用木铲在酱汁锅内呈“8”字形的方式搅拌。随着不停地搅拌，液体表面会产生泡沫，并且会变得浓稠起来，质地如同油脂般。继续加热直到液体浓稠到能够挂在木铲的背面，并且手指在木铲背面划过后会留下一个清晰的纹路。切记一定不能烧沸！将酱汁锅从火上端离开。

制作巴伐利亚奶油冻

1. 将吉利丁片在冷水内泡软。泡软之后控净水，将吉利丁片放入制作好的英式奶油酱中，搅拌至完全融化，然后用细眼漏勺过滤。

2. 将巧克力放入一个小盆内，咖啡精放入另外一个小盆内。将1/3的英式奶油酱倒入巧克力中，静置1分钟让巧克力融化，用木铲轻轻地搅拌至质地光滑而均匀。将另外的1/3英式奶油酱倒入咖啡精内 ，用木铲轻轻地搅拌至完全混合均匀。将香草香精加入剩余的1/3英式奶油酱中搅拌均匀。将三个盆的边沿擦拭干净，放在室温下备用。

3. 将大号搅拌盆放在冰槽内，倒入甜奶油用搅拌器打发至湿性发泡。将打发好的甜奶油分成均等的3份，分别放到冰箱内冷藏保存。

组装

1. 将香草风味的英式奶油酱盆放到冰槽上，用木铲来回搅拌，直到奶油酱触摸起来变凉，但仍然还是液体状的程度。从冰槽内将盆端离开，将其中一份打发好的甜奶油从冰箱内取出。将其中1/3的奶油加入香草风味的奶油酱中，用搅拌器轻缓地搅拌均匀，使其质地变得轻柔。再将盆内剩余的2/3量的甜奶油加入香草风味的奶油酱中用胶皮刮刀轻拌至混合均匀，即为巴伐利亚奶油冻。从冷冻冰箱内取出夏洛特模具，将搅拌均匀的香草风味奶油冻全部倒入夏洛特模具的底部。注意

学习内容

制作英式奶油酱
制作巴伐利亚奶油冻
制作分层慕斯
制作尚蒂伊奶油
慕斯脱模
使蛋黄回温的技法

产量

6~8人份

工具

小雕刻刀，大号搅拌盆，小号搅拌盆，搅拌器，胶皮刮刀，木铲，细眼漏勺（密漏），夏洛特模具，冰槽，小碗，裱花袋，大号星状裱花嘴，中号酱汁锅

不要让巴伐利亚奶油冻滴落到模具的边缘上，在台面上轻轻拍打模具，使模具内的巴伐利亚奶油冻变得平整且均匀，同时排出奶油冻内的空气泡，在加入第二层巴伐利亚奶油冻之前将模具先放到冰箱内冷冻至凝固。

2. 同时，准备咖啡巴伐利亚奶油冻，将奶油酱放到冰槽上冷却并加入第二份甜奶油搅拌均匀，制作方法与搅拌香草巴伐利亚奶油冻一样。待模具内香草巴伐利亚奶油冻凝固之后，从冰箱内取出模具，将咖啡巴伐利亚奶油冻全部倒入到模具内，注意不要让咖啡巴伐利亚奶油冻滴落到模具的边缘上。在台面上轻轻拍打模具，让模具内的咖啡巴伐利亚奶油冻分布均匀，同时排出里面的空气泡，将模具放到冰箱内冷冻至凝固。

3. 准备巧克力巴伐利亚奶油冻，制作方法与制作香草和咖啡巴伐利亚奶油冻一样。从冷冻冰箱内取出凝固好的模具，倒入制作好的巧克力巴伐利亚奶油。在台面上轻轻拍打模具，让里面的咖啡巴伐利亚奶油冻平整均匀并排出里面的空气泡，再放到冰箱内冷冻至咖啡巴伐利亚奶油冻完全凝固。巴伐利亚奶油冻经过冷冻凝固之后，可以放到冰箱内冷藏保存，在制作过程中使用冰箱进行冷冻是为了加快各个分层奶油冻之间的凝固速度。

配料	
巴伐利亚奶油冻	
牛奶	500毫升
香草豆荚	半根
蛋黄	4个
白砂糖	120克
吉利丁片	5～6片
黑巧克力（切碎）	30克
咖啡精	适量
香草香精	适量
甜奶油	400毫升
尚蒂伊奶油	
鲜奶油	100毫升
糖粉	30克
装饰材料	
巧克力	适量

制作巧克力刨花

使用一个干净的削皮刀，从一块巧克力上刮下刨花状的巧克力，刮到一个小碗内备用。

制作尚蒂伊奶油

将鲜奶油倒入一个大盆里置于冰槽内，用搅拌器打发至湿性发泡，然后加入糖粉继续打发至硬性发泡。将打发好的尚蒂伊奶油放入到冰箱内冷藏备用。

最后装饰

1. 将一个中号星状裱花嘴装到裱花袋上，在裱花袋内装入1/2量的尚蒂伊奶油。同时，在一个大盆内装入半盆热水。

2. 从冷冻冰箱内取出夏洛特模具，将模具在热水中浸泡2～3秒，以让巴伐利亚奶油冻容易脱模。将脱模之后的巴伐利亚奶油冻摆到一个冷冻的餐盘内。

3. 脱模装盘之后，将尚蒂伊奶油挤到奶油冻的表面上，并撒上巧克力刨花进行装饰。

4. 立即上桌，或者放到冷冻冰箱内保存至客人需用时。

最初这是一款以女王夏洛特（乔治三世的王后）的名字命名的英式甜点。而传统风味面包苹果夏洛特在18世纪时被改良成了具有法国风味的甜点。安东尼·卡勒姆，醉心于研究使用夏洛特模具造型的甜点，他没有采用英式风味夏洛特中使用面包糠的制作方法，而是更倾向于使用手指饼干或者巧妙地使用经过修整成美观的花型的白面包片来制作这款甜点的外层。这款甜点使用的是用糖煮苹果制作而成的传统风味夏洛特甜点的配方，并且要趁热食用，当然也可以使用其他不同的水果采用类似的方法制作出不同口味的夏洛特，并且依据个人爱好也可以冷食。

传统风味面包苹果夏洛特

学习内容

制作糖煮水果（烩水果）
在夏洛特模具中铺设原料
调制酱汁的浓稠度
制作英式奶油酱

产量

6人份

工具

锯刀，小雕刻刀，削皮刀，木铲，搅拌盆，夏洛特模具，搅拌器，冰槽，细过滤器，面刷，苹果去核器，大号酱汁锅，中号酱汁锅

制作方法

将烤箱预热至190℃。

制作糖煮苹果

1. 将苹果削去皮并去核，切成小丁。将切好的苹果与白砂糖一起放入大号平底锅内以中火加热，熬煮到苹果开始变软。盖好锅盖，转成小火，继续熬煮苹果至完全变软并且开始变成金黄色，揭开锅盖继续熬煮苹果，并轻轻搅拌，直到苹果内所有的汤汁全部被吸收。

2. 将制作好的糖煮苹果盛入一个干净的盆内冷却备用。

制作内衬面包

1. 切除面包片的硬边。将2片面包片切成三角形。将这些三角形面包中的每一片都从中间均等地切成两半（每一片面包都要切成4个均等的三角形）。将这八个三角形面包片的一端都修剪成圆形，做成水滴形。将其余的面包片切成2.5厘米的厚条形。将水滴形的面包片铺设在夏洛特模具的底部，形成一个花形图案，并且在模具的四周摆好面包条，让它们紧挨在一起。根据需要，可以整理造型以适合模具的形状和大小。

2. 从模具中按照顺序一片一片地取出摆放好的面包片，在澄清黄油中蘸过之后再重新摆放回模具中。

3. 将杏酱果胶和香草香精搅拌进糖煮苹果中，将搅拌均匀的苹果装入模具中。将模具放入烤箱内烘烤40～45分钟。

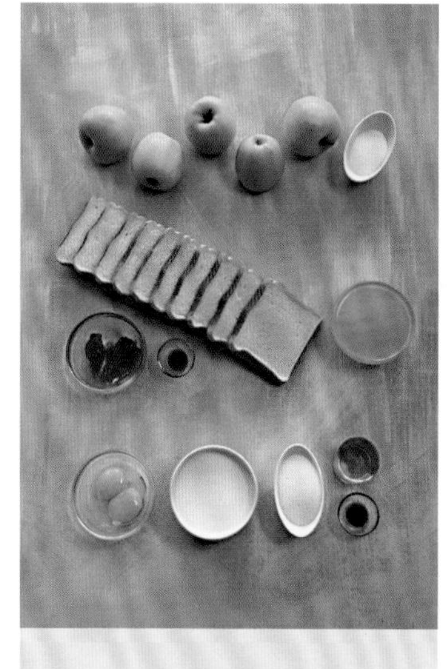

制作英式奶油酱

1. 将牛奶倒入中号平底锅内，在中火上加热至将要沸腾。继续搅拌。将蛋黄放入到搅拌盆内，加入白砂糖，快速地将白砂糖搅拌进蛋黄中。继续搅拌至白砂糖完全溶化，蛋黄液体颜色变浅。待牛奶烧热之后，将1/3量的热牛奶搅拌进蛋黄液体中以使其回温。继续搅拌至完全混合均匀并且温度一致。

2. 将回温的蛋黄液体倒入剩下的热牛奶锅内，用木铲不停地搅拌。将锅重新用小火加热，木铲呈“8”字形搅拌。随着搅拌的进行，在液体的表面会出现浮沫，同时液体也开始变得浓稠起来，质地变得如同油脂一样有阻力。继续加热直到液体变得浓稠到可以挂在木铲的背面，并且手指划过时痕迹非常清晰。

注　英式奶油酱应在75～85℃温度之间制作。

3. 将锅端离开火，将制作好的酱汁用细过滤器过滤到冰槽内一个干净的盆内。用一把木铲来回地搅拌，直到感觉酱汁凉爽。加入苹果白兰地和香草香精搅拌均匀。用保鲜膜盖好放入冰箱内冷藏保存。

配料	
糖煮苹果	
苹果	800克
白砂糖	40克
夏洛特模具的内衬	
切片方面包	10片
黄油（澄清过）	150克
杏酱果胶	50克
香草香精	2毫升
英式奶油酱	
牛奶	200毫升
蛋黄	2个
白砂糖	60克
苹果白兰地酒	15毫升
香草香精	2毫升

装盘

1. 待夏洛特烤好之后，面包应是金黄色并且酥脆，将模具表面上多余的面包修理整齐。如果面包不是烘烤得太黑或者焦煳，可以将这部分面包按压到夏洛特中使得表面变得平整。先静置5分钟，然后脱模到一个餐盘中。

2. 将适量的英式奶油酱盛入餐盘的底部，剩余的英式奶油酱用来佐餐。

【可供选择】　在一个小号平底锅内用中火加热杏酱果胶使其变成液体状，用毛刷将杏酱果胶涂刷到脱模之后的夏洛特上以增加亮度。

马拉可夫夏洛特

马拉可夫夏洛特蛋糕是一款雅致精巧、味道浓郁、美味可口的奶油糕点，属于典型的俄式奶油蛋糕（Charlotte Russe）。传说它是由法国糕点大师玛丽–安东尼·卡里姆在17世纪后期所首创。人们相信是卡里姆大师在为俄罗斯沙皇亚历山大一世服务期间创作而成的。这就是为什么这种蛋糕称为“Russe”的原因（法语中“俄罗斯”的意思）。夏洛特这个名字源于两个方面的意思。一个是据说夏洛特这个名词来自于沙皇亚历山大的嫂子，夏洛特王后，是英国女王，她下嫁给了乔治三世；第二个是据说夏洛特这个名称并不是一个人的名字，而仅仅是对这款糕点本身的介绍。夏洛特这个词也可能来源于“charlyt”这个词汇，这是一个古英语单词，意思是“蛋奶冻”。

制作方法

将烤箱预热到190℃。

制作手指饼干

1. 在烤盘上铺好油纸备用。
2. 将蛋清与蛋黄分离开，将面粉过筛。
3. 将蛋黄与1/2量的白砂糖一起搅打至颜色变浅，并且当抬起搅拌器时，蛋黄液体中会有痕迹出现的程度。
4. 将蛋清打发至湿性发泡，然后加入剩余的白糖，继续打发至硬性发泡并且呈现细腻有光泽的程度。将一部分打发好的蛋清搅拌进入蛋黄中，使其蓬松，然后将所有的蛋清都搅拌进去。当两者混合之后（在蛋黄中仍然可以看到蛋清时），加入面粉搅拌。
5. 将搅拌好的混合物，装入带有一个中号圆口裱花嘴的裱花袋内，先挤出两个小的圆形手指饼干，再用剩下的面糊，在烤盘内的油纸上挤出大约10厘米长的手指形状的面糊。要确保它们相互之间要间隔至少2.5厘米，让其有膨发的空间。在面糊上撒上面粉。烘烤至触摸起来感觉到发硬的程度，需要烘烤8~10分钟。从烤箱内取出，将手指饼干轻放至烤架上冷却。

制作樱桃白兰地糖浆

1. 将白糖和水放到一个小号酱汁锅内烧沸至白糖完全溶解。从火上端离开晾凉。冷却之后加入樱桃白兰地酒搅拌均匀。
2. 在夏洛特模具内铺设好油纸。将手指饼干底面朝内摆放在模具的立面内侧，并涂刷上樱桃白兰地糖浆。

制作马拉可夫夏洛特

1. 将黄油和糖粉一起打发至轻柔蓬松状。将樱桃白兰地酒搅入，然后再将杏仁粉搅入，将鲜奶油打发至湿性发泡。先在其中加入一满勺的鲜奶油搅拌均匀，然后加入剩余的鲜奶油，轻轻搅拌混合。
2. 将马拉卡夫夏洛特在模具中装入一半的高度，然后平摆上一圈手指饼干并轻压平稳。将剩余的马拉卡夫夏洛特继续挤入到模具中，最后再平摆上一圈手指饼干，轻压使其与周边的手指饼干的高度保持一致。放入冰箱内冷藏至定型，需要2~4小时。

装盘

1. 将鲜奶油与糖粉一起打发至中等膨发，制作成尚蒂伊奶油，将其装入带有小号星状裱花嘴的裱花袋内。
2. 将夏洛特脱模至餐盘内。在手指饼周围和表面挤上尚蒂伊奶油进行装饰。

学习内容

制作手指饼干
制作蛋白霜
制作尚蒂伊奶油
制作樱桃白兰地糖浆
使用裱花袋

产量

6~8人份

工具

搅拌盆，搅拌器，胶皮刮刀，面筛，油纸，裱花袋，中号圆口裱花嘴，星状裱花嘴，毛刷，中号夏洛特模具，烤盘，烤架，酱汁锅

配料

手指饼干	
鸡蛋	4个
白砂糖	120克
面粉	120克
糖粉（最后装饰用）	适量
樱桃白兰地糖浆	
水	30毫升
白糖	30克
樱桃白兰地酒	30毫升
马拉可夫	
黄油	120克
糖粉	120克
杏仁粉	120克
樱桃白兰地酒	30毫升
鲜奶油	250毫升
尚蒂伊奶油	
鲜奶油	250毫升
糖粉	30克
香草香精	5毫升

梨夏洛特

学习内容

制作巴伐利亚奶油冻
制作手指饼干
组装夏洛特
制作蛋白霜
使用裱花袋
打发蛋清
制作英式奶油酱

产量

6人份

工具

小雕刻刀，厨刀，厨用剪刀，夏洛特模具，搅拌器，胶皮刮刀，木铲，细过滤器，裱花袋，12毫米圆口裱花嘴，中号星状裱花嘴，搅拌盆，冰槽，2个烤盘，1个中号酱汁锅，1个小号酱汁锅

制作方法

1. 将烤箱预热到195℃。
2. 将两个搅拌盆和搅拌器放入冰箱内冷藏备用。
3. 在一张油纸的背面，用铅笔画出夏洛特模具开口那一面的圆形痕迹。
4. 在烤盘上铺好油纸，翻转油纸，使有铅笔画痕的那一面朝下。
5. 在另外一个烤盘上，铺一张空白的油纸。
6. 剪出一个圆形的油纸，铺在夏洛特模具的底面上。

制作手指饼干

1. 制作手指饼干面糊：将面粉过筛到一张油纸上。将蛋清、蛋黄分离到两个不同的大搅拌盆内。用搅拌器搅拌蛋清至变白并开始出现泡沫但还是呈液体时，放到一边备用。在蛋黄中加入白砂糖一起搅打至变得浓稠、颜色变浅时放到一边备用。
2. 将蛋清打发至湿性发泡。逐渐加入白砂糖，同时用搅拌器不停地搅打。白砂糖全部加入之后，继续搅打至变得浓稠而有光泽，并且用两根手指沾一些打发的蛋清摩擦的时候感觉不到白砂糖的颗粒。在蛋黄中拌入面粉混合均匀，将搅拌好的部分蛋清加入蛋黄中搅拌均匀，然后将剩余的蛋清拌入。搅拌好的面糊应呈浅色、质地均匀。面糊中带有轻质的空气气泡，这是挤出面糊时的理想状态。
3. 将搅拌好的面糊装入一个带有12毫米圆口裱花嘴的裱花袋内。
4. 挤出手指饼干：沿着油纸上画好的一个圆圈形画痕的外边朝向中间以挤出

水滴的形状创作出一个花形，每挤出一个水滴状的“花瓣”就旋转一下烤盘。最后在中间挤出一个圆球形的“花心”。接下来，要挤出一个螺旋形的手指饼干，在圆圈形画痕的中心位置朝外至圆圈形的边缘挤出螺旋形的面糊。在另外一个烤盘上挤出手指饼干，长度要比夏洛特模具的高度略微长出一点，将面糊全部用完。撒上糖粉，要多撒一些，使得手指饼干的表面挂上厚厚的一层糖粉，将烤盘放入烤箱烘烤。烘烤到5分钟时，转动一下烤盘，然后将炉温降到185°。继续烘烤至呈淡金黄色，手指触碰时感觉到干爽的程度。从烤箱内取出烤盘，慢慢地将油纸滑到烤架上晾凉手指饼干。再撒上些糖粉以利于造型，冷却后备用。

制作巴伐利亚奶油冻

1. 在冷藏过的盆内将奶油打发至湿性发泡，盖好并放在冰箱内冷藏备用。
2. 将梨切成小丁备用。
3. 将牛奶倒入中号酱汁锅内，在中火上加热至微沸，搅拌均匀。将蛋黄放入搅拌盆内，加入白砂糖，快速地将白砂糖搅拌进蛋黄中。继续搅拌至白砂糖完全溶化，蛋黄液体颜色变浅。
4. 牛奶烧热之后，将1/3用量的热牛奶搅拌到蛋黄液体中以使其回温。继续搅拌至完全混合均匀并且温度一致。
5. 将搅拌均匀且回温的蛋黄液体倒入剩下的热牛奶锅内，用木铲搅拌。将锅重新用小火加热，使用木铲在锅内呈“8”字形搅拌。随着搅拌的进行，在液体的表面会出现浮沫，同时蛋黄液体也开始变得浓稠，质地变得如同油脂一样，在搅拌时有阻力。继续加热直到液体变得浓稠到可以挂在木铲的背面，并且手指划过时痕迹非常清晰的程度。将锅端离开火。

注　英式奶油酱应在75～85℃之间的温度内制作。

6. 在冰水中浸泡吉利丁片。待完全变软之后，挤出多余的水分，将其加入热的英式奶油酱中。搅拌至完全融化，然后用细过滤器将英式奶油酱过滤到冰槽内的一个大盆里。用木铲来回地搅拌直到冷却但是触摸时还是呈液态的程度。从冰槽内将盆端离开，将梨蓉和利口酒搅拌到英式奶油酱内。在室温下保存。

组装

1. 将所有手指饼干的一端修剪整齐，确保它们放入夏洛特模具时长度完全一致。在模具的四周摆满手指饼干，一定要紧紧地挨在一起，将修剪后的切口朝下摆放。
2. 将奶油用搅拌器搅拌好，将1/2的奶油加入准备好的英式奶油酱中搅拌至质地蓬松，再将剩余的奶油加入。轻缓地搅拌均匀。将其倒入模具中，填满模具的一半，然后将切好的梨放入。再填入巴伐利亚奶油冻，距手指饼干的高度留出1厘米的距离，在工作台面上轻轻拍打模具排出所有的空气泡。将螺旋状的手指饼干切割成合适的大小，以能够摆放在模具的表面为宜。轻柔地挤压平整，使其与手指饼干正好齐平。
3. 将夏洛特模具放入冰箱内冷冻30分钟让其凝固。

制作果酱

1. 在一个小号酱汁锅内用中火加热覆盆子果泥和白砂糖，同时用木勺不停地搅拌，直至浓稠到可以挂在木勺的背面。当将覆盆子果泥加热到所希望的浓稠度时，从火上端离开锅，用一把木铲来回地搅拌直到晾凉到室温时，加入覆盆子利口酒搅拌均匀之后备用。

装　盘

1. 将奶油放入第二个经过冷藏的搅拌盆内打发到硬性发泡，盖好并冷藏备用。

2. 待夏洛特凝固之后，将其脱模到一个冷冻过的餐盘内。去掉表面的圆形油纸。

3. 将打发好的奶油装入一个带有中号星状裱花嘴的裱花袋内，在每个手指饼干缝隙之间挤上一行泪滴状的奶油。在夏洛特的表面也挤上些奶油，摆上花形手指饼干。放入冰箱内冷藏至所需时再取出使用。

4. 使用时在餐盘内配上些覆盆子果酱。

【可供选择】　可以将切好的梨片摆放在餐盘内用于装饰夏洛特。

配料	
手指饼干	
鸡蛋	4个
白砂糖	120克
面粉（过筛）	120克
糖粉	适量
巴戈利亚奶油冻	
牛奶	200毫升
蛋黄	3个
白砂糖	50克
吉利丁片	4片
梨（罐头装）	2个
梨蓉	200毫升
梨味利口酒（可以不用）	适量
奶油	200毫升
果酱	
覆盆子果泥	100毫升
白砂糖	35克
覆盆子利口酒	10毫升
装饰材料	
奶油	100毫升
梨（罐头装，可以不用）	1个

手指饼干是组成这款在11世纪时就起源于法国的巧克力蛋糕的主要材料。如同许多早期创作的糕点作品一样，手指饼干的发源地可以追溯到欧洲王室时期。小巧、精致的蛋糕是在萨瓦王室时代开发成功的，在萨瓦地区是用来给参观者展示传统烹饪艺术使用的。当萨瓦王室的达官贵人前往国外拜访其他王室时，这款蛋糕也是他们的必携之物。通过这些国事访问活动，这款蛋糕的名声传遍了整个欧洲，大约从15世纪开始，欧洲各地的达官贵人们开始普遍地享用这款蛋糕了。这就是为什么在意大利语中，手指饼干被称做“savoiardi”。今天，手指饼干最普通、最常见的做法是配上味道浓郁的提拉米苏（tiramisu）以及英式查佛蛋糕（English trifle）等一起食用，手指饼干干爽而多孔的质地使得它具备了完美的吸收其他食物味道的特点。

巧克力慕斯蛋糕

学习内容

制作手指饼干
制作蛋白霜
制作蛋黄糖浆
制作巧克力光亮膏
制作巧克力慕斯
熬煮糖浆
慕斯装盘
使用裱花袋

产量

可以制作出2个23厘米的蛋糕

工具

锯刀，小号曲柄抹刀，小雕刻刀，搅拌盆，搅拌器，面筛，裱花袋，中号圆口裱花嘴，勺子，面刷，胶皮刮刀，油纸，透明塑料片，平底锅，2个烤盘，烤架，2个蛋糕纸板

制作方法

将烤箱预热至190℃。

制作手指饼干

1. 在两个烤盘上铺好油纸备用。

2. 将蛋清和蛋黄分离开，将面粉过筛。

3. 将蛋黄与1/2量的白砂糖一起搅打，直到颜色变浅，搅拌器搅过之后蛋黄液体表面有痕迹出现。

4. 搅打蛋清至湿性发泡，然后加入剩余的白砂糖搅打至硬性发泡并且光滑细腻。将部分打发好的蛋清叠拌进蛋黄中，使其蓬松，然后再将剩余的蛋清全部搅拌进去。适当混合之后（此时还可以看到其中会有些蛋清的痕迹），将过筛的面粉拌入。

5. 将混合均匀的面糊装入带有中号裱花嘴的裱花袋内，沿着烤盘的长边呈45°角，挤出8厘米长的条形。共挤出两排，轻轻摔打烤盘使挤出的面糊之间没有空隙。

6. 在第二个烤盘内，挤出4个圆形面糊，直径大约与慕斯圈相同。

7. 将两个烤盘放入烤箱内烘烤至手指饼干表面上色，触摸时感觉到干爽，需要8～10分钟。从烤箱内取出，将油纸滑落到烤架上让手指饼干冷却。

8. 将透明塑料片摆放到慕斯圈内侧，然后放到蛋糕纸板上。整理透明塑料片，使其比慕斯圈高出一点。将手指饼干顶部朝外摆放在慕斯圈的侧面里。修整圆形手指饼干的形状，使其紧密地与慕斯圈的底部完全结合。

制作蛋黄糖浆

1. 准备一小碗冷水、一把勺子及一个干净的毛刷。在平底锅内混合均匀白糖和水，一起烧沸。水烧沸后，撇净表面上所有的白色浮沫，并用毛刷蘸水涂净平底锅的侧面。待变得清澈之后，将糖浆熬煮到软球阶段的温度（115℃）。

2. 在糖浆熬煮过程中，在盆内搅打蛋黄，当糖浆达到软球程度时（115℃）。从火上端离开，将平底锅底放入冷水中冷却，以防止糖浆继续加热。然后将糖浆呈细流状倒入蛋黄中，同时要不停地搅打蛋黄，确保不要将糖浆倒在盆边上和搅拌器的钢丝上，否则糖浆会变地脆硬。待糖浆全部搅拌进去之后，继续搅打直到蛋黄冷却下来。此时蛋黄会变得浓稠，并且颜色会变成淡黄色。

制作巧克力慕斯

将两份巧克力一起融化，然后加入蛋黄糖浆中。搅拌均匀。将奶油打发至湿性发泡。搅拌进巧克力混合物中。将巧克力慕斯分装到两个模具中，用小号曲柄抹刀将表面涂抹至光滑平整。放入冰箱内冷藏凝固。

制作巧克力光亮膏

将巧克力放入到一个盆内，加热奶油、白砂糖和葡萄糖浆并一起烧沸。将烧沸后的混合原料倒入巧克力中，并静置1～2分钟，然后用木铲轻缓地搅拌至光滑均匀。加入黄油搅拌均匀，放到一边备用。

组装

1. 从冰箱内取出凝固的慕斯蛋糕。将巧克力光亮膏倒在其表面上，用曲柄抹刀快速涂抹至平整均匀，要快速涂抹，否则巧克力会凝固，轻轻地拍打模具排出慕斯蛋糕中所有的气泡。然后再放入冰箱内冷藏。

2. 装盘时要使用热刀切割慕斯蛋糕。

配料	
手指饼干	
面粉	250克
蛋清	8个
蛋黄	8个
白砂糖	250克
巧克力慕斯	
白糖	250克
水	150毫升
蛋黄	300克（15个）
巧克力	500克
无糖巧克力	100克
奶油	1升
巧克力光亮膏	
巧克力	250克
奶油	250毫升
白砂糖	50克
葡萄糖浆	50毫升
黄油	50克

乔孔达蛋糕，是制作和平大蛋糕（gâteau pacifique）的基础材料，它是以列奥纳多·达·芬奇的著名杰作蒙娜丽莎来命名的。在法语中蒙娜丽莎的意思是“乔孔达，La Joconde”。这是因为这幅画赠与了达·芬奇的助手，一个名叫萨莱的男子，他称这幅画为“乔孔达，La Gioconda”。Gioconda这个词汇被认为具有双重意思，一层意思指的是画像模特，丽莎·德尔·乔孔达，以及意大利语中的单词jocund，意思是“快乐”，代表了著名的蒙娜丽莎的微笑。

柠檬和草莓慕斯蛋糕

学习内容

制作乔孔达蛋糕
制作蛋糕围边
制作意大利蛋白霜
制作水果慕斯
使用杏酱果胶上光
熬制糖浆

产量

可以制作出1个25厘米的蛋糕，可供8~12人食用

工具

平抹刀，小雕刻刀，硅胶烤垫，搅拌盆，搅拌器，胶皮刮刀，烤架，梳形模具或者叉子，面筛，透明塑料片，25厘米圆形模具，烤盘或者平底烤盘，平底锅，蛋糕纸板

制作方法

将烤箱预热至190℃。在烤盘或平底烤盘上铺上硅胶烤垫。

制作蛋糕围边

1. 将黄油和糖粉一起打发至蓬松。然后加入蛋清搅拌至光滑细腻。再拌入面粉并加入食用绿色色素，一次加入一滴，将面糊搅拌至所需要的颜色。
2. 用平抹刀，在烤盘内的硅胶烤垫上涂抹上非常薄的一层面糊。再使用梳形模具或者叉子，刮出线条状的花纹。放到一边使其凝固定型（或者放入冰箱冷冻定型）。

制作乔孔达蛋糕

1. 将糖粉和杏仁粉一起过筛到一个盆内备用。
2. 将面粉过筛，放到一边备用。
3. 将鸡蛋加入面粉、杏仁粉和糖粉中搅拌均匀。加入融化的黄油搅拌均匀。
4. 将蛋清打发至湿性发泡，再加入白砂糖。继续打发至蛋清细腻而有光泽。将一部分蛋清加入面糊中搅拌使其蓬松，然后将其余的蛋清全部加入进去并且搅拌均匀。
5. 将面糊涂抹到准备好的烤盘内，注意不要碰坏蛋糕围边。烘烤至呈淡黄色，用手触碰时感觉到不粘手的程度，需要8分钟。将硅胶烤垫从烤盘内取出，放到烤架上晾凉。
6. 待蛋糕冷却之后，挑起蛋糕轻轻地移走硅胶烤垫。在蛋糕上切出一个长条形，宽度应与圆形模具的高度一样。使用圆形模具作参照物，切割出2个比圆形模具直径略小的圆片。
7. 在圆形模具内侧铺好透明塑料片，再放入蛋糕纸板。

8. 将蛋糕围边摆放到模具透明塑料片的内侧，确保带绿色的那一面朝外。整理蛋糕围边的大小——不应该有重叠的部分和空隙出现。将一片圆形蛋糕放到模具的底部位置。如果需要可以修整一下它们的大小。

制作草莓慕斯

1. 将吉利丁片浸泡到冷水中使其变软。
2. 用小火将草莓果肉和白砂糖一起在平底锅内加热到用手感觉到热的温度（大约是40℃）。将锅端离开火。将泡软后的吉利丁片控净水，加入热的草莓果肉中，搅拌至吉利丁片完全融化。
3. 将草莓果肉倒入一个干净的盆内。将奶油打发至湿性发泡，同时继续搅拌草莓果肉。如果需要，可以将盛放草莓果肉的盆放到冰槽内降温，当草莓果肉开始变稠之后，从冰槽内端离开并将打发好的奶油搅拌进去。迅速将草莓慕斯平摊到模具的底部，并覆盖上第二块圆形蛋糕，与慕斯一起压平。

制作柠檬慕斯

1. 用冷水将吉利丁片泡软。加热柠檬汁至用手触摸时感觉到热的温度（大约为40℃），然后端离开火。控净吉利丁片多余的水分，搅拌进入柠檬汁中。然后倒入一个干净的盆内，同时要不时地搅拌。
2. 将白砂糖放入一个小号平底锅内，加入适量水使糖溶化。将水烧沸，撇净糖浆表面的所有浮沫，用毛刷蘸水刷净锅边上的糖液。当糖浆变得清澈之后，继续熬煮到软球阶段（115℃）。
3. 与此同时，搅打蛋清至湿性发泡。当糖浆熬煮好之后，将锅从火上端离开，将糖浆呈细流状倒入打发的蛋清中，同时要不停地搅拌，此时要小心不要将糖浆直接倒在搅拌器的钢丝上。待糖浆完全搅拌均匀之后，继续搅拌至蛋清冷却下来。将部分搅拌均匀的蛋白霜搅拌进柠檬汁中，然后将所有的蛋白霜与柠檬汁一起混合均匀。
4. 将奶油打发至湿性发泡，将打发好的奶油搅拌进蛋白霜混合液中。倒入剩余的一半高度的模具中，用平抹刀将表面涂抹至平整光滑。放入冰箱内冷藏1～2小时，以让慕斯凝固。

组装

1. 待慕斯完全冷却凝固之后，取出放到烤架上。用微火加热杏酱果胶使其融化变成液体但还不热的程度。将杏酱果胶浇淋到慕斯的表面，用平抹刀迅速地涂抹均匀至平整。此时操作要快速简练，否则果酱在浇淋完之后就会开始凝固。
2. 用新鲜水果、柠檬和青柠檬碎皮进行装饰。

配料	
蛋糕围边	
黄油（室温）	40克
糖粉	40克
蛋清	40克
面粉	40克
食用绿色色素	2滴
乔孔达蛋糕	
杏仁粉	140克
糖粉	140克
鸡蛋	4个
面粉	40克
黄油（融化）	30毫升
蛋清	4个
白糖	40克
草莓慕斯	
草莓果肉	300克
白砂糖	70克
吉利丁片	5片
奶油	250毫升
柠檬慕斯	
柠檬汁	125克
吉利丁片	4片
意大利蛋白霜	
蛋清	2个
水	50毫升
白砂糖	125克
奶油	200毫升
装饰材料	
柠檬和青柠檬碎皮	适量
杏酱果胶	适量
新鲜水果	适量

黑醋栗，又称黑加仑。这款蛋糕得名于涂抹在其表面上的黑醋栗那光滑平整、晶莹剔透仿如镜面般的装饰效果（这款蛋糕的法语名称为miroir cassis，意思是黑醋栗镜面蛋糕）。

黑醋栗（黑加仑）慕斯蛋糕

学习内容

制作手指饼干
制作慕斯
打发蛋黄
制作意式蛋白霜
熬煮糖浆
给蛋糕上光
打发奶油
给蛋糕脱模

产量

6～8人份

工具

锯刀，小雕刻刀，厨用剪刀，搅拌器，胶皮刮刀，搅拌盆，裱花袋，塑料刮板，5毫米圆口裱花嘴，毛刷，平抹刀，纸质裱花袋，2个小号平底锅，保温锅，烤盘，蛋糕纸板

制作方法

1. 将烤箱预热至195℃。

2. 将蛋糕纸板切割成圆形，尺寸比慕斯圈略小，恰好能够放进慕斯圈内。

3. 用这个圆形纸板作参照物，在油纸的一个边上画出一个圆圈，将油纸反过来放在烤盘上。

制作手指饼干

1. 准备手指饼干面糊：将面粉过筛到一张油纸上。将蛋清和蛋黄分别放入两个大搅拌盆内。用搅拌器搅打蛋清至起泡沫但仍然是液体状，放到一边备用。将白砂糖（第一份）加入到蛋黄中，一起打发至蛋黄变得浓稠并且颜色变浅，放到一边备用。

2. 继续打发蛋清至湿性发泡。分次加入白砂糖（第二份），同时要继续不停地搅打。加入白砂糖之后继续搅打蛋清至浓稠而细腻有光泽。在先前搅拌至浅色的蛋黄中加入过筛的面粉，用胶皮刮刀折叠搅拌均匀。加入1/3打发好的蛋清，折叠搅拌至能够看到蛋清呈细线状。然后将剩余的蛋清折叠搅拌进去完全混合为一体。制作好的成品应为浅色、混合均匀的面糊状，质地轻柔、富含气泡利于挤出造型。将面糊装入带有一个5毫米圆口裱花嘴的裱花袋里。

3. 利用铺在烤盘内油纸上画出的环形图案作参照物，在油纸上挤出一个紧凑的螺旋状圆形。在圆形图案的旁边，烤盘的另一边上，呈45°角挤出一些线状面糊，确保这些线状面糊挨在一起并沿着烤盘的长度形成一个10厘米的环形。在边角处添加面糊最后制作出一个方形图案。

4. 在挤好的面糊上撒些糖粉完全覆盖住面糊。静置30分钟并再次撒上糖粉，然后放入烤箱内烘烤至上色（需要12～15分钟）。烤好之后从烤箱内取出烤盘，将油纸滑落到烤架上晾凉。迅速在蛋糕上再撒上些糖粉。

制作意式蛋白霜

用搅拌器在一个大盆内打发蛋清，直到出现泡沫，然后放到一边备用。在一

个中号平底锅内用中火加热白砂糖和水直至达到软球阶段（121℃）。同时搅打蛋清至湿性发泡阶段，当糖浆达到所需要的温度时，将糖浆呈细流状倒入正在打发的蛋清中，同时不停地搅打。继续搅打至蛋白霜细腻坚挺并冷却至室温。

制作慕斯

1. 用冷水将吉利丁片泡软。同时用中火在小号平底锅内加热白砂糖、水和黑醋栗果泥，不时地搅拌至白砂糖完全溶化，并且液体触摸时感觉到热的程度。将平底锅端离开火。从冷水中捞出吉利丁片并控净水。将泡软后的吉利丁片加入到黑醋栗果泥中搅拌至完全融化混合均匀。在室温下保存。

注　如果大理石台面是凉的，要使用一块抹布垫在盆底，以防止鱼胶片凝固过快。

2. 将奶油倒入大盆内放在冰槽上打发至湿性发泡。将凝胶状的果泥加入蛋白霜内，用胶皮刮刀小心地折叠搅拌。将1/2打发好的奶油加入蛋白霜内折叠搅拌成一体。将剩余的打发好的奶油也加入折叠搅拌至均匀。

组装

1. 将烤好的手指饼干翻转扣放到一张干净的油纸上，然后将与手指饼干一起烘烤的油纸揭除，将手指饼干翻转过来。
2. 将一个环形模具放到蛋糕纸板上。在模具的内侧衬一张透明塑料条。将蛋糕纸板放入模具中。用锯刀在手指饼干上沿纵长切割出两个条形手指饼干，厚度与金属抹刀一致，也衬在模具侧面内侧，撒有糖粉的一面朝外，紧贴在透明塑料上。再将圆形手指饼放入模具的底部，正面朝上摆好，如果需要可以修剪整理。
3. 在准备好的模具内装入一半慕斯。用一把大号的平抹刀，将慕斯涂抹到模具的四周，使其完全覆盖住侧面。撒入一些控干水分的黑醋栗，然后将剩余的慕斯倒在上面。如果需要，可以在表面多撒上些黑醋栗，用平抹刀将表面涂抹至光滑平整。将慕斯放入冷冻冰箱内冷冻至少30分钟使其冷却凝固。

装盘

1. 用胶皮刮刀轻搅亮光果胶至细腻光滑。注意不要混合进去任何空气泡。待慕斯完全凝固之后，从冷冻冰箱内取出，将亮光果胶浇淋在表面上。用一把抹刀快速地涂抹平整。将融化的白巧克力装入一个纸制裱花袋内，将尖头剪掉。在蛋糕的表面画出美丽的图案。当果胶凝固之后，小心地脱模。将蛋糕放入一个餐盘内，用几粒黑醋栗做蛋糕最后的装饰。用毛刷在黑醋栗上刷上果胶，将蛋糕放入冰箱内缓慢地解冻至少10分钟。上桌之前要移除透明塑料条。
2. 本书中这里的黑醋栗（黑加仑）慕斯蛋糕图片是比较流行的装饰。从传统做法上讲，黑醋栗（黑加仑）慕斯蛋糕的表面是没有任何装饰物的，这样客人就会对亮可鉴人的镜面蛋糕赞不绝口，过目不忘。

配料	
手指饼干	
面粉（过筛）	200克
蛋清	8个
白砂糖（第一份）	180克
蛋黄	8个
白糖（第二份）	160克
糖粉	适量
意式蛋白霜	
蛋清	3个
白砂糖	100克
水	30毫升
慕斯	
黑醋栗果泥	200克
白砂糖	12克
水	12毫升
吉利丁片	4片
适量冰水（用于浸泡）	
奶油	200毫升
装饰材料	
亮光果胶	200克
白巧克力（融化，装入到纸质裱花袋内）	150克
新鲜黑醋栗	80克

甜　品　类

牛奶杏仁冻
Blanc Manger

焦糖布丁
Crème Brulee

烤焦糖卡士达
Baked Caramel Custard

甜可丽饼
Sugar Crepes

纯巧克力蛋糕
Flourless Chocolate Terrine

红果沙巴雍
Red Fruit Sabayon

舒芙里可丽饼
Soufflé-Filled Crepes

蛋白蛋糕
Floating Island

软心巧克力蛋糕配开心果英式奶油酱
Soft Chocolate Cake with Pistachio Cream

巧克力慕斯
Chocolate Mousse

冻牛轧糖
Iced Nougat

冻咖啡巴菲
Iced Coffee Parfait

巧克力蛋奶盅
Little Chocolate Custard Pots

红酒煮梨
Pears Poached in Red Wines

舒芙里配覆盆子酱
Warm Soufflé with Raspberry Coulis

冻红果舒芙里
Frozen Red Fruit Soufflé

牛奶杏仁冻（Blanc–manger）是一款布丁状的甜品，它的起源可以一直追溯到13世纪。据认为这款甜品是由居住在北非和西班牙的阿拉伯人传入欧洲的。Blanc–manger这个词组源于古法语单词blanc mangier，字面上的意思是“白色的菜肴”或者“白色的食物”（由于此款甜品在制作时呈现出乳白色的缘故）。在中世纪时，牛奶杏仁冻是一款美味可口的菜肴，通常包含有杏仁奶、肉馅以及常见的香料（在当时香料被认为是财富的象征）等材料。早期的牛奶杏仁冻菜谱几乎在所有的欧洲国家都可以找到，它在中世纪时期成为在国际上最受欢迎并且传播最为广泛的菜肴之一。牛奶杏仁冻通常用来作为豪华宴会上一道非常受欢迎的餐后甜点来食用（entremet，在两道菜肴之间帮助菜肴消化的菜品），因为它本身天然洁白的颜色，可以非常容易地造型和添加各种色彩用来款待参加宴会的嘉宾。到了17世纪，这道菜肴已经演变成为了甜食型的版本，被当成甜点来食用了。而在目前，牛奶杏仁冻典型的制作方法是添加吉利丁片作为增稠剂。而在早期使用的增稠剂是鸡蛋。我们现在所使用的牛奶杏仁冻食谱延续自19世纪，在整个欧洲大陆还保持着非常高的受欢迎度。

牛奶杏仁冻

学习内容

制作牛奶杏仁冻
使用鱼胶片
打发蛋清
制作覆盆子果酱

产量

可以制作出1个大约1.3千克的牛奶杏仁冻，可供6～8人食用

工具

厨刀，中号盆，搅拌盆，搅拌器，面筛，勺子，木铲，模具，酱汁锅，小号酱汁锅

配料

牛奶杏仁冻	
牛奶	500毫升
白砂糖	125克
杏仁粉	125克
吉利丁片	15克
奶油	200毫升
覆盆子果酱	
覆盆子果肉	300克
糖粉	30克
覆盆子利口酒	30毫升
时令水果	适量
开心果果仁	适量

制作方法

制作牛奶杏仁冻

1. 将牛奶、白砂糖以及杏仁粉放入一个酱汁锅内，搅拌混合均匀。煮沸，然后小火熬煮。用小火熬煮大约10分钟之后从火上端离开，冷却到室温。

2. 将煮好并冷却后的牛奶杏仁粉混合液体过滤到一个干净的盆内。

3. 用冷水将吉利丁片泡软。捞出挤净水分，在一个小号酱汁锅内用小火融化，加入一些牛奶杏仁粉混合液到小号酱汁锅内搅拌均匀，然后倒回盆内搅拌均匀。

4. 将奶油打发至湿性发泡。轻缓地拌入牛奶杏仁混合液中，然后倒入模具里。在工作台面上将注入好液体的模具拍打几下，以释放出液体内所有的气泡。放入冰箱内冷藏使其凝固。

制作覆盆子果酱

将覆盆子果肉、糖粉以及覆盆子利口酒一起混合均匀。冷藏备用。

装盘

将牛奶杏仁冻脱模到一个餐盘内，用时令水果装饰，并撒上切成粗粒的开心果果仁。在餐盘一边配上覆盆子果酱后一起食用。

焦糖布丁（crème brûlée）的起源在烹饪历史长河中是一个备受争议的话题。这款由布丁制成的表面带有焦糖的传统甜点分别被法国、英国以及西班牙所声称最早是起源于自己的国家。焦糖布丁（也称焦糖炖蛋）这个名字可能源自于在早期时这道甜品的制作方法。现在，在布丁表面的糖通常会用喷枪或者烤炉制作成焦糖，但最原始的制作方法是使用高温烙铁在布丁表面的白糖上烙印，这在大多数情况下可以让布丁变得香脆可口。英国人声称这款甜点在17世纪初期时由剑桥三一学院所研发出来。在英国，他们称之为三一焦糖布丁（根据大学命名）。在大学中至今仍然保留着使用烙铁在学生们的甜点上烙印上校徽这一古老的传统。尽管英国人提出了这种主张，但是缺乏真凭实据来支撑三一学院在何时开始这种制作甜品。另外，西班牙人认为这款甜点是在18世纪时在西班牙的加泰罗尼亚地区创作出来的。西班牙人的叫法是“crema catalane”，它们的不同之处在于这是一款要冷食的甜点，只有焦糖是热的。然而法国人看起来似乎是理所当然的焦糖布丁的发明者（考虑到这款甜点是以法语命名的）。这款甜点的法语名称是从19世纪才开始流行的，尽管在后期才增加了这个法语称呼，但是法国人仍然有充分的证据说明他们是焦糖布丁的创造者。现在已知的最早制作焦糖布丁的食谱出现在1691年著名的法国大厨佛朗索瓦·玛西阿芬（Francois Massialot）所编写的烹饪书籍中。尽管到底是何人发明了这款甜点或许永远都会是不解之谜，但是我们只需要知道焦糖布丁是当今世界上最受欢迎的甜点之一就足够了。

焦糖布丁

学习内容

制做焦糖布丁

制作焦糖

产量

10人份

工具

小雕刻刀，10个180克耐热焗盅或者布丁碟，搅拌盆，搅拌器，细筛，喷灯（选用），烤盘，酱汁锅

配料	
蛋黄	10个
白砂糖	150克
香草豆荚	1根
奶油	700毫升
牛奶	250毫升
红糖	165克

制作方法

1. 将烤箱预热至140℃。
2. 将牛奶倒入酱汁锅内。将香草豆荚用刀刨开，并将香草籽刮到牛奶锅中。将牛奶烧沸，然后迅速地从火上端离开，让香草子在牛奶中浸泡15分钟以释放出风味。
3. 在一个大号搅拌盆内，将蛋黄和白砂糖一起打发直到变得浓稠，颜色也变成浅黄色。将牛奶过滤到蛋黄中，同时要不停地搅打。再将奶油搅拌进去。在耐热焗盅内装入一半高度的混合液体，摆放到烤盘内。将烤盘放入预热好的烤箱内，在烤盘内注入开水，开水的用量是达到焗盅的一半高度。烘烤大约50分钟，如果使用布丁碟，烘烤的时间可以缩短一些。
4. 从烤箱内取出焗盅使其冷却。然后再放入冰箱内冷藏至需用时（最好冷藏一宿）。

用喷火枪制作焦糖

1. 在烤好的布丁表面撒上薄薄一层红糖。
2. 使用喷火枪，将火苗保持在离布丁表面8～10厘米的距离喷火，直到将表面的红糖烤成焦糖并产生气泡。

或在烤箱内烤上焦糖色

1. 打开烤箱上火开关至最大功率。
2. 在烤好的布丁表面撒上薄薄一层红糖。将焗盅放到烤盘上，放入烤箱内最上层的烤架。随时观察不要烤煳，并且要转动烤盘，让焗盅内的红糖上色均匀，之后迅速提供给顾客。

烤焦糖卡士达是一款制作方法与焦糖布丁非常类似的甜品，最主要的区别在于焦糖布丁使用的原材料是蛋黄和奶油，而烤焦糖卡士达使用的是全蛋和牛奶。当然，烤焦糖卡士达的制作方法是将焦糖在加入原材料之前先倒在模具的底部，焦糖在烘烤过程中变成液体，成为卡士达甜品的一部分，当将卡士达从耐热焗盅内取出放到餐盘里时，焦糖就充当了糖浆的角色。

烤焦糖卡士达

学习内容

制作焦糖

烘焙卡士达（卡士达，又称蛋奶羹、蛋奶冻等）

产量

4人份

工具

小雕刻刀，搅拌器，搅拌盆，长柄勺，细过滤器，烤盘，大号耐热焗盅，小号酱汁锅，中号酱汁锅

配料	
焦糖	
白砂糖	75克
水	25毫升
柠檬汁	2～3滴
卡士达	
牛奶	250毫升
香草香精	2毫升
鸡蛋	2个
白砂糖	65克

制作方法

将烤箱预热至170℃。

制作焦糖

将白砂糖、水以及柠檬汁一起放入一个小号酱汁锅内用中火加热，直到液体呈焦糖色。继续用小火加热至焦糖变成深琥珀色时，将酱汁锅从火上端离开，将锅底浸泡到冷水中以防止焦糖进一步上色，在每一个耐热焗盅内都倒入一薄层的焦糖糖浆，放到一边备用。

制作卡士达

1. 将牛奶和香草香精一起在一个中号酱汁锅内用中火加热。
2. 同时，将鸡蛋打入一个大号搅拌盆内，加入白砂糖，用搅拌器搅打至充分混合均匀。在牛奶马上要烧沸时，将其从火上端开，呈细流状倒入鸡蛋液体中，用搅拌器保持不间断地搅打。液体搅拌均匀之后，用细过滤器过滤到一个干净的盆内，将表面的浮沫撇干净。用长柄勺将混合液舀到耐热焗盅内，留出约1.2厘米高的空隙。
3. 将耐热焗盅放到烤盘里，在烤盘里注入没过焗盅2/3高的开水（隔水烘烤）。将烤盘放入烤箱中烘烤至当轻轻晃动烤盘时耐热焗盅内的卡士达表面不再呈波纹状（大约需要烘烤30分钟），并且将刀尖插入卡士达中间拿出时刀尖是干净的。
4. 将烤盘从烤箱中取出，让卡士达焗盅在烤盘内冷却一会。用一块干净的毛巾将焗盅擦拭干净。在将卡士达覆盖上保鲜膜之前，让卡士达先冷却到室温，放入冰箱冷藏到需用时再取出（至少需要冷藏2小时）。
5. 烤焦糖卡士达最好提前一天做好准备，这样可以让焦糖充分溶解成为糖浆。

装盘

用小雕刻刀沿着耐热焗盅内侧边缘刻画一圈使其与焗盅边缘分离开，然后将耐热焗盅翻扣到餐盘里，移除掉焗盅即可。

可丽饼（crêpe）来自于拉丁语crispus，意思是“波浪状或者卷曲状”，这个单词形象地描述出了可丽饼的花边图案形状。可丽饼富含鸡蛋和黄油，制作过程充满传奇色彩和象征意义：在封建社会时期的法国，对于一户农民来说给他的地主奉献可丽饼是表示效忠的一种方式；翻转可丽饼使其夹住一枚硬币被看做是可以给人们带来财运的传统习俗；早上婚礼过后，能够成功地翻转可丽饼意味着一场幸福婚姻的开始。直到今天，在忏悔日吃可丽饼依然是庆祝家庭幸福生活的一种习惯。法国的布列塔尼地区以用荞麦面粉制作可丽饼而闻名于世。

甜可丽饼

制作方法

制作可丽饼面糊

用中火在一个小号酱汁锅中融化黄油，放到一边备用。将面粉过筛到一个大搅拌盆内，在面粉中间做出一个井圈。将白砂糖放入井圈里，再加入鸡蛋。搅拌鸡蛋，逐渐将外围面粉加入鸡蛋中。当搅拌混合一半面粉时，将融化的黄油加入。继续搅拌直到所有的面粉全部搅拌到一起，呈均匀细腻状。将香草豆荚用小雕刻刀沿纵长劈开，刮取香草子，将香草子、柠檬皮以及橙皮加入面粉糊中搅拌均匀。将牛奶呈细流状倒入面糊中，同时用搅拌器不停地搅拌。搅拌均匀之后，盖好搅拌盆中的面糊，放入冰箱内静置至少1小时。

制作可丽饼

在一个小号酱汁锅内用中火将黄油融化，放到一边备用。用中火加热一个直径25厘米的可丽饼锅。用一把毛刷在热锅内刷上一层融化的黄油。将一个长柄勺用量（100毫升）的可丽饼面糊舀到不粘锅底的中间位置，同时转动不粘锅让面糊能够均匀地覆盖住锅底。加热不粘锅直到可丽饼的边缘部分开始变黄并从锅底上翘起。用一把木铲伸到可丽饼的下面将可丽饼翻转过来，将这一面继续加热30秒至1分钟。将制作好的可丽饼从不粘锅内滑落到一个干净、热的餐盘内，并用一块干净的布巾盖好。重复这些制作步骤，将制作好的可丽饼叠放在一起，直到所有的面糊都用完为止。

装盘

在一个不粘锅或者可丽饼锅内融化一些黄油。将可丽饼放到锅内加热并撒上些白砂糖，折叠两次成1/4个圆，摆放在涂刷有黄油的餐盘上。上桌之前要保持温度。

学习内容

制作可丽饼面糊

制作可丽饼面皮

产量

4人份

工具

厨刀，小雕刻刀，四面刨，搅拌器，搅拌盆，面筛，小号酱汁锅，不粘锅，25厘米可丽饼锅

配料

可丽饼面糊	
面粉	125克
白砂糖	20克
鸡蛋	2个
黄油	60克
香草豆荚	1根
柠檬（擦取外皮）	1个
橙子（擦取外皮）	1个
牛奶	250毫升
可丽饼	
黄油	60克
装盘材料	
黄油	100克
白砂糖	50克

纯巧克力蛋糕是一款美味可口、芳香浓郁的甜点，可以单独享用，也可以用来当做其他甜点的馅料或者盛放其他甜点的容器来使用。纯巧克力蛋糕源自于19世纪中期的法国，翻糖的制作是放在隔水加热的保温锅内融化之后完成的，这样的做法可以使其质地变得柔滑而细腻均匀，这对所有的巧克力爱好者来说极具吸引力。起初，翻糖本身是用来作为巧克力甜点中不起眼的原料单独食用的，但是随着时间的推移，随着翻糖的大量使用，在制作纯巧克力蛋糕的过程中成为了第二种主料。

纯巧克力蛋糕

学习内容

制作翻糖
融化巧克力
使用奶油
使用保温锅隔水加热

产量

1个模具的蛋糕

工具

厨刀，保鲜膜或者油纸，搅拌盆，保温锅，搅拌器，胶皮刮刀，陶瓷模具或者方面包模具

配料	
巧克力	150克
黄油	300克
可可粉	180克
蛋黄	8个
白砂糖	250克
浓缩咖啡	100毫升
奶油	500毫升

制作方法

1. 将模具铺上保鲜膜或者油纸，放到冰箱内冷冻备用。
2. 将巧克力与黄油一起在保温锅内隔水融化。融化好之后，用搅拌器搅拌至细腻光滑，取出放到一边备用。
3. 将可可粉过筛。
4. 将蛋黄和白砂糖一起搅拌至呈淡黄色，当抬起搅拌器时液体会呈丝带状滴落下来。将可可粉拌入蛋黄液体中，再将搅拌均匀的蛋黄液体倒入融化的巧克力中。
5. 将蛋黄液体与融化的巧克力一起搅拌均匀，再加入浓缩咖啡搅拌均匀。
6. 将奶油打发至湿性发泡，拌入巧克力混合物中，填入准备好的模具里，将表面涂抹平整。拍打几下模具，排出里面的空气泡。盖好之后放入冰箱内冷冻至少4小时（最好一宿）。

装盘

1. 取出模具并移除覆盖物，将模具在热水中浸泡10秒钟。然后将一个餐盘覆盖在模具上。
2. 将模具和餐盘一起倒扣过来，均匀用力并且轻轻地将模具缓慢抬起，直到成功脱模。移走模具，将厨刀在热水中浸泡一会，拭干并将纯巧克力蛋糕切割成所需要厚度的片状。

注 可以搭配尚蒂伊奶油、浆果果酱或者英式奶油酱（香草口味、开心果口味或者咖啡口味）等一起食用。

沙巴雍（sabayon）是由蛋黄、葡萄酒以及白糖制作而成的一款口感轻盈而奢华的甜点。最初源自于一款被称为"zabaglione"或者"zabaione"的意大利甜点或者饮料。人们普遍认为沙巴雍是在16世纪时由佛罗伦萨梅迪奇家族的大厨们所首创。从那时起，这款甜点开始风靡整个欧洲并极受人们喜爱，并且出现了几个不同的名称。在俄罗斯，这款甜点被赋予一个具有传奇色彩的名称"果戈里大亨（gogul mogul）"，而在法国，到了19世纪才被人们称为"沙巴雍（sabayon）"。要制作出一款拿手的口感轻盈、富含丰富泡沫的沙巴雍的诀窍是将蛋黄彻底搅拌，与尽可能多的空气完全混合均匀。

红果沙巴雍

学习内容

制作沙巴雍

产量

2人份

工具

雕刻刀，搅拌器，大号搅拌盆，小号搅拌盆，勺子，小号耐热焗盘，保温锅

配料	
沙巴雍	
蛋黄	3个
白砂糖	75克
白葡萄酒	75毫升
装饰材料	
红色浆果	250克

制作方法

1. 将浆果洗净并切碎。
2. 摆放到小号耐热焗盘里，放到冰箱内冷藏保存至需要时再取出。

制作沙巴雍

使用搅拌器，在大号搅拌盆内搅拌蛋黄和白砂糖，然后加入白葡萄酒搅拌均匀。将搅拌盆放到用小火加热的保温锅上隔水搅打蛋黄混合物，直到将其打发至富含泡沫，抬起搅拌器时蛋黄液体呈丝带状滴落，并且颜色为浅黄色。

注　为了最大限度地将空气混合到蛋黄液体中，使其体积变大，最重要的是从一开始搅拌时就要使用正确的方式，在隔水加热搅拌的过程中要密切注意不要搅拌得过快。

装盘

1. 将沙巴雍用勺子舀到小号焗盘内的浆果上，放到烤箱中烤到沙巴雍的表面呈金黄色。
2. 迅速上桌。

传统的法式薄饼被称为可丽饼（crêpe），是最经典的法式甜品之一，深受众多人士的推崇和敬慕。人们为了制作出最佳的可丽饼，通常会问到的唯一一个制作步骤或许是如何混合出蓬松而细腻、带有扑鼻芳香味道的舒芙里——人们会真的这么问。据说完美的舒芙里可丽饼给人带来的仿佛是在口中吃到一片白云般轻若无物的感觉。如同传统的可丽饼一样，舒芙里可丽饼也可以呈现出各种不同的口味——橘子味、香蕉味、巧克力味、柠檬味、摩卡味，甚至一些其他开胃可口的西蓝花味和奶酪味等。它的口味种类可以千变万化。舒芙里可丽饼在装盘之后再浇淋上浓郁的英式奶油酱、巧克力酱或者奶酪酱一起佐餐，有人会情不自禁地说出：你仿佛听到了天籁之音。

舒芙里可丽饼

学习内容

制作可丽饼面糊
制作蛋奶酱
制作可丽饼面皮
制作舒芙里

产量

4人份

工具

四面刨，搅拌器，木勺，胶皮刮刀，搅拌盆，可丽饼锅（不粘锅）

制作方法

制作可丽饼面糊

将面粉过筛到一个大搅拌盆内，在面粉中间做出一个井圈。将白砂糖和盐放入到井圈中，加入鸡蛋搅拌开，逐渐将外围面粉加入鸡蛋中。当搅拌混合一半面粉时，将融化的黄油加入进去。继续搅拌直到将所有的面粉全部搅拌到一起，呈均匀细腻状。将香草豆荚用小雕刻刀纵长劈开，将香草子刮取到面粉糊中。加入擦取的橙皮碎搅拌均匀。将牛奶呈细流状倒入面糊中，同时用搅拌器不停地搅拌。搅拌均匀之后，盖好搅拌盆中的面糊，放入到冰箱内静置至少1小时。

制作蛋奶酱

1. 在一个浅边托盘或者一个烤盘上铺上保鲜膜。

2. 将牛奶倒入一个中号酱汁锅内，加入香草香精，用中火加热，加入1/4的白砂糖搅拌至溶化。

3. 同时，将蛋黄放入一个小号搅拌盆内，加入剩余的白砂糖。将白砂糖与蛋黄一起搅拌至完全溶化并且蛋黄颜色变浅。加入面粉或者玉米淀粉搅拌至混合均匀。

4. 将牛奶加热到快要沸腾时，从火上端离开，将1/3量的牛奶倒入蛋黄中。充分搅拌让蛋黄回温，然后将搅拌均匀并回温的蛋黄液体倒回剩余的热牛奶锅中并不停地搅拌。将牛奶锅重新放回火上加热，直到蛋奶酱开始起泡。继续搅拌（确保搅拌器能够搅拌到锅底的每一个角落），搅拌加热1分钟让淀粉完全成熟，蛋奶酱此时会变得非常浓稠。一旦制作好，立刻将蛋奶酱倒入准备好的浅边盘或者烤盘上，用叉子叉住一块冻硬了的黄油在蛋奶酱的表面来回涂抹以形成一层保护膜。

用保鲜膜将蛋奶酱盖好，挤压出其中的空气之后密封。自然冷却到室温。

制作可丽饼

在一个小号酱汁锅内用中火将黄油融化，放到一边备用。用中火加热一个小号不粘锅（可丽饼锅）。用一把毛刷在锅内刷上一层融化的黄油。将一个长柄勺用量（100毫升）的可丽饼面糊舀到不粘锅底的中间位置，同时转动不粘锅让面糊能够均匀地覆盖住锅底。加热不粘锅直到可丽饼的边缘部分开始变黄并从锅底上翘起。用一把木铲伸到可丽饼的下面将可丽饼翻转过来，将这一面继续加热30秒到1分钟。将制作好的可丽饼从不粘锅内滑落到一个干净、热的餐盘内，并用一块干净的布巾盖好。重复这些制作步骤，将制作好的可丽饼叠放在一起，直到所有的面糊都用完为止。

制作舒芙里

搅拌蛋奶酱至细腻而富有弹性，再将君度橙味酒搅入。在一个大搅拌盆内用搅拌器打发蛋清至湿性发泡。用一把胶皮刮刀，将1/3打发好的蛋清小心地折叠搅拌进蛋奶酱中直到大致混合。然后再加入剩余的蛋清并叠拌直到混合均匀。

最后装饰

1. 将可丽饼摊开摆放好，在每一个可丽饼的半边涂抹上一层舒芙里馅料（为0.5～1厘米厚）。将可丽饼轻轻地折叠两次成四层，依次交错摆放在一个涂抹了黄油的耐热餐盘内。撒上橙皮细丝，放入烤箱内烘烤8分钟，注意在烘烤的过程中不要打开烤箱门。
2. 从烤箱内取出可丽饼，撒上糖粉，趁热食用。
3. 舒芙里可丽饼有多种不同的食用方法。可以涂抹上黄油摆放成一排，夹上舒芙里蛋奶酱烤好。还可以涂抹上黄油之后单个摆放在耐热焗盅内，加上其他材料，然后加入舒芙里蛋奶酱烤好后食用。

配料	
可丽饼面糊	
通用面粉	125克
白砂糖	20克
盐	小许
鸡蛋	2个
淡味黄油（融化）	60克
香草豆荚	1根
橙子（擦取橙皮碎）	1个
牛奶	250毫升
蛋奶酱	
牛奶	250毫升
蛋黄	2个
白砂糖	60克
面粉（或者玉米淀粉）	30克
君度橙味酒	20毫升
香草香精	5毫升
装饰材料	
蛋清	2个
淡味黄油（烹调用）	适量
橙子（取橙皮，切成细丝）	1个
糖粉（装饰用）	适量

著名大厨埃斯考菲耶（Escoffier）最初将这款甜品命名为oeufs à la neige（雪花蛋奶），他指的是先将打发好的蛋清做成鸡蛋的形状，然后放入水中或者香草风味的牛奶中煮熟的制作方法。而île flottante（字面意思是漂浮岛，floating island）指的是将煮熟的蛋白摆放到盘内的英式奶油酱上的装盘方式。

蛋白蛋糕

学习内容

制作法式蛋白霜
制作英式奶油酱
制作焦糖
使用裱花袋
打发鸡蛋

产量

4人份

工具

搅拌器，搅拌盆，裱花袋，大号圆口裱花嘴，木勺，冰槽，硅胶模具，面筛，胶皮刮刀，细筛，1个中号酱汁锅，1个小号酱汁锅，1个大号焗盘，烤盘

制作方法

将烤箱预热为150℃。

制作法式蛋白霜

1. 将糖粉过筛到一个搅拌盆内。在另外一个盆内，用搅拌器打发蛋清至湿性发泡。继续搅拌蛋清的同时分次将白砂糖加入，直到蛋清变得浓稠而光滑。继续加入糖粉，用胶皮刮刀翻拌至均匀。

2. 将硅胶模具放到烤盘里。将打发的法式蛋白霜装入带有大号圆口裱花嘴的裱花袋内，将蛋白霜挤到模具中。装满之后用塑料刮板或者抹刀将蛋白霜抹成扁平状。在烤盘内加入足够多的水，以能没过硅胶模具的2/3高度为宜。在模具上覆盖好锡纸，将烤盘放入烤箱内，烘烤至凝固定型（需要30分钟）。将烤盘从烤箱内取出，去掉锡纸。待冷却之后将模具从烤盘内取出。用保鲜膜盖好放入冰箱内保存。再将烤箱预热到175℃备用。

制作装饰物

将杏仁片撒在烤盘内并摊开，放入烤箱内烘烤至呈淡金黄色（需要5～10分钟）。取出放到一边备用。

制作英式奶油酱

1. 将牛奶倒入到中号酱汁锅内，在中火上加热至将要沸腾。取一把小刀，将香草豆荚沿纵长劈开。从两片豆荚上刮取香草子，连同豆荚一起放入牛奶中煮。充分搅拌。

2. 将蛋黄放入搅拌盆内，加入白砂糖，快速将白砂糖搅拌进蛋黄中。继续搅拌至白砂糖完全融化，蛋黄液体颜色变浅。

3. 待牛奶烧热之后，将1/3用量的热牛奶搅拌入正在打发中的蛋黄液体里使其回温。然后继续搅拌至完全混合均匀并且温度一致。

4. 将搅拌均匀回温的蛋黄倒入剩下的热牛奶锅内，用木铲搅拌。将锅重新用小火加热，木铲呈“8”字形搅拌。随着搅拌的进行，在液体的表面会出现浮沫，同时液体开始变得浓稠并且质地如同油脂般，搅拌时有阻力。继续加热直到液体变得浓稠到可以挂在木铲的背面，并且手指划过时痕迹非常清晰。

注 英式奶油酱应在75～85℃温度之间制作。

5. 将锅端离开火。用细筛过滤到一个干净的盆内，盆下面垫一个放着冰块的盆，用木铲来回搅拌直至英式奶油酱凉透。

6. 用保鲜膜将盛放英式奶油酱的盆盖好，放入冰箱内冷藏保存至需用时再取出使用。

配料	
法式蛋白霜	
糖粉	100克
蛋清	100克
白砂糖	100克
英式奶油酱	
牛奶	250毫升
香草豆荚	1根
蛋黄	3个
白砂糖	60克
焦糖	
白砂糖	100克
水	50毫升
装饰材料	
杏仁片（烫熟）	20克

装盘

1. 将圆弧形蛋白霜从硅胶模具上脱模到餐盘内，在每一个餐盘内放入英式奶油酱。将白砂糖和水放入一个小号酱汁锅内用中火烧沸，将糖浆熬煮到颜色开始变成浅焦糖色。将糖浆立刻浇淋到蛋白霜上，然后撒上杏仁片装饰。

2. 迅速提供给顾客，或者冷藏到需用时。

软心巧克力蛋糕配开心果英式奶油酱

软心巧克力蛋糕又称岩浆巧克力蛋糕（或称熔岩巧克力蛋糕，lava cake），能够吃到柔滑圆润的软心巧克力蛋糕是巧克力爱好者们梦寐以求之口福。这款流淌着馅心的巧克力蛋糕中包含有两层巧克力：外层的巧克力蛋糕拥抱着令人陶醉的、如熔岩般的液体巧克力内心。moelleux这个词的意思是“soft（柔软）”，用来形象地描述这款蛋糕温暖的内心世界。最初这款蛋糕的制作方法一直备受争议，直到20世纪80年代到90年代才得到推广。尽管有好多厨师都声称是他们创作出了这款蛋糕，但是软心巧克力蛋糕最早很可能是从相似的蛋糕菜谱中派生而出的。最重要的是要记住，在制作软心巧克力蛋糕的过程中，烘烤的时间一定要短，并且还要认真观察以确保蛋糕中心位置的材料保持在液体状态。

制作方法

制作英式奶油酱

1. 准备一个干净的盆，放在冰槽内的冰块上。
2. 在酱汁锅内加热牛奶和香草香精。将蛋黄和白砂糖一起打发至呈浅黄色，并且抬起搅拌器时蛋黄呈丝带状滴落。
3. 加热到牛奶将要沸腾时，从火上端离开，将一部分牛奶倒入蛋黄液体中使其回温，同时不停地搅拌。用木铲将回温并搅拌均匀的蛋黄液体加入剩余的热牛奶锅中搅拌均匀，放回火上用微火加热。
4. 用木铲呈“8”字形搅拌牛奶液体，用小火加热至牛奶液体表面消泡时，浓度达到可以挂在木铲背面，并且手指在木铲背面的蛋奶酱上刻划过之后划痕不会消失的程度。注意在加热过程中不要让英式奶油酱煮沸腾。制作好之后立刻过滤到一个干净的盆内。
5. 不时地搅拌几下，直至英式奶油酱冷却。
6. 制作开心果奶油：用部分冷却之后的英式奶油酱稀释开心果果酱，然后将稀释后的果酱加入蛋奶酱中搅拌均匀。使用之前要一直冷藏保存。

制作软心巧克力蛋糕

1. 将烤箱温度预热到160℃。
2. 在模具内侧涂抹上黄油，将剪成长条形的油纸贴在模具内侧的黄油上，油纸要超出模具的高度2.5厘米。将模具摆放到烤盘内。
3. 将面粉过筛备用。
4. 将巧克力和黄油一起在保温锅内隔水融化，搅拌至细腻光滑，放到一边备用。将鸡蛋和白砂糖一起搅打至体积增大到至少两倍，抬起搅拌器时，蛋液表面会留下明显的搅拌痕迹。将部分蛋液加入巧克力混合液中，轻轻搅拌均匀。再加入剩余的蛋液折叠搅拌，快要折叠搅拌好时，加入过筛的面粉混合，将混合均匀的面糊分装到准备好的模具中，立即放入到烤箱中烘烤大约12分钟。

装盘

将开心果奶油舀到餐盘内，软心巧克力蛋糕烤好之后，从烤箱内取出，除掉油纸，将蛋糕摆放到餐盘内，立刻趁热上桌提供给顾客。

学习内容

制作英式奶油酱
制作开心果奶油
融化巧克力
制作热食甜品

产量

可以制作出4个250克的软心巧克力蛋糕

工具

厨刀，4个直径7.5厘米的慕斯圈模具，油纸，面筛，搅拌器，木铲和胶皮刮刀，搅拌盆，烤盘，酱汁锅，保温锅

配料

配料	
英式奶油酱	
牛奶	250毫升
香草香精	1～2滴
蛋黄	3个
白砂糖	60克
开心果果酱	20克
软心巧克力蛋糕	
面粉	40克
黑巧克力	125克
黄油	125克
鸡蛋	3个
白砂糖	125克

“mousse ”这个单词翻译成英文有“泡沫”和植物的“苔藓”两层意思。这个意思上的小歧义让食品历史学家们感觉到非常地郁闷。慕斯是以制作时所使用的植物来命名的吗？毕竟，苔藓生长在有光通风而潮湿的地方，这些地方大多有霉菌生长。又或者是以其中所含丰富的泡沫或者是泡沫状的质地来命名的？看起来后者似乎是更贴近于本意，当然也有证据指向苔藓这层意思。直到这个谜团真正揭开那一天，食品历史学家们都必须一直忍受着这个始终折磨着他们的烦恼。

巧克力慕斯

制作方法

制作巧克力慕斯基本材料

1. 在用小火加热的保温锅上隔水融化巧克力。待巧克力完全融化之后，从热水中端出，用胶皮刮刀将黄油与巧克力搅拌均匀，再加入蛋黄搅拌均匀。
2. 将蛋清打发至湿性发泡，继续搅打蛋清的同时，分次加入白砂糖直至将蛋清搅打至细腻而光滑。
3. 当巧克力混合液温度降至体温时，将1/3打发好的蛋清用胶皮刮刀折叠搅拌进巧克力液体中。之后再将剩余的2/3打发好的蛋清折叠搅拌进去直至混合均匀。

混合巧克力慕斯

1. 将奶油和糖粉一起打发至湿性发泡，折叠搅拌进混合液中。
2. 将混合均匀的慕斯材料分装到慕斯模具中，放入冰箱内冷藏至少1小时，至慕斯凝固。

装盘

根据需要可以在巧克力慕斯上撒些可可粉进行装饰，并用巧克力饰物进行点缀。

学习内容

制作慕斯
融化巧克力
打发蛋清
混合各种制作慕斯的材料

产量

6人份

工具

保温锅，胶皮刮刀，搅拌盆，搅拌器

配料

基本材料	
半甜巧克力	250克
黄油	100克
蛋黄	4个
蛋清	6个
白砂糖	45克
混合巧克力慕斯	
奶油	100毫升
糖粉	15克
装饰材料	
可可粉	适量
巧克力饰物	适量

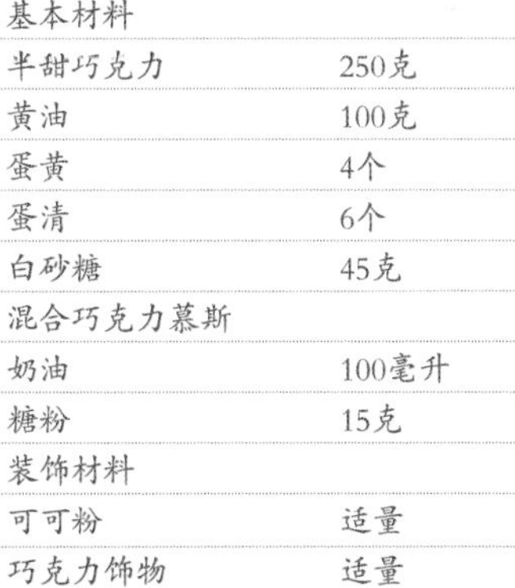

传统的牛轧糖味道特别香浓，是圣诞节期间的传统美食，而冻牛轧糖口味则清淡而蓬松，非常适合在炎热的夏天食用。牛轧糖制作方法非常简单，结合了蜂蜜、蛋清、水果和坚果的口味。这种糖果自古以来就种类繁多，古罗马人甚至将其用于宗教仪式上。nougat（牛轧糖）这个单词源自于法国的普罗旺斯地区。到17世纪时，这种糖果的现代制作方式才开始盛行起来。法国人不仅开发并推广这款甜点，并且最近重新将牛轧糖从味道浓郁的小吃摇身一变成为高级法国烹饪中的冻牛轧糖。作为一款制作精致而美味的甜点，你现今仍然可以在豪华的法国餐馆内品尝到。

冻牛轧糖

制作方法

制作牛轧糖

1. 准备一盆冷水，一个干净的毛刷，在烤盘上涂抹薄薄的一层油备用。
2. 将葡萄糖浆和白砂糖一起放入一个厚底酱汁锅中。用手勺搅拌均匀，放到大火上加热。烧沸之后继续加热，用蘸水的毛刷将锅边上的糖浆刷除。继续加热至白砂糖全部溶化，糖浆开始变成焦糖色。当加热至糖浆开始变成金黄的琥珀色时，将酱汁锅从火上端离开，并立即将杏仁倒入锅中搅拌均匀。将牛轧糖倒入准备好的烤盘上凉透。凉透之后将牛轧糖压碎待用。
3. 在模具中铺设好保鲜膜或者油纸，冷冻备用。

制作意式蛋白霜

1. 将蜂蜜放入一个小号厚底酱汁锅内，烧沸并将其熬煮到软球程度（115℃）。在熬煮蜂蜜的过程中，将蛋清打发至湿性发泡，将达到温度的蜂蜜缓慢地倒入正在打发的蛋清中，注意不要将蜂蜜浇淋到搅拌器的钢丝上。待蜂蜜完全倒入之后，还要不停地继续搅拌直至蛋清液体冷却下来。放到一边备用。
2. 将奶油打发至湿性发泡。
3. 将压碎的牛轧糖、各种坚果、樱桃果脯以及葡萄干加入打发好的意式蛋白霜中搅拌均匀，再将奶油折叠搅拌进去。
4. 将搅拌均匀的混合物装入准备好的模具中。将表面抹平，轻轻拍打模具，以消除里面的空气泡。将模具放入冷冻冰箱内冷冻至少4小时使其能够凝固。

制作覆盆子果酱

将覆盆子和糖粉放入搅拌器内搅打成果酱，过滤，将果肉从过滤网中挤压出去。冷冻至需要时再取出。

装盘

1. 将模具在热水中浸泡5～10秒。然后反扣在一个餐盘内，轻轻地提起并取走模具，让冻牛轧糖脱模。用一把浸过热水的刀将其切成厚片。
2. 搭配覆盆子果酱一起食用。

学习内容

制作牛轧糖
打发奶油
制作意式蛋白霜
制作覆盆子果酱
熬煮蜂蜜

产量

1个800克的长条牛轧糖

工具

厨刀，保鲜膜或者油纸，搅拌盆，毛刷，木勺，电动搅拌器，胶皮刮刀，面筛，高温温度计（可选），厚底酱汁锅，小号厚底酱汁锅

配料

配料	
牛轧糖	
葡萄糖浆	80毫升
白砂糖	80克
杏仁片	100克
意式蛋白霜	
白砂糖	30克
蜂蜜	75克
蛋清	45克
开心果（切碎）	20克
核桃仁（切碎）	45克
樱桃果脯（切碎）	30克
葡萄干	30克
奶油	360毫升
覆盆子果酱	
覆盆子	200克
糖粉	20克

现在我们所食用的巴菲是一款盛装在一个细高挑的玻璃杯内的多层冰淇淋，表面带有许多的装饰材料。而这里讲述的冻咖啡巴菲是一款忠实于原汁原味的巴菲。将咖啡用于冷冻甜点的制作中始于19世纪中期，而早期的巴菲是使用精美的模具制作的用来在晚宴中压轴的菜品。这款令人神清气爽的甜点的美味蕴藏在了"parfait"这个名字的内涵之中，其在法语中的意思是"perfect（完美无缺）"。

冻咖啡巴菲

学习内容
制作咖啡糖浆糊
制作蛋白霜
打发奶油
熬煮糖浆
制作冷冻甜点

产量
6～8人份

工具
厨刀，搅拌盆，毛刷，搅拌器，胶皮刮刀，裱花袋，中号星状裱花嘴，一个750克模具，酱汁锅

配料	
蛋黄	6个
白砂糖	250克
水	80毫升
速溶咖啡	15毫升
重奶油（第一份）	300毫升
重奶油（第二份）	150毫升
咖啡豆形巧克力	适量
可可粉	适量

制作方法

制作咖啡糖浆糊

1. 用保鲜膜覆盖好一个750克的模具。
2. 准备一盆冷水和一个干净的毛刷。
3. 冷冻两个盆备用。
4. 将蛋黄放入一个盆内备用。
5. 将白砂糖和水放入一个酱汁锅内烧沸，用蘸过水的毛刷将粘在锅边上的糖浆刷除，继续加热糖浆至软球程度（115℃）。将酱汁锅从火上端离开，呈细流状边倒入边打发到蛋黄中，注意要顺着盆边缘倒入，而不要倒在搅拌器的钢丝上。
6. 待糖浆完全搅拌均匀之后，将速溶咖啡也搅拌进去并且一直搅拌冷却至室温。

打发奶油

1. 将重奶油（第一份300毫升）放到冷冻过的盆内，打发至湿性发泡。
2. 将打发好的奶油叠拌进搅打好的咖啡糖浆中。用保鲜膜盖好放入冰箱内冷冻至少4小时至凝固（最好冷冻一宿）。
3. 将另一个冷冻的盆取出，将第二份重奶油（150毫升）倒入盆内。将奶油打发至中性发泡，立即装入带有星状裱花嘴的裱花袋内。

装盘

1. 将模具在热水中浸泡几秒钟以脱模。反扣在一个冷冻过的餐盘内，轻轻地提起铺设在模具里的保鲜膜以脱模。揭除保鲜膜并移走模具。
2. 在咖啡巴菲上挤出奶油进行装饰，摆上咖啡豆形巧克力，在巧克力咖啡豆上撒上可可粉。立刻上桌提供给顾客。

在法语中没有“custard”这个词汇，他们只是简单地将这一类美味甜点当做“crème”。custard（可以译作：卡士达、蛋奶糊、奶油冻、奶油蛋羹等）的制作历史可以追溯到中世纪时期，那时候主要用来作为塔类或者馅饼类的馅料使用。第一款蛋奶盅是香草风味的，随着时间的推移，出现了各种不同的风味，例如巧克力风味和水果风味。有一件事是确凿无疑的，这道甜点已经经受住了时间的考验，并且在将来还会持续受到人们的喜爱。

巧克力蛋奶盅

学习内容

制作蛋奶糊

打发鸡蛋

产量

可以制作出6个150克的蛋奶盅

工具

小雕刻刀，6个150克容量的耐热焗盅，木铲，搅拌器，搅拌盆，面筛，纸巾，酱汁锅，烤盘

配料	
牛奶	420毫升
黑巧克力（切碎）	100克
蛋黄	4个
白砂糖	80克
香草豆荚	1根

制作方法

将烤箱预热至160℃。

准备好烤盘

1. 在烤盘内铺好湿润的纸巾，将6个耐热焗盅均匀地在其上摆好。
2. 将切碎的巧克力放到盆内，将牛奶倒入酱汁锅内用中火加热。沿纵长劈开香草豆荚，刮取香草子加入牛奶中，待牛奶快要烧沸时，立即从火上端离开倒入巧克力盆内。让热牛奶浸泡并软化巧克力20～30分钟，然后一起搅拌均匀。
3. 将蛋黄和白砂糖一起打发至颜色变浅并且抬起搅拌器时鸡蛋液体表面有纹路出现。将部分热巧克力牛奶加入鸡蛋液体中使其回温，并且充分地搅拌均匀。然后将剩余的巧克力牛奶加入鸡蛋液体中搅拌均匀并过滤。
4. 将搅拌好的混合物均匀地分装到烤盘内的6个耐热焗盅里，将烤盘放入预热好的烤箱内，在烤盘里加入没过耐热焗盅一半高度的热水。烘烤至凝固，或者将小刀插入耐热焗盅中间拔出时刀尖是干净的。需要烘烤30分钟。
5. 将烤盘小心地从烤箱内取出。端出耐热焗盅使其晾凉。在凉透之后上桌服务之前，要先放入冰箱内冷藏一宿以定型。

煮是一种最基础的烹调技法，在烹饪中使用的历史有数千年之久。在古罗马烹饪书籍*Apicius*里就有一些食谱中使用了煮的技法。在这些食谱中有几道是制作甜品的，例如Aliter Patina Versatilis是一道有关坚果馅饼一类的食谱。直到1490年塔耶旺（Taillevent）出版了他的创意无限的食谱*Le Viandier*一书之前，煮的烹调技法一直没有被大量使用。在塔耶旺编写的这本烹饪书籍中包含了一些煮的烹调方法和技巧。从那时起，几个世纪以来煮的烹调技法在法国烹饪中得到了普及使用，就如同现在鸡蛋通常会在水和醋中煮熟，鱼通常会用白葡萄酒来煮熟，禽类通常会用高汤来煮熟，水果会用红酒煮熟一样。

红酒煮梨

学习内容
煮水果
制作甜品酱汁

产量
4人份

工具
小雕刻刀，削皮刀，厨用剪刀，勺子，油纸，汤锅，小号酱汁锅

配料

梨	4个
西梅（去核）	8个
葡萄酒糖浆	
红葡萄酒	500毫升
白砂糖	140克
香草香精	4毫升
桂皮	2块
装饰材料	
红醋栗（红加仑）冻	60克
鲜薄荷叶	8个

制作方法

红酒煮梨

1. 在一个深锅或者汤锅中，将红酒、白砂糖、香草香精和桂皮一起烧沸，继续加热至白砂糖完全溶化。将梨削皮但要保留梨把，用刀尖剜除梨底部的黑块。

2. 将梨放入汤锅中的红酒液体里，加入西梅，用油纸盖住汤锅，用小火缓慢炖煮至用小雕刻刀可以轻易地插入梨中间。

3. 将汤锅从火上端离开，让梨在红酒糖浆中浸泡冷却到室温，然后连同红酒糖浆一起冷藏保存（最好能够冷藏一宿）。

装盘

1. 舀取2汤勺的红酒糖浆，连同红醋栗冻一起倒入一个小号酱汁锅内用中火加热。将其熬煮到糖浆般的浓度为止。

2. 将梨捞出控净糖浆，连同西梅一起放到一个冷冻过的餐盘内或者浅盘内。要想让梨竖起站稳，可以将底部削平。在餐盘内淋撒上红醋栗酱汁并用鲜薄荷叶进行装饰。

舒芙里（Soufflé，也称为蛋奶酥）翻译过来的意思是“吹起泡（blow）”——一个非常形象的名字，用来描绘蛋奶糊和打发好的蛋清混合在一起，当在烘烤过程中膨发起来的样子。舒芙里是在18世纪后期在法国开始流行起来的，舒芙里首次在餐馆中震撼露面是在巴黎的La Grande Tavernede Londres餐厅。多年之后，制作出完美的舒芙里的技法已经完全被人们所掌握，绝大多数人都会说是因为打发好了蛋清。舒芙里之所以会由细腻的空气泡膨发起来是因为折叠搅拌进蛋奶糊中的蛋白霜的缘故。今天这款轻柔而富含气孔的菜品可以用来作为咸点或者甜点来食用。但是不管如何这都是一道美味可口的菜品，在出炉之后要立刻提供上桌——在短短的10分钟之后，膨发好的舒芙里就会开始塌陷。

舒芙里配覆盆子酱

学习内容

制作舒芙里
制作蛋奶酱
制作蛋白霜

产量

8人份

工具

搅拌器，大号塑料刮板，搅拌盆，裱花袋，大号圆口裱花嘴，酱汁锅，8个舒芙里焗盅（模具）

配料

配料	
黄油	适量
白砂糖	适量
覆盆子酱	
覆盆子果肉	300克
糖粉	30克
覆盆子利口酒	15毫升
蛋奶酱	
牛奶	250毫升
白砂糖	45克
蛋黄	2个
面粉	25克
法式蛋白霜	
白砂糖	20克
蛋清	3个
糖粉	适量

制作方法

将烤箱预热至200℃。

制作覆盆子酱

在每个焗盅内涂抹上黄油，并撒上白砂糖备用。将覆盆子果肉、糖粉和覆盆子利口酒一起搅拌均匀之后冷藏备用。

制作蛋奶酱

1. 制作蛋黄牛奶糊：将牛奶倒入一个中号酱汁锅内用中火加热。将1/4的白砂糖加入其中，搅拌至糖完全溶化。
2. 与此同时，将蛋黄放入一个小号搅拌盆内，加入剩余的白砂糖，搅打至白砂糖被蛋黄完全吸收，蛋黄颜色变浅。
3. 将面粉加入蛋黄中搅拌至混合均匀。当牛奶快要沸腾时，将锅从火上端离开，将其1/3的量倒入蛋黄中，搅拌均匀使其回温，然后将搅拌均匀的蛋黄牛奶糊搅拌进剩下的热牛奶中。让其自然冷却，不要放入到冰箱里冷藏冷却。

制作蛋白霜

1. 在另外一个搅拌盆内加入3/4的白砂糖和蛋清一起打发至湿性发泡。
2. 将打发好的蛋清轻缓地折叠搅拌进微温的蛋奶酱中，尽量不要让蛋清消泡。
3. 将搅拌均匀的混合物装入带有一个大号圆口裱花嘴的裱花袋内，均匀地挤到涂抹过黄油并沾有白砂糖的焗盅内，一直挤满到边沿为止。
4. 用拇指沿着焗盅的边缘内侧轻轻地划过，让面糊与焗盅的边缘有一个凹槽出现。这个凹槽有助于舒芙里是朝上方膨发起来而不是朝向四周膨发。
5. 将舒芙里焗盅放入预热好了的烤箱内烘烤。两分钟之后将炉温降至185℃，继续烘烤至舒芙里膨发至1/3焗盅的高度并且表面呈金黄色。
6. 从烤箱内取出舒芙里。在每一个舒芙里中间添加上一茶匙（5毫升）的覆盆子酱。在舒芙里上撒上薄薄的一层糖粉，迅速提供上桌。

几个世纪以来，舒芙里一直是法国现代烹饪艺术中的代表作。传统的舒芙里，可以翻译成“膨发（puffed up）”，指的是这道精美可口的甜品在烘烤的过程中在烤盘内膨发起来的过程。这道冻舒芙里不需要烘烤，之所以也称舒芙里是因为在焗盅上加装了一条密封的颈圈，可以让厨师在焗盅内添加更多的材料。当这道甜品经过冷冻之后，会将密封的那一圈油纸除掉，甜品看起来就像在焗盅里“膨发”起来一样。

冻红果舒芙里

学习内容

制作冷冻舒芙里
制作意式蛋白霜
打发奶油
熬制糖浆

产量

6人份

工具

抹刀，小雕刻刀，厨用剪刀，6个耐热焗盅，搅拌盆，勺子，毛刷，搅拌器，胶皮刮刀，油纸，透明胶带，裱花袋和裱花嘴，小号酱汁锅

配料

配料	
蛋清	120毫升
白砂糖	250克
水	60毫升
覆盆子或者草莓果泥	300克
奶油（第一份）	400毫升
奶油（第二份）	200毫升
糖粉	30克
新鲜水果	适量
新鲜薄荷	适量

制作方法

准备焗盅

在油纸上切割出一个长条形，高度大约要比焗盅高出5厘米。在每一个焗盅上分别包裹好一个油纸条，用胶带粘牢固。

制作意式蛋白霜

1. 准备一小碗冷水、一把勺子和一个毛刷。
2. 将白砂糖和水加入一个小号酱汁锅内用大火烧沸，烧沸之后撇净表面的浮沫，并用蘸过冷水的毛刷将锅壁上的糖浆刷除。当糖浆变得清澈之后，继续熬煮到软球阶段（115℃）。
3. 在熬制糖浆的过程中，将蛋清打发。
4. 当糖浆熬煮好之后，将锅从火上端离开，将热糖浆呈细流状不间断地倒入正在打发的蛋清中，同时不停地搅打蛋清，注意要将糖浆顺着盆边倒入而不要倒在搅拌器的钢丝上。将糖浆全部搅拌进去之后，继续搅拌至蛋清冷却下来。

装入焗盅

1. 将果泥放到盆内，并拌入意式蛋白霜。
2. 将第二份奶油与糖粉一起打发至湿性发泡，也拌入意式蛋白霜混合物中。
3. 将步骤2分装到准备好的焗盅内，高度与粘好的油纸一致，拍打焗盅以排出空气，用抹刀将表面抹平。
4. 放入冰箱内冷冻至少2小时。

装盘

1. 将焗盅从冰箱内取出，揭除油纸圈。将第一份奶油与糖粉一起打发至湿性发泡。
2. 将打发好的奶油装入带有裱花嘴的裱花袋内，挤到冷冻好的舒芙里表面上。用新鲜水果和薄荷叶装饰。

面 包 类

布里欧面包
Brioche Bread

黄桃丹麦面包和风车丹麦面包
Danishes and Pinwheels

乡村面包
Country Bread

全麦面包
Whole Wheat Bread

牛角面包、葡萄干牛角面包和巧克力牛角面包
Croissants，Raisin Croissants and Chocolate Croissants

香料面包
Spice Bread

白面包
White Loaf Bread

黑麦面包
Rye Bread

珍珠糖面包
Pain Au Sucre

在法国大革命期间（1789–1799），面对着深陷在大饥饿困境中的巴黎人民，玛丽·安托瓦内特（法王路易十六的王后）说出了一句嚣张跋扈的话“让他们吃蛋糕吧”。后来这句话经常被人们当作反面教材。但是，实际上，王后当时并没有说“让他们吃蛋糕吧”这句话，她说的是“让他们吃布里欧面包吧”。这样的一句话会让这位法国末代王后的形象略微好转一些。一个不带有馅料的普普通通的布里欧面包在当时被认为仅仅是添加了黄油和鸡蛋的一个面包而已。当王后说出这句话的时候，并不意味着她有多么地咄咄逼人，只不过是应该再给历史学家们一段停下来反思这段历史的时间。

布里欧面包

学习内容

制作布里欧面包面团

揉制面团

制作布里欧面包的造型

产量

可以制作出6个小布里欧面包，1个大布里欧面包，1个辫子布里欧面包

工具

厨刀，搅拌盆，塑料刮板，搅拌器，面筛，小号酱汁锅，烤盘

制作方法

将烤箱预热到205℃。

制作布里欧面包面团

1. 在一个小号酱汁锅内用小火加热牛奶到温热。将酱汁锅从火上端离开，放入酵母搅拌均匀，放到一边备用。

2. 在一个盆内用搅拌器将鸡蛋和白砂糖搅拌均匀。将面粉过筛到干净的工作台面上，加入盐，使用塑料刮板在面粉中间做出一个大的井圈。将牛奶和酵母的混合液及鸡蛋和白砂糖的混合液一起倒入井圈中。用手指将井圈中的所有材料混合到一起，同时用塑料刮板将四周的面粉每一次都少量地添加到中间中去，继续重复操作上述过程，直到将面粉和液体一起和成糊状的面团。将所有的材料混合，用手掌揉搓成面团。

3. 使用手掌使劲揉搓面团。此时面团应该足够柔软，能够粘在工作台面上。如果没有粘住，可再揉进去一些牛奶，每次加入一勺的量，直至面团的软硬度适宜为止。

4. 反复折叠并反复揉制面团，直至面团呈现出弹性并且不再粘在工作台面上为止。

5. 将切成小颗粒并在常温下软化的黄油按压到面团中，然后伸拉面团包裹住黄油。反复揉搓面团，直到黄油全部被面团吸收。在工作台面上反复摔打面团并折叠好，然后继续摔打。这样做是为了将面团中的面筋摔打出来。

6. 将面团卷起揉成一个圆团形状，撒上些面粉，放到一个干净的盆内。用湿布

盖好，放到温暖处或者醒发箱内醒发至体积增至两倍大。

7. 将醒发好的面团放到撒有一薄层面粉的工作台面上，挤压出面团中的空气。将面团重新卷起揉成一个圆团形，再撒上些面粉，重新放回到盆内进行二次醒发。也可以放入冰箱内醒发一宿，或者放入温暖处或者醒发箱内进行快速醒发。

8. 在布里欧模具内涂抹上黄油，将醒发好的面团分割成三份。

制作小布里欧面包

1. 在工作台面上撒上些面粉，将分割好的一块面团放在工作台面上，用手掌轻压，将面团塑成一个长方形。将上部面团的1/3朝向面团中间位置折叠过来，用手掌根部挤压缝隙处使其密封。旋转面团重复此操作，将上部面团的1/3再进行折叠，并用手掌根部挤压面团缝隙处使其密封。

2. 滚动面团使其成为一个均匀的圆柱形，粗细大约为直径5厘米，将面团从中间弯曲下来，使其两端接触在一起。用刀在面团中间做出一个刻痕，将面团再重新揉成圆柱形。在中间刻痕处将面团切割成两半，然后将这两块面团切割成大小均等的块状（每一块重量为50克）。

3. 将分割好的面团分别沾上些面粉，揉成圆形，再用手掌呈圆圈形揉搓，将面团揉搓成光滑而密实的圆球形。将所有的面团都揉搓成圆球形以后，来回滚动将它们塑成椭圆形。将一只手掌的边缘部位沾上些面粉，放在椭圆形面团上，在1/3处用轻缓的动作下压，下压并来回滚动将面团塑成保龄球的形状，在制作过程中，要使用另外一只手帮助压住面团长边处使其稳定住。继续这个操作过程直到将面团揉搓成为一个清晰的“保龄球颈部”的形状。再重复以上操作步骤，直到将所有的椭圆形面团都制作成保龄球的形状。

4. 将大拇指、食指和中指沾上些面粉，从“颈部”捏起面团，大头朝下将面团放入涂抹过黄油的模具中，并用手指将面团下压到模具的底部位置（此时手指仍然是捏在“颈部”的位置上）。轻轻放手并慢慢松开手指，此时面团的造型是一个小的圆球形面团坐落在一个大的圆球上面。将食指再沾上些面粉按压这两个面团“头部”和“身体”之间的缝隙，小心地抬起手指并重复此操作步骤，再围绕着“头部”按压一遍。

5. 按照以上制作步骤完成所有布里欧面包的制作。

6. 将制作好的布里欧面包放入温暖处或者醒发箱内醒发至体积增至两倍大。

制作大布里欧面包

1. 在工作台面上撒上些面粉，将一块面团放到工作台面上，切割下1/4分量的面团放到一边备用。

2. 用手掌，将切割后剩余的3/4面团按压成一个扁圆形，将边缘部分朝中心处折叠并用手掌根部按压密实。重复此动作，每按压一次就转动一下面团，直到将面团按压成一个小的“圆形”，将面团翻扣过来，手掌成凹形放到面团上，面团放在掌心中，在工作台面上呈圆周形动作揉面，直到将面团揉搓成一个光滑、饱满的球形。

3. 用手指或者擀面杖的一端在揉好的球形面团中间按压出一个深坑，将面团放到一个大号的布里欧面包模具中。

4. 将预留的那块1/4分量的面团揉成一个球形。同样用呈凹形的手掌扣住它，以圆周形揉面动作在工作台面上将其揉成光滑而饱满的球形。来回揉搓球形面团的上端，将面团揉搓成梨形。在手指头沾上些面粉，拿起梨形面团（大头朝上），将梨形面团嵌入大块面团中间的深坑里，朝下使劲按压，直到手指能够触碰到模具的底部。慢慢地抬起手指，将食指沾上面粉，按压两块面团“头部”和“身体”之间的缝隙处，按压一圈将接缝处压密实。将布里欧面包放在温暖处或者醒发箱内发酵至体积增至两倍大。

制作辫子布里欧面包

1. 在工作台面上略撒上些面粉。将一块面团放置到台面上，将面团分成均等的三块。用手掌将其中的一块面团轻轻按压成方块形。将其一端的1/3处朝上折叠过来盖住下面部分，用手掌根部将接缝处按压密实。将面团反方向转动，重复刚才的动作，将另一端的1/3面团也折叠过来并用手掌的根部将接缝处按压密实。
2. 将面团卷起揉搓成为一个均匀的圆柱形长条，直径大约为2.5厘米。将其余的两块面团也如此操作。将制作好的三块圆柱形长条面团摆到一起，并整理成相同的长度，一端粘连到一起。
3. 制作辫子布里欧面包：将中间的长条面团抬起摆放到右侧面团外侧。将现在处于中间位置的长条面团抬起摆放到左侧面团的外侧。继续操作，总是将中间的长条面团抬起摆放到右侧面团的外侧，再将中间的长条面团抬起摆放到左侧面团的外侧。继续重复这些交替的操作步骤，直到将长条面团全部编制完成。
4. 将末端的面团捏紧折叠到编制好的辫子面团的下方，摆放到一个干净的烤盘上。放到温暖处或者醒发箱内醒发至体积增至两倍大。

烘焙

1. 在布里欧面包上刷上蛋液，摆放到烤盘上，放入预热的烤箱内烘烤。当布里欧面包开始上色时，将烤箱温度降到190℃，继续烘烤至呈金黄色。
2. 待布里欧烤好之后，从烤箱内取出，将模具翻扣，冷却布里欧面包。

配料	
牛奶	125毫升
鲜酵母	15克
鸡蛋	4个
白砂糖	30克
面粉（过筛）	500克
盐	10克
黄油（常温）	250克
鸡蛋（打成蛋液)	1个

丹麦面包是一款可以使用各种不同的馅料制作而成的香味浓郁的面包，但最常见的馅料还是奶酪或者水果。丹麦面包来自于哪里是显而易见的，但是其中有更多的故事远远不是我们表面上所看到的那么简单。丹麦面包起源于丹麦，但是具有讽刺意味的是它实际上不是由丹麦人首先创作出来的。1850年，丹麦糖果商、面包烘焙师、巧克力制造商协会开始了旷日持久的大罢工。面包店和糕点店主们不得不雇佣外国工人以替代那些参加罢工的丹麦面包师并且主要是从维也纳雇佣奥地利面包师。这些维也纳的面包师们开始在店内制作在他们家乡流行的面包品种，包括一种叫做“plundergebäck”的面包，当丹麦面包师们结束了罢工返回来工作之后，他们继续烘焙这些具有维也纳特色的面包，并且在这些奥地利面包师的食谱配方中还添加上了他们自己的材料。这是改编版的“plundergebäck”面包，就成为了风靡全球的“丹麦面包”，说来也奇怪，在丹麦国内，丹麦人实际上称丹麦面包wienerbrød，翻译成英语就是“维也纳面包（Viennese bread）”的意思。

黄桃丹麦面包和风车丹麦面包

学习内容

制作丹麦面包面团

制作蛋奶酱

产量

制作出1.7千克的面团，或者8个风车丹麦面包或者黄桃丹麦面包

工具

抹刀或者雕刻刀，搅拌盆，木铲，擀面杖，毛刷，油纸，餐叉，烤盘，烤架

制作方法

制作丹麦面包面团

1. 将温水（不超过32℃）和酵母放入一个盆内，搅拌至酵母完全溶化，没有颗粒出现。再加入1/2量的白砂糖和1～2勺面粉搅拌均匀，形成一个薄稀糊状的液体，放到一边醒发大约15分钟。

2. 在另外一个盆内，将牛奶、剩余的白砂糖、鸡蛋、橙皮和柠檬皮、香草香精以及小豆蔻粉一起搅拌混合均匀。

3. 将面包粉倒入一个大盆内，在中间做出一个井圈。加入盐，将搅拌均匀的鸡蛋混合液倒入其中，再将酵母水也一并倒入。用手指搅拌这些液体材料以便让盐溶化，再逐步将外围的面粉加入其中并持续搅拌。继续搅拌直至将面粉全部吸收成为一个柔软的面团状。将盆内四周的面粉都揉搓干净。密封盖好面团并放到一边直到醒发到体积增至两倍大，需要1.5~2小时。

4. 将黄油夹入到两片油纸中间，用擀面杖反复敲打。一旦敲打至黄油表面平整，就将黄油折叠起来，重复几次这个过程，直至黄油变得有韧性和伸展性并且成为一个整体。放到冰箱内冷藏备用。

5. 待面团醒发好之后，在撒有面粉的工作台面上揉压几下并翻转过来，继续醒发10～15分钟。然后擀开成一个厚度为3～4毫米的长方形。

6. 将黄油也擀开成一个长方形，宽度与擀开的面团基本一致，但是长度大约为面团的2/3。将擀好的黄油放置到长方形面团上的2/3处，黄油的边缘部分要露出一些擀开的面团。将黄油底部露出的1/3面团朝上折叠覆盖过黄油的下部，按压好。将顶部露在外面的1/3的面团朝下折叠盖过黄油和底部折叠过来的面团，将面团边缘部分捏紧以密封好黄油。将包好黄油的面团放到左手边，这样密封的缝隙

会朝向你身体的右侧。

7. 将包封好黄油的面团擀开成厚度大约为0.5厘米的长方形。将面团对折再铺展开。将底部面团朝上折叠，与中间位置刚才对折之后留下的折痕对齐。然后将上部面团朝下折叠也与此折痕对齐，两块面团之间略微留出些空隙，再将上部折叠好的面团从折痕处折叠处盖住下部的面团。转动面团，让折叠之后的缝隙处朝向身体的右侧。再次将面团如同第一次一样地擀开成为一个长方形。如同上述一样折叠三次，用毛刷刷掉面团上多余的面粉。用保鲜膜包好，放到冰箱内冷藏松弛大约20分钟。

8. 将面团从冰箱内取出放到工作台面上，缝隙处还是朝向身体的右侧。擀开面团成为一个长方形，将底部1/3朝上折叠过来，如此将上部1/3也朝上折叠过来，要确保面团的边缘部分要擀得整齐，折叠之后没有留下缝隙，将面团擀平整，转到左侧，以便让折叠的缝隙朝向右侧。

9. 将折叠好的丹麦面包面团再次包好，在使用之前放入冰箱内冷藏松弛，最好能够冷藏一宿。

制作风车丹麦面包

将烤箱预热到205℃。

1. 将丹麦面包面团擀成一个长方形，大约20厘米高，81厘米宽，0.5厘米厚。

2. 将长方形面团的上部朝下折叠然后再铺展开，在面团中间形成一个折痕标记。量出并标记面团的长度，以形成均等的4个长条形（做出的这4个长条形，每一个大约20厘米宽），以刚才折叠的标记处为基准，用厨刀从上到下划出4个长条刻痕。

3. 用一把小刀，沿着做出的刻痕切割出10厘米×10厘米的方形。

4. 每一块方形面团现在要切割出三角形，同时连接到中间的一个角不切断。取出一块方形面团，切割出四个开口，每一个开口都是从不同的角上开始切割，并且要差不多切割到中间位置。中间留出大约1.2厘米不切断。切割好的方形面团看起来就像相互之间各有一个角连接在中心的4个三角形。

5. 使用毛刷，在每个方形面团中间刷上些蛋液。

6. 轻轻按住一个角，将另外一个角抬起朝向中心位置折叠过去，重复这个动作将其余三个角也分别朝向中心折叠，分别叠压在一起压紧。

7. 在中心位置再刷上些蛋液，将一个西梅按压在中心位置。将其余方块面团也按照此步骤制作完成。

8. 放到一边松弛10～15分钟。

9. 放入烤箱烤到呈金黄色，需要12～15分钟，取出之后放到烤架上晾凉。

制作蛋奶酱

1. 在一个小托盘或者餐盘上覆盖上保鲜膜。

2. 将牛奶加入一个中号酱汁锅内。将香草豆荚从中间沿纵长劈开，刮取香草子，放入牛奶锅内，用中火烧沸。将1/4量的白砂糖加入牛奶锅中，搅拌均匀至溶化。

3. 与此同时，将蛋黄放入一个小搅拌盆内，加入剩余的白砂糖。将白砂糖与蛋黄一起搅拌至完全吸收并且蛋黄颜色变浅。加入面粉搅拌均匀。

4. 当牛奶快要沸腾时，从火上端离开，将1/3量的牛奶呈细流状倒入蛋黄液体中，同时不停地搅拌，以使蛋黄回温。搅拌均匀之后将搅拌好的蛋黄液体再搅拌到剩余的热牛奶中。将牛奶锅放到火上重新加热至蛋奶酱开始冒泡。

继续搅拌（要确保锅内的四周角落都能够搅拌到），加热并搅拌1分钟以让玉米淀粉成熟。此时的蛋奶酱会变得非常浓稠，迅速地将熬制好的蛋奶酱倒入铺好保鲜膜的小托盘或者餐盘上。用一把餐叉叉住一块冻硬的黄油在蛋奶酱表面反复涂抹以形成一层黄油保护膜。用保鲜膜覆盖好，挤出里面的空气。放入冰箱冷藏前，先让其自然冷却至室温。

制作黄桃丹麦面包

1. 将烤箱预热到205℃。将制备好的面团擀开成一个长方形，大约20厘米高，81厘米长，5厘米厚。
2. 将擀开的面团从中间折叠一下，然后再重新展开，在面团中间形成一个折痕。沿着面团的长边量出并做出4个均等的刻痕（做出的这4个长条形，每一个大约20厘米长），以刚才折叠的标记处为基准，用厨刀从上到下做出4个长条刻痕。
3. 用一把小刀，沿着做出的刻痕切割出10厘米×10厘米的方形块。
4. 使用毛刷，在每个方形块面团中间刷上些蛋液。
5. 轻轻地抬起方块面团的两个对角朝向刷有蛋液的中间位置折叠过去。
6. 在方块面团没有折叠起来的另外两个对角上面舀上一勺蛋奶酱，不折叠这两个对角。在每一团蛋奶酱上放上一瓣劈半黄桃。将其他的方块面团也按照以上步骤制作。

烘烤

1. 用毛刷在制作好的黄桃丹麦面包的中间再刷上一层蛋液。放到一边醒发10~15分钟。
2. 将醒发好的面包放入预热的烤箱内烘烤12~15分钟至金黄色，取出放入烤架上晾凉。

配料	
丹麦面包面团	
温水	60毫升
鲜酵母	30克
白砂糖	60克
面包粉	675克
牛奶	240毫升
柠檬皮	5克
黄油	350克
鸡蛋	3个
橙皮	15克
香草香精	5毫升
小豆蔻粉	1克
盐	5克
蛋奶酱	
牛奶	250毫升
香草豆荚	1根
蛋黄	2个
白砂糖	60克
玉米淀粉	30克
水果	
西梅（罐装，用于制作风车丹麦面包）	8个
劈半黄桃（罐装，用于制作黄桃丹麦面包）	16个
装饰材料	
鸡蛋（打成蛋液）	1个

尽管乡村面包面团非常适合制作成其他种类不同的造型或者大小、形状各异的面包，但是传统的乡村面包是滚球形状。这里选用的制作乡村面包的配方需要使用全麦面粉或者黑麦面粉，有些面包师们也会经常将这两种原材料混合在一起使用。不同的面包师会有他自己所擅长的面粉使用配方。当问起法式面包的形状时，每个人都会在第一时间里，在脑海中勾勒出这样一幅画面，细长、简洁的长棍面包造型。但是，对于真正的法国烘焙大师们来说，心目中正统的法式面包永远是乡村面包（la pain de campagne）。按照字面意思是"country bread"，源自于遍布全法国有悠久面包烘焙传统的乡村磨坊。乡村面包要比与之类似的法式长棍面包更受欢迎。使用全麦面粉烘烤出的厚实而滚圆的乡村面包，使得其比细长而显得瘦弱的棍子形状的面包更容易保持新鲜。虽然在20世纪长棍面包在法国占到了主导地位，但是在过去的几十年中，乡村面包开始普遍受到大众欢迎。美食评论家们指出，相对于大批量生产的长棍面包日益下降的质量来说，更健康的全麦面包会活力再现。因为这符合人们追求更加健康饮食的理念。

乡村面包

学习内容

制作基础混合面包面团
使用老面发酵
揉面
给面包塑形

产量

可以制作出大约900克的面团，能够制作出两个小圆形面包

工具

刀片，搅拌盆，厨房专用毛巾，烤盘，烤架

配料

配料	用量
温水（不超过32℃）	200毫升
酵母	10克
老面	250克
面包粉	300克
全麦面粉或者黑麦面粉，或者两者混合的面粉	50克
盐	10克
面包粉（做粉扑使用）	适量

制作方法

1. 制作一块老面（制作方法见上册第247页步骤1中的相关内容）。

2. 在一个大盆内，用温水（不超过32℃）使酵母溶解。加入老面搅拌至混合均匀。加入盐，再加入面粉，揉搓成一个光滑的面团。如果太干可以再加入些温水。

3. 将和好的面团放到撒有面粉的工作台面上，揉制面团至光滑并且不粘手的程度。放到一个涂抹过油的盆内，盖好，让其醒发至体积增至两倍大，需要2小时。挤压面团排出空气之后继续醒发10分钟。

4. 将面团取出放在工作台面上，切割成两半。揉搓其中一块成圆形，将四周朝向中间折叠并用手掌按压，转动几次面团重复此动作，然后将面团翻转过来，用手掌扣住面团用圆形揉搓动作揉制面团，第二块面团也按照这几个步骤操作。将揉好的面团摆放到烤盘上，盖好，醒发至体积增至两倍大，需要1小时。

5. 将烤箱预热至245℃。

6. 烘烤面包之前，在面包的顶端撒上些面粉，用锋利的刀片割出刻痕。

7. 将面包放入烤箱内烘烤至呈金黄色，需要烘烤30～40分钟。取出之后放到烤架上晾凉。

全麦面包指的是部分使用或者全部使用全麦面粉制作而成的面包。全麦面粉是没有经过加工的面粉，也就是说保留了小麦颗粒本身所有的营养成分。与经过加工的精白面粉中仅含有小麦胚乳相对应的是全麦面粉中包括了小麦胚乳、麦麸以及小麦胚芽等成分。这使得这一类面包更富于营养，这是因为在加工精白面粉的过程中大多数的维生素以及纤维素和蛋白质已经流失。全麦面粉确实有一些自己的问题——面粉成分中添加了油脂之后，使得面团密度增大，更加不容易膨发。全麦面包相较于白面包更容易开裂。这也是为什么全麦面粉通常会与精白面粉一起使用，加入精白面粉就使面包在烘烤的过程中更加容易膨发和蓬松。

全麦面包

学习内容

制作吐司面包
揉面
给面团塑形
制作全麦面包

产量

可以制作出大约1.5千克的面包面团，能够制作3个0.5千克的面包

工具

厨刀，搅拌盆，木铲，面刷，厨房专用毛巾，3个0.5千克的小号吐司面包模具，烤架

配料

水（微温，不超过32℃）	450毫升
酵母	30克
红糖	60克
盐	20克
油	85毫升
全麦面粉（第一份）	340克
全麦面粉（第二份）	480克
全麦面粉（面扑用）	适量
油（涂刷模具用）	适量

制作方法

1. 制作蓬松面包面团：将温水（不超过32℃）倒入一个盆内，并将酵母加入，搅拌至酵母溶化，再加入红糖、盐和油一起搅拌，将第一份面粉加入和成一个湿软且有黏性的面团。盖好放置一边让其醒发大约20分钟。
2. 将第二份面团留出100克备用，其余的面粉放到工作台面上，在面粉中间做出一个井圈。将第一份醒发过的面团放入井圈中，用手指逐渐将面粉揉搓进去，根据需要可以将预留出的100克面粉也加进去。继续揉搓面团直至将面团揉至光滑不粘手，并且拽一下能够立刻收缩，需要揉搓10～15分钟。将揉好的面团放入一个涂抹过油的盆内盖好，放置到一边醒发至体积增至2倍大，大约需要2小时。
3. 在三个模具内都涂抹上薄薄的一层油。
4. 待面团醒发好之后，挤压排出空气，放置到撒有一层面粉的工作台面上。将面团分割成块。将其中一块擀开成长方形并水平放好。用手指在面团中间按压出一条痕迹，将一端的面团朝向痕迹折叠过来并与痕迹按压在一起，用手指捏紧密封好，将另一端也折叠过来重复此操作步骤。然后将其折叠到一起，使其长度与模具一致。将塑好形的面团放到模具中，接缝处朝下摆放。制作另外两块面团时，重复以上操作步骤即可，直到制作完成。用专用毛巾覆盖好，放到一边醒发至体积增至2倍大，需要60～90分钟。
5. 将烤箱预热至170℃。
6. 将在模具中醒发好的3个面包放到烤箱的中层位置，相互之间不要挨在一起。烘烤至香气诱人、颜色金黄、外皮触碰时硬实而干燥。大约需要烘烤30分钟。
7. 从烤箱内取出之后，从模具内扣出，放到烤架上晾凉。

牛角面包面团是制作牛角面包的标志性基础面团。这款美味、香酥、带有浓郁黄油风味的维也纳甜酥面包还可以与其他众多的风味相互结合。不管是加入巧克力、果仁糖、杏仁膏、果酱、水果、奶酪、肉类，或者葡萄干作为馅料——它们都是绝佳美味。要真正以传统的法国方式享用你垂涎已久的巧克力牛角面包或者其他任何种类的牛角面包，就在早餐时间内到你所钟爱的面包房里，给新鲜出炉香喷喷的牛角面包配上一大杯香醇的牛奶咖啡，这是开始令人神清气爽一天的最好方式！

牛角面包、葡萄干牛角面包和巧克力牛角面包

学习内容

制作包酥面团
揉面
在面团中包封黄油
折叠面团
使用牛角面包面团制作出各种造型的牛角面包

产量

每份面团可以制作出8～10个牛角面包

工具

小雕刻刀，厨刀，锯刀，擀面杖，面刷，搅拌器，木勺，胶皮刮刀，搅拌盆，塑料刮板，小号曲柄抹刀，小号酱汁锅，中号酱汁锅，烤盘

制作方法

制作包酥面团

1. 在一个小盆内，将酵母和温水（温度不超过32℃）混合均匀。

2. 将面粉过筛到一个干净的工作台面上，在中间做出一个井圈。将盐和白砂糖（第一份）放入其中，然后加入融化并放凉的黄油（第一份），酵母水以及1/2量的牛奶（第一份）。用手指搅拌这些材料，并逐渐将井圈周边的面粉搅拌进去。当搅拌混合到有些浓稠时，加入剩余的牛奶继续混合均匀。

3. 当所有的液体材料都被面粉融合之后，将其揉到一起，并用塑料刮板将所有面粉和材料都揉搓成圆球形。用大号厨刀在面团顶部切割出一个深的十字花形，用保鲜膜包好，放到冰箱内冷藏松弛最少20分钟（最好能够松弛一宿）。

注 包酥面团是指还没有包入起酥黄油时的面团。

4. 尽管包入黄油之后的制作步骤与制作酥皮面团一样，但是牛角面包面团使用的包酥面团是酵母发酵面团，比酥皮面团更加富有弹性。

包封黄油

1. 将冷藏之后的黄油放入两片油纸中，用擀面杖敲打至与面团质地一致。

2. 用塑料刮板将黄油塑成一个厚度大约为2厘米的扁方块形，尺寸大小与包酥面团一样大。如果厨房内温度太高，可以将黄油放入冰箱内冷藏保存，或者放到一个凉爽的地方。

3. 在工作台面上撒上些面粉。将包酥面团放在工作台面上。

4. 以十字花形刻痕为参照物，朝向四个角分别擀开面团成一个十字形。面团的中间位置要比四个边略厚。

5. 将方块形黄油放到擀开的十字形面团的中间位置，将相对的两个边的面团朝向中间折叠过去，在中间位置略微有重叠（在折叠的过程中，注意不要带任何空气进去）。转动面团90°，将另外两侧的面团也朝向中间折叠过去，此时没有黄油露出。捏紧缝隙处以密封黄油。

6. 用擀面杖轻轻敲打包好黄油的面团使得黄油在面团中分布均匀。再转动面团90°，重复敲打面团使其均匀。这个过程称为“包封”。

三次折叠面团

1. 第一次折叠：将面团擀开成为一个厚度均匀的长方形，要比擀开之前的包封面团长两倍，或者擀开面团至1厘米厚。刷除表面多余的面粉，将一端的1/3朝上折叠过来，将另一端的1/3面团也折叠过来覆盖过之前折叠过来的1/3面团。要确保边缘部位均匀地覆盖好。向右转动面团90°，使得折叠之后面团的接缝处朝向左侧，在左上角位置按压上一个手指印。

注　这些手指印的痕迹是为了记录面团已经折叠的次数，同时也为后续折叠表明折叠的位置。

2. 将面团用保鲜膜包好，放入冰箱冷藏松弛15~20分钟。

3. 第二次折叠：在工作台面上略撒些面粉，将面团从冰箱内取出，除掉保鲜膜放到撒有面粉的台面上（按有两个手指印的面团位置是在左上角）。重复擀开、折叠的过程（底部的1/3朝上折叠，顶部的1/3朝下折叠，覆盖过刚才底部折叠上来的1/3面团），将面团转动45°，转动到身体的右侧。在使用保鲜膜包好面团之前，先在面团的左上角按压上两个手指印痕，然后再放回冰箱内冷藏松弛15~20分钟。

4. 第三次折叠：在工作台面上略撒些面粉，将面团从冰箱内取出，除掉保鲜膜放到撒有面粉的台面上（按有两个手指印的面团位置是在左上角）。继续擀开面团进行第三次折叠（擀开和折叠的方式与第一次和第二次的方式完全相同）。在使用保鲜膜包好面团之前，先在面团的左上角按压上三个手指印痕，然后再放回冰箱内冷藏松弛15~20分钟。在面团完成松弛后，将面团切割成3等份，分别用保鲜膜包好，冷藏至需要时再取出。

制作牛角面包

1. 在工作台面上撒上些面粉。从冰箱内取出一块面团，去掉保鲜膜放到撒有面粉的工作台面上。

2. 用擀面杖，将面团擀开成为20厘米宽、20厘米长的方形面片（面片厚度大约为5毫米）。用厨刀将面片切割成边长为10厘米的三角形。沿纵长轻轻地伸拉一个角，然后放到工作台面上。从底边朝向伸拉出的那一个角的方向卷起三角面片。如果卷的技法使用得当，从开始卷起到三角的尖部应该卷起5次。将制作好的牛角面包放到铺有油纸的烤盘上，要注意卷好之后的牛角面包的三角形尖角要压在面包的下面。将面包放到醒发箱内或者温暖处醒发至体积增至两倍大。

制作葡萄干牛角面包

1. 制作蛋奶酱（制作方法见上册第194~195页）。

2. 制作葡萄干牛角面包：在工作台面上撒上些面粉。从冰箱内取出一块面团，去掉保鲜膜放到撒有面粉的工作台面上。用擀面杖将面团擀开成为20厘米宽、46厘米长的长方形面片（面片厚度大约为5毫米）。修剪掉边缘部分以使其形成直边。将修整好的面片放到一张油纸上，在离身体最近的那个边上刷上3厘米宽的蛋液。用搅拌器将蛋奶酱搅拌至细腻均匀。避开刷好的蛋液部分，用小号曲柄抹刀将蛋奶酱均匀地涂抹到面片上。在蛋奶酱上撒上些葡萄干，朝向身体方向卷起面片并用油纸协助以确保卷紧及卷得均匀平整。用涂刷过蛋液的边缘位置使其密封好。将卷好的面包卷放入冰箱内冷冻30分钟将面包冻硬，以确保切割时切口整齐。冻硬之后取出，将面包卷切割成10块均匀的厚片，放到温暖处或者醒发箱内醒发至体积增至两倍大。

制作巧克力牛角包

1. 在工作台面上撒上面粉。从冰箱内取出面团，去掉保鲜膜放到撒有面粉的工作台面上。
2. 用擀面杖将面团擀开成大约15厘米宽、46厘米长（面片厚度大约为5毫米）的长方形大片。用刀将四周边缘部分修剪整齐。切割成比巧克力棒宽出1厘米的长条形，将巧克力棒放到长条形面片的一端，将巧克力棒宽松地卷起，将另外一根巧克力棒放到卷起面片的接缝处将其卷到面片里。要确保接缝处是卷到面片里面。将制作好的巧克力牛角包放到铺有油纸的烤盘里。
3. 将牛角包放到温暖处或者醒发箱内醒发至体积增至两倍大。

烘烤（上述面包均可用）

将烤箱预热至220℃。

1. 当面包醒发好之后，在表面涂刷上蛋液，放到烤箱内烘烤至表面呈金黄色，根据面包的大小需要20～30分钟的烘烤时间。
2. 取出面包放到烤架上晾凉。

配料	
面粉	500克
水	180毫升
鲜酵母	15克
白砂糖（第一份）	60克
盐	5克
牛奶（第一份）	150毫升
黄油（第一份融化，放凉）	50毫升
黄油（第二份）	250克
牛奶	750毫升
蛋黄	6个
白砂糖（第二份）	150克
面粉（或者玉米淀粉）	75克
香草香精	5毫升
葡萄干	200克
巧克力棒	15根
鸡蛋（打成蛋液）	1个
面粉（用作粉扑）	适量

香料面包自古以来就一直被人们食用。在法国，今天的香料面包通常是指加有蜂蜜和香料的全麦面包。据信最早是中国人在10世纪的时候开发出了第一款称做mi-king的蜂蜜香料面包食谱。这些外观看起来像面包的蛋糕通过东方的蒙古侵略大军被带到了欧洲大陆，他们与阿拉伯人和土耳其人分享这些食谱，反过来这些人又与欧洲十字军一起分享。到了中世纪，法国涌现出了一些能够生产世界上品质最好的香料面包的制作商。这些面包的制作方式非常严谨，甚至于由那些正规的面包制作商成立了单独的协会专门用来监督管理生产香料面包。在1571年，香槟阿登地区的兰斯市是第一个成立了这样工会的地方，称之为“香料面包制作商协会”。加入这个协会的条件是，面包商们需要熟练地制作出香料面包，并且有能力在一个批次中制作出总重量为90千克的面包面团，还要能够烘烤出3个品质优良的重量为9千克的面包。不久之后，类似的协会在巴黎和第戎也很快就成立了，后者在法国成为了久负盛名的香料面包生产之都，这份荣耀至今仍然无人能及并且还会一直保持下去。

香料面包

学习内容

制作香料面包

产量

可以制作出2个0.5千克的香料面包

工具

小雕刻刀，木铲，面刷，塑料刮板，酱汁锅，2个0.5千克的面包模具

配料

配料	
蜂蜜	300毫升
白砂糖	75克
牛奶	120毫升
鸡蛋	180克
黄油（软化）	100克
面粉	360克
黑麦面粉	150克
泡打粉	15克
盐	5克
桂皮粉	10克
丁香粉	2.5克
姜粉	5克
豆蔻粉	35克
香草粉	10克
橙子（取橙皮）（可选）	1个

制作方法

将烤箱预热至175℃。

1. 将两个0.5千克的面包模具涂抹上油，放到一边备用。
2. 将蜂蜜、白砂糖和牛奶放入到酱汁锅中，用中火加热，同时要不停地搅拌，边加热边搅拌至白砂糖全部溶化，使混合液混合均匀。从火上端离开酱汁锅，放到一边在室温下冷却备用。
3. 将软化后的黄油切成小粒状。
4. 将香料、盐、泡打粉及两种面粉一起过筛到一个大盆内。在中间做出一个井圈，加入牛奶、黄油和鸡蛋，在井圈中搅拌好。逐渐将面粉混入其中，直到混合成为了一个浓稠的面团。
5. 将面团分成两份放入模具中，并按压平整。放到预热好的烤箱内，烘烤至将刀尖插入到面包中间抽出后刀尖是干燥的程度。需要烘烤25～30分钟。
6. 从烤箱内取出香料面包并脱模到烤架上冷却。

用途非常广泛的白面包面团，传统的做法是烘烤成大块头的面包，然后再切成片用于制作三明治或者烘烤成吐司面包片食用。白面包面团可以在带盖的面包模具内烘烤，这样可以在面包的表面形成一个完美的弧形造型，使得每一片面包都能够成为方形。它们被称为铂尔曼面包（Pullman loaves），通常会被厨师们用来制作开胃菜使用。这种面团也可以成型为面包卷或者圆形面包。

白面包

学习内容

制作基础面包面团
醒发面包
揉面
给面包塑形

产量

可以制作出500克的白面包

工具

厨刀，搅拌盆，干净毛巾，烤架，0.5千克的面包模具

配料

配料	
酵母	20克
牛奶（温热，32℃）	250毫升
白砂糖	20克
面粉	500克
盐	15克
黄油（软化）	50克
油（涂刷面包模具用）	适量
面粉（粉扑用）	适量

制作方法

1. 在大盆内用温热的牛奶（32℃）溶化开酵母和白砂糖。加入适量面粉搅拌好，使其成为糊状，放到一边静置醒发10～15分钟。然后将盐、白砂糖，以及软化后的黄油加入进去，再逐渐将剩余的面粉搅拌进去揉搓成面团。

2. 将制作好的面团放到撒有面粉的工作台面上揉制，根据需要可以多撒些面粉以防止粘连。如果面团太硬则可以略微撒上些水，然后继续揉搓面团，直至揉搓到光滑不粘手的程度。将面团放到涂刷过油的盆内，盖好，放到一边醒发至体积增至2倍大，大约需要2小时。

3. 将面包模具涂刷上油备用。

4. 挤压面团排出空气，从盆内拿出放到工作台面上。将面团揉搓成长椭圆形，长度大约与模具的长度相同。用手指在面团中间按压出一条沟槽。再用手指将一边外沿的面团朝向中间沟槽处翻动，并用手掌按压紧密，另一边也如此操作。将接缝处压紧。来回滚动面团以使得接缝处更加紧密。将制作好的面团放到涂抹过油的模具中醒发至体积增至2倍大，大约需要90分钟。

5. 将烤箱预热至225℃。

6. 将面包放到烤箱内烘烤至呈现美观的金黄色，需要35～40分钟。轻轻地将面包脱模并摆放到烤架上冷却。

黑麦面包涂抹上咸味黄油之后，与生蚝一起食用是绝妙的传统搭配。黑麦面粉会比普通面粉吸收更多的水分，和好的面团操作起来也会感觉到比普通面团略重一些。

黑麦面包

学习内容

制作黑麦面包
使用老面面团
揉面和给面包塑形

产量

大约1千克的面包面团，可以制作出一个大的长条面包，或者两个小的长条面包

工具

剃须刀片，搅拌盆，干净毛巾，烤盘，烤架

配料

配料	用量
黑麦面粉	375克
温水（不超过32℃）	300～350毫升
酵母	10克
盐	15克
老面	375克
油	适量
面粉（用于粉扑）	适量

制作方法

1. 制作好老面面团（制作方法见上册第247页步骤1中的相关内容）。
2. 将面粉放到干净的工作台面上，在中间做出一个井圈。将酵母和温水倒入到井圈中，搅拌溶化开酵母。加入盐，然后再加入老面面团。逐渐将面粉拌和进去，揉制成一个光滑的并且不再粘手的面团。
3. 将揉好的面团放置到涂抹有油的盆内，盖上毛巾，放到一边醒发到体积增至2倍大，大约需要2小时。
4. 用手挤压面团排出空气，将面团取出放到撒有面粉的工作台面上。将面团揉搓成扁平的长椭圆形，将一边的1/3面团朝内折叠过来，然后用手掌将缝隙处按压密实。
5. 再朝上折叠一次，使面团底部露出，用手掌将接缝处按压密实。滚动面团，使得按压好的接缝位置处于面团的下方，再来回滚动几次使接缝处更加收紧。将制备好的面团放到烤盘上并盖好。放到一边醒发大约1小时。
6. 将烤箱预热至220℃。
7. 用刀片或者锋利的小雕刻刀，在面包的表面沿对角刻画出数条斜线，放到烤箱内烘烤至呈金黄色，需要烘烤25～30分钟。
8. 取出面包放到烤架上晾凉。

珍珠糖（nib sugar，也称pearl sugar），作为使珍珠糖面包最后变得美轮美奂的装饰物，在北欧风格的糕点制作中，是一种流行的装饰材料。珍珠糖是由压缩糖制作而成的，也就是分解之后的密度糖，呈饱满的颗粒状，这使得这一类糖非常适合于撒在糕点的表面用作装饰，而由于其具有高密度，也使得其熔点比普通的糖类高。珍珠糖源自于斯堪的纳维亚，在那里，珍珠糖被称为perlesukker 或者pärlsocker。

珍珠糖面包

制作方法

1. 在一个大盆内，用温热的牛奶（温度不超过32℃）将酵母溶化开，然后加入白砂糖和一些面粉搅拌成为糊状，放到一边醒发10～15分钟。再加入盐和黄油，搅拌均匀。然后逐渐加入面粉揉搓成一个柔软的面团。将面团放到撒有面粉的工作台面上揉制，根据需要可以加入更多的面粉以防止面团粘连，如果面团太硬，则要淋洒上点水再揉搓。

2. 继续揉制面团至光滑不再粘手，放到涂抹过油的盆内，盖好，放置一边醒发至体积增至2倍大，需要1～1.5小时。

3. 挤压面团排出空气，将面团取出放到干净的工作台面上。分割成60克/个的小面团。分别揉搓成圆形，之后将每个面团略微擀长，放到涂刷过油的烤盘内，放到一边醒发大约1小时。

4. 将烤箱预热至210℃。

5. 在面包表面刷上蛋液，然后根据需要，用一把锋利的剪刀在面包的表面剪出美观的花形。撒上珍珠糖，烘烤15～20分钟或者烘烤至呈金黄色。

6. 这种面包也可以制作出不同的样式，例如圆形、辫子形或者长条形等各种不同造型的面包。

学习内容

制作基础发酵面团

产量

900克的面团，可以制作出12～14个珍珠糖面包

工具

厨刀，搅拌盆，干净毛巾，烤盘

配料

配料	用量
酵母	30克
牛奶（温热，温度不超过32℃）	250毫升
白砂糖	50克
面粉	500克
盐	10克
黄油（软化）	100克
珍珠糖	适量
鸡蛋（打成蛋液）	1～2个
面粉（粉扑用）	适量

冰 淇 淋 和 沙 冰 类

冰 淇 淋
Ice Creams

冷 冻 蛋 糕
Frozen Cake

红 酒 格 兰 特
Red Wine Granite

果 汁 沙 冰
Sorbets

冷饮的起源可以追溯到远古时期的许多最杰出的历史人物。在那个时期有许多人很可能投其所好般地给这些大人物们提供冷冻食品。在公元前336年，亚历山大大帝是有史以来第一个吃到用白雪、水果、葡萄酒以及蜂蜜混合制成甜品的人。伟大的历史学家，老普林尼（Pliny the Elder）在公元77年完成的著作《博物志》（*Naturalis Historia*）中提及罗马暴君尼禄曾命令他的军队去为他搜集大量的冰雪用于制作冷冻的甜点，供他食用。1292年从中国旅行回来的威尼斯探险家马可·波罗在开发欧洲冰淇淋的制作方法方面起到了关键作用。在马可·波罗的旅行过程中，介绍了中国人使用的一种在雪中加盐混合使得冰点降低的方法：盐、雪混合在一起，包装好放置在装有食物的容器周围，可以让食物得到更好的冷却。从那时起，欧洲的冷冻食品工艺得到了长足发展。从王后凯瑟琳·德·梅迪奇时期带到法国的冷冻饮料，到由弗朗西斯科·波克普所创作的冷冻模具造型的甜点，纵观整个人类历史时期，人们在炎热的夏天一直在享用着这些消暑提神的美味冷饮。

冰淇淋

学习内容

制作英式奶油酱
打发蛋黄
制作冰淇淋

产量

可以制作出0.5升香草冰淇淋，1升咖啡冰淇淋，1升巧克力冰淇淋

工具

锯刀，小雕刻刀，木铲，搅拌盆，搅拌器，密漏，冰淇淋勺，冰槽，中号酱汁锅

制作方法

制作香草冰淇淋

1. 将牛奶和奶油倒入到一个中号酱汁锅内，用中火加热。用一把小刀从中间沿纵长劈开香草豆荚，从两瓣豆荚中刮取香草籽，连同豆荚一起放入到正在加热的牛奶中，搅拌均匀。

2. 将蛋黄放入到一个搅拌盆内，加入白砂糖并且快速地将白砂糖搅拌进蛋黄中。继续搅拌至白砂糖完全溶化吸收，蛋黄颜色开始变浅的程度。

3. 牛奶一旦煮沸，将1/3量的牛奶注入到打好的蛋黄中搅拌使其回温。继续搅拌至蛋黄与牛奶完全混合均匀并且温度一致。

4. 将混合好的牛奶蛋黄液体倒回到锅内的热牛奶中，用木铲搅拌均匀。将锅放回到小火上加热，同时用木铲在锅内呈“8”字形搅拌。随着不断搅拌和加热，在牛奶液体的表面会出现浮沫，与此同时，牛奶液体也会开始变得浓稠，并且质地会变得如同油脂般润滑。继续搅拌并加热至液体浓稠到可以挂在木铲的背面，用手指划过时，痕迹清晰可见。切记不可烧沸！

提示 英式奶油酱的制作温度应该在75℃~85℃。

5. 将锅从火上端离开，将英式奶油酱用密漏过滤到放在冰块上的干净盆内。用木铲来回搅拌至冷却。

6. 用保鲜膜将香草风味英式奶油酱密封，放到冰箱内冷藏24小时以充分释放出风味。

7. 将冷却好的英式奶油酱倒入到运行中的冰淇淋机里，直至其凝固好。将制作好的冰淇淋放入到一个密闭容器内，放入到冷冻冰箱内保存。

配料	
香草冰淇淋	
牛奶	250毫升
奶油	125毫升
蛋黄	3个
白砂糖	100克
香草豆荚	1根
咖啡冰淇淋	
牛奶	250毫升
奶油	250毫升
香草香精	5毫升
蛋黄	4个
白砂糖	125克
速溶咖啡	15毫升
巧克力冰淇淋	
牛奶	500毫升
黑巧克力	150克
白砂糖	100克
蛋黄	6个

制作咖啡冰淇淋

1. 如上述做法一样制作英式奶油酱，只是将速溶咖啡加入到牛奶中并以香草香精取代香草籽和香草豆荚壳。
2. 制作好英式奶油酱之后，将锅从火上端离开，用密漏过滤到放在冰块上的干净盆内，用木铲来回搅拌至冷却。
3. 用保鲜膜将英式奶油酱密封，放到冰箱内冷藏24小时以充分释放出风味。
4. 将冷却好的英式奶油酱倒入到运行中的冰淇淋机里，直至其凝固好。将制作好的冰淇淋放入到一个密闭容器内，放入到冷冻冰箱内保存。

制作巧克力冰淇淋

1. 将巧克力切成细末，放到一个大的搅拌盆内。
2. 制作英式奶油酱。
3. 制作好英式奶油酱之后，将锅从火上端离开，倒入到装有巧克力的盆内。静置1~2分钟让巧克力融化，然后用木铲轻缓地搅拌直到巧克力完全融化。用密漏过滤到放在冰块上的干净盆内。用木铲来回搅拌至冷却。用保鲜膜将英式奶油酱密封，放到冰箱内冷藏24小时以充分释放出风味。 将冷却好的巧克力风味英式奶油酱倒入到运行中的冰淇淋机里，直至其凝固好。
4. 将制作好的冰淇淋放入到一个密闭容器内，放入到冷冻冰箱内保存。

这款美味可口的、传统的法式冷冻蛋糕是由几种圆形蛋白霜夹上味道香浓的冰淇淋、清香宜人的沙冰，以及涂抹上厚厚的尚蒂伊奶油一起组合而成的。据传说这款蛋糕的命名由来是它圆形的形状和浅色调的颜色，与蒙特奶酪（Vacherin MontD’Or cheese）有惊人的相似度，蒙特奶酪可以说是最好的瑞士奶酪之一。这一款冷冻蛋糕的通用性非常强，可以夹上冰淇淋和沙冰冷冻之后食用，或者不用冷冻而搭配上尚蒂伊奶油以及任何你喜欢的水果一起食用。唯一不变的是用蛋白霜来分层，留给充满丰富想象力的糕点大厨们一个发挥自己聪明才智的空间。

冷冻蛋糕

学习内容
制作冷冻蛋糕
制作法式蛋白霜
制作沙冰
制作冰淇淋
制作尚蒂伊奶油酱

产量
可以制作出1个1.5千克的冷冻蛋糕，供8～10人食用

工具
抹刀，搅拌盆，搅拌器，裱花袋，中号圆口裱花嘴，中号星状裱花嘴，油纸，密漏（细眼漏勺），酱汁锅

制作方法

将烤箱预热到150℃，在烤盘内铺好油纸，并在油纸上画出两个直径23厘米的圆形图案。

制作蛋白霜

将蛋清打发至湿性发泡，然后边搅打边加入白砂糖，继续搅打至细腻光滑而蓬松。将打好的蛋白霜装入带有一个中号圆口裱花嘴的裱花袋内。从圆形油纸图案的中间开始朝外挤出一层紧密的螺旋状的圆形蛋白霜。轻轻拍打烤盘以排出蛋白霜中的空气泡。放到烤箱内烘烤1小时，烤好之后从烤箱内取出冷却。

制作香草冰淇淋（见第225页）

1. 将牛奶和奶油一起放入到一个中号酱汁锅内，用中火加热。用一把小刀，沿纵长劈开香草豆荚，从两瓣香草壳中刮取香草子，连同香草壳一起加入到牛奶中，搅拌均匀。
2. 将蛋黄放入到一个搅拌盆内，加入白砂糖，立即将白砂糖搅拌到蛋黄中，持续搅拌至白砂糖完全被吸收溶化并且蛋黄颜色变浅。
3. 牛奶刚刚煮沸时，立刻将1/3量的牛奶倒入到蛋黄中使其回温并不断地搅拌。搅拌至完全混合均匀并且温度一致。
4. 将搅拌好并回温的蛋黄液体用木铲搅拌倒入锅内的热牛奶中。将锅放回到小火上加热，同时不断地呈“8”字形搅拌牛奶液体。在继续用木铲搅拌的过程中，表面会出现浮沫，与此同时，牛奶液体也会开始变得浓稠起来，并且质地也会变得如同油脂般润滑。继续加热并搅拌直至浓稠到可以挂在木铲的背面，当用手指划过时会出现一个清晰的痕迹。切记不可让其烧沸。

提示　英式奶油酱的制作温度应该在75℃~85℃。

5. 将锅从火上端离开，用密漏将英式奶油酱过滤到放在冰块上的干净盆内。用木铲来回搅拌至冷却。

6. 用保鲜膜将香草风味英式奶油酱密封，放到冰箱内冷藏24小时以充分释放出风味。

7. 将冷却好的英式奶油酱倒入到运行中的冰淇淋机里，直至其凝固。

8. 将制作好的冰淇淋放入到一个密闭容器内，放入冰箱内冷冻保存。

配料	
蛋白霜	
蛋清	4个
白砂糖	225克
冰淇淋	
香草冰淇淋	500克
沙冰	
柠檬沙冰	500克
尚蒂伊奶油酱	
奶油	200毫升
白砂糖	40克
糖粉	适量

制作沙冰（柠檬沙冰，见第233页）

1. 在一个小号酱汁锅内将水和白砂糖用中火一起烧沸，当白砂糖全部溶化之后将锅从火上端离开。将糖水倒入到放置在冰槽内的大搅拌盆内，用木铲来回搅拌使其冷却，冷却之后加入柠檬汁和另一份水，继续搅拌至液体凉透。

2. 将凉透的柠檬风味糖浆倒入到正在运行的冰淇淋机内，运行至结出沙冰。

3. 形成沙冰之后，保存在冷冻冰箱里的密封容器内。

制作尚蒂伊奶油

将奶油和糖粉一起打发至中性发泡。

组装

1. 软化香草冰淇淋使其软化到可以涂抹的程度。将一块烘烤好的蛋白霜放到冷冻过的餐盘里，在上面均匀地涂抹一层香草冰淇淋，然后放到冰箱内冷冻至凝固。需要15~20分钟。软化沙冰至可以涂抹的程度，将其涂抹到香草冰淇淋上。将第二块烘烤好的蛋白霜覆盖在上面，轻轻压好。重新放回到冰箱内冷冻至凝固。

2. 将冷冻好的蛋糕从冰箱内取出，在表面和四周都涂抹上尚蒂伊奶油。

3. 将剩余的尚蒂伊奶油装入到一个带有中号星状裱花嘴的裱花袋内，在蛋糕的底部和表面挤出美观的花形图案。

4. 将制作好的蛋糕再放回到冰箱内冷冻保存至需要食用时。

granite（格兰特） 源自于西西里，被称为“花岗石”。它的历史可以追溯到上古时期，是沙冰的前身。格兰特这个名字是基于动词“granire”而来的，意思是制作成颗粒或者是颗粒状。其中当然要加入白砂糖，糖在果汁中的作用是延缓水的结晶速度，使其在结冻过程中易碎，并且质地保持不变。发展到目前，我们可以使用水果汁、杏仁奶、咖啡，葡萄酒来制作格兰特，本菜谱中的格兰特通常用于在两道菜肴之间清除口腔中的味道。

红酒格兰特

学习内容

制作格兰特

产量

可以制作出1.2千克的红酒格兰特

工具

小雕刻刀，榨汁机，刨丝器，叉子，大号酱汁锅，浅边锅

配料

配料	
红酒	750毫升
白砂糖	200克
橙子（取橙皮和橙汁）	1个
黑醋栗利口酒（可选）	200毫升

制作方法

1. 将红酒倒入到一个大号酱汁锅内，用中火加热。
2. 加入白砂糖、橙皮和橙汁，加热至快要沸腾时，从火上端离开，让其自然冷却。
3. 待冷却之后，根据需要，可以加入黑醋栗利口酒。
4. 将冷却好的液体倒在浅边锅里，放到冰箱内冷冻。
5. 当红酒液体开始结冰时（大约需要2小时），将其敲碎，用一把叉子反复搅动。每隔30~40分钟就用叉子搅动一次，直到全部都是碎冰而没有液体为止。
6. 将制作好的格兰特放入到一个带盖的密封容器内保存。

果汁沙冰

制作方法

制作草莓沙冰

1. 在一个小号酱汁锅内将水和白砂糖用中火一起烧沸，当白砂糖全部溶化之后将锅从火上端离开。将糖水倒入到放置在冰槽内的大搅拌盆内，用木铲来回搅拌使其冷却，待冷却之后加入柠檬汁和草莓果泥。继续搅拌混合物至凉透即为草莓糖浆。
2. 将凉透的草莓糖浆倒入正在运行的冰淇淋机内，运行至结出沙冰。
3. 结出沙冰之后，装入到一个密封的容器内。放入到冰箱内冷冻保存。

制作柠檬沙冰

1. 在一个小号酱汁锅内将水和白砂糖用中火一起烧沸，当白砂糖全部溶化之后将锅从火上端离开。将糖水倒入到放置在冰槽内的大搅拌盆内，用木铲来回搅拌使其冷却，待冷却之后加入柠檬汁和另一份水。继续搅拌至液体凉透即为柠檬糖浆。
2. 将凉透的柠檬糖浆倒入正在运行的冰淇淋机内，运行至结出沙冰。当沙冰呈现浓稠的泥状时，取出2勺冰泥，与蛋清在一个小搅拌盆内用搅拌器混合好，再倒回到冰淇淋机内运行。形成沙冰之后，装入到一个密封的容器内， 放入到冰箱内冷冻保存。

注　在本书制作沙冰的这道食谱中，蛋清是作为天然稳定剂来使用的，同时也可以增强沙冰质地的浓稠度。通常情况下，在制作沙冰时基本的糖浆密度应为28度，沙冰的特点就是使用等量的水和糖。不同浓度的糖浆密度可以使用糖相对密度计来测量。

学习内容

制作沙冰

熬煮糖浆

产量

可以制作出400克的草莓沙冰，500克的柠檬沙冰

工具

木铲，搅拌器，冰槽，冰淇淋机，搅拌盆，小号和中号酱汁锅

配料

草莓沙冰	
水	75毫升
白砂糖	75克
柠檬（制作柠檬汁）	半个
草莓果泥	250毫升
柠檬沙冰	
水	225毫升
白砂糖	225克
柠檬汁	100毫升
水	300毫升
蛋清	1个

地方特色食谱类

萨瓦蛋糕
Savoy Biscuit

里昂式炸面角
Fried Dough

利木赞樱桃馅饼
Cherry Flan

诺曼底烤苹果
Apple Pastries

布列塔尼馅饼
Breton Wheat

黑森林蛋糕
Black Forest Cake

奶油夹心黄油蛋糕
Cream-Filled Butter Cake

佛格斯烤饼
Fougasse

甜塔
Sugar Tart

咕咕霍夫
Kouglhof

黄油酥饼
Kouign Amann

蒙特佩里尔牛轧糖
Montpelier Nougat

翻扣苹果塔
Reversed Apple Tart

萨瓦蛋糕（biscuit de Savoie）是一款清淡可口、口感蓬松的海绵蛋糕。它在18世纪时起源于法国的萨瓦地区（这款蛋糕的英文名字“Savoy biscuit”按照字面翻译是“萨瓦蛋糕”的意思）。要记住的是这款蛋糕的配方中最主要的特点是不包含油脂的成分。也就是说制作这款萨瓦蛋糕的面糊必须彻底地打发，以便让蛋糕内充满轻柔而丰富的空气泡。

萨瓦蛋糕

制作方法

1. 将烤箱预热至180℃。

2. 将大号布里欧模具涂抹上黄油之后再撒上些面粉备用。

3. 将面粉和玉米淀粉一起过筛到一个大搅拌盆内，放置一边备用。

4. 在另一个盆内制作蛋白霜。将蛋清打发至湿性发泡。然后加入白砂糖继续打发至坚挺而细腻光滑的程度。

5. 用胶皮刮刀，将部分打发好的蛋白霜叠拌进蛋黄中，然后将其与剩余的蛋白霜混合均匀。将干粉再叠拌进去混合均匀。

6. 将混合均匀的面糊装入到准备好的模具中，烘烤至按压时有弹性，并且将小刀的刀尖插入到蛋糕中间拔出时刀尖是干爽的程度。

7. 将蛋糕从烤箱内取出，稍微晾凉之后再脱模到烤架上。上桌之前可以撒上些糖粉作装饰。

学习内容

制作萨瓦蛋糕
分离蛋清蛋黄
制作蛋白霜

产量

4～6人份

工具

厨刀，搅拌盆，搅拌器，胶皮刮刀，面筛，大号布里欧模具，烤架

配料

黄油	适量
面粉	适量
萨瓦蛋糕	
面粉	60克
玉米淀粉	60克
白砂糖	170克
鸡蛋（分离开蛋清蛋黄）	4个
糖粉（装饰用）	适量

炸面角（bugne）是一款来自于法国里昂地区的传统油炸食品，名字源自于古法语：面块，buigne，也是从法式甜甜圈（beignet）中所派生出来的词汇。炸面角可能起源于中世纪。我们所看到的有记录以来第一次提到这个词汇是在1538年宴请法国文艺复兴时期伟大的作家拉伯雷的宴会 “spécialities Lyonnaisés” 的菜单中。这款美味的小吃总是狂欢节和肥美星期二狂欢节上不可或缺的食物，也是天主教徒在大斋期之前狂欢的必备食物。据说人们习惯性地喜欢这类高脂肪含量的面食是在40天的斋戒期开始之前放纵自己的一种方式，这个传统一直延续到今天。

里昂式炸面角

制作方法

1. 将微温的水或者牛奶倒入到一个大且干净的盆内，将酵母放入溶化。加入100克面粉、白砂糖和盐搅拌均匀形成面糊。

2. 加入鸡蛋、朗姆酒、橙皮或者柠檬皮、黄油和所有剩余的面粉，搅拌均匀揉搓成光滑的面团。

3. 在工作台面上撒些面粉。将揉好的面团放在工作台面上，继续揉搓至光滑并且不再粘手。将揉好的面团放到一个干净的盆内，用干净的毛巾盖好。放到一个温暖的地方发酵至体积增至两倍大，大约需要2小时。

4. 准备好油炸锅，将油加热至160℃。

5. 按压面团，用擀面杖将面团擀开成大约0.5厘米厚的方块形。切割成菱形块并分离开。在每一个菱形块对角线的中间位置切割出一个2厘米长的切口。抬起菱形块的一个长角从切口中间穿过并伸拉开以形成一个结。

6. 将面角炸至金黄色，需要2～3分钟。摆放到垫有纸巾的餐盘内，在炸面角上撒上些糖粉作装饰。

学习内容

制作发酵面团
揉制面团
炸制面角
给面团塑形

产量

可以制作出12～16个里昂式炸面角，每个大约60克

工具

小雕刻刀，搅拌盆，木铲，擀面杖，油炸锅，厨用毛巾，纸巾，餐盘

配料

配料	用量
水或者牛奶（微温，不超过32℃）	120毫升
酵母	20克
面粉	500克
白砂糖	40克
盐	8克
鸡蛋	3个
黄油	125克
朗姆酒	10毫升
橙皮或者柠檬皮	少许
面粉（面扑用）	适量
色拉油（炸油用）	适量
糖粉（装饰用）	适量

樱桃馅饼是一款来自于法国利木赞地区美味可口的甜品类馅饼。樱桃馅饼的法语是“clafoutis limousine”，clafoutis是一个古老的奥克西坦语，意思是“要装满”，是指用足够数量的樱桃“填满”这一款味道浓郁、丰厚甘美并且香味扑鼻的馅饼。有意思的是，尽管也可以使用其他水果来制作这款馅饼，但是我们只会把使用樱桃作为主要材料的馅饼称为克拉芙提（clafoutis）。当使用其他水果制作时，这款馅饼应叫做“flaugnarde”（芙纽多）。要记住的是，传统的利木赞地区制作克拉芙提一定要使用带核的整个黑樱桃，据说这种樱桃在烘烤的过程中可以释放出更浓郁的风味。

利木赞樱桃馅饼

学习内容

制作水果馅饼

烘烤水果

产量

8人份

工具

小雕刻刀，搅拌盆，木铲，搅拌器，面筛，耐高温烤盘

配料	
面粉	60克
白砂糖	125克
鸡蛋	3个
牛奶	300毫升
香草豆荚	1根
盐	少许
黑樱桃	750克
黄油	适量

制作方法

1. 将烤箱预热至180℃。
2. 将过筛后的面粉与白砂糖在一个干净的盆内混合均匀。将鸡蛋一个一个地加入进去，每加入一个搅拌均匀之后再加入下一个。用一把小刀，沿纵长劈开香草豆荚，刮取香草子加入到面糊中搅拌均匀。再加入牛奶和盐混合均匀，将其过滤到一个干净的盆内，不要有颗粒呈现，放到一边备用。
3. 在耐高温烤盘内涂抹上黄油，并撒上些白砂糖。将所有樱桃的茎梗除掉。然后将所有除掉茎梗的樱桃均匀地摆放在耐高温烤盘的底部，将鸡蛋混合液倒入到樱桃上面，直至将樱桃完全覆盖。
4. 将耐高温烤盘放入到烤箱里，烘烤至蛋液胀发起来并且表面颜色呈金黄色，或者用小刀插入到馅饼中拔出时刀尖是干爽的，需要烘35～45分钟。
5. 立刻趁热上桌提供给顾客。

诺曼底烤苹果是一款用轻柔酥脆的酥皮包裹着整个苹果，并添加杏仁奶油酱一起烘烤而成的味道浓郁且令人舒心的馅饼。这道甜点起源于法国诺曼底地区，一个有着悠久美食传统的地方，以盛产苹果和牛肉制品而广为人知。诺曼底出品的奶酪也被众口一词地认为是世界上最佳奶酪之一。该地区还有一些闻名于世的苹果庄园，并且还有许多传统的、基于苹果的烹饪食谱（例如诺曼底烤苹果），以及饮之如甘饴的苹果酒和苹果白兰地等。这道甜点中间包裹的材料还可以用梨来代替。这样的话这道甜点就称为烤梨（douillons）而不是烤苹果。

诺曼底烤苹果

学习内容

烘烤水果
包馅烘烤
制作酥皮
制作杏仁奶油酱
制作焦糖
给甜品增亮上色

产量

6人份

工具

小雕刻刀，削皮刀，搅拌盆，苹果去核器，擀面杖，面刷，搅拌器，木铲，烤盘，酱汁锅

配料	
苹果	6个
柠檬	1个
白砂糖	60克
黄油	60克
水	60毫升
杏仁奶油酱	
黄油（软化）	100克
朗姆酒	10毫升
白砂糖	100克
鸡蛋	2个
香草豆荚	1根
杏仁粉	100克
制作好的酥皮	400克
鸡蛋	1个
白砂糖	200克
水	适量
奶油	100毫升

制作方法

将烤箱预热到180℃。

1. 将苹果去皮去核。用切片柠檬擦拭苹果，并在苹果核的位置挤上几滴柠檬汁以防止苹果变色。

2. 将苹果摆放到涂抹有黄油的烤盘里，撒上些白砂糖。再撒上些切成颗粒状的黄油，并淋上些水。放到预热好了的烤箱内烘烤，将苹果烤熟但不要烤软，烘烤期间至少再撒上一次黄油。需要烘烤20～30分钟。从烤箱内取出苹果，放凉备用。

制作杏仁奶油酱

1. 将软化好的黄油与白砂糖一起打发至蓬松状，然后将鸡蛋一次一个地加入进去，每加入一个鸡蛋搅拌均匀之后再加入另一个。将香草豆荚用小刀沿纵长劈开，刮取香草子。香草豆荚壳留作它用。将香草子及朗姆酒加入到打发好的黄油鸡蛋混合物中，搅拌均匀。再将杏仁粉搅拌进去至细腻光滑。将搅拌好的混合物装入到带有一个中号圆口裱花嘴的裱花袋内。

2. 将烤箱预热到212℃。

3. 在工作台面上撒上些面粉，取出事先制作好的酥皮置于工作台面上，把酥皮擀开成厚度为3毫米的大片，切成6个方块形，根据苹果的大小，每个方块大约为16厘米×16厘米，将冷却之后的苹果放到方块酥皮中间，在中间再放上些杏仁酱。在酥皮上刷上蛋液，将方块酥皮的四个角朝中间提起，捏紧缝隙，修整酥皮成苹果的形状。重复此过程，将其余苹果也按此法制作好，摆放到烤盘内。

4. 在酥皮的外皮上刷上蛋液，用剩余的酥皮制作出苹果叶子等造型进行装饰（如果需要的话）。再刷上第二遍蛋液，将酥皮苹果放到烤箱内烘烤至酥皮表面颜色呈金黄，大约需要烘烤15分钟。

制作焦糖酱汁

1. 将白砂糖放入到一个酱汁锅内，加入能够浸过白砂糖的水。用大火烧沸，熬煮至呈焦糖色。变成深金黄色之后，从火上端离开，加入奶油，搅拌至焦糖与奶油完全融和在一起。如果需要可以多加入些奶油。

2. 将烤好的酥皮苹果摆放到餐盘内，浇淋上焦糖酱汁一起食用。

布列塔尼馅饼是一款传统的法国馅饼，至今在法国仍然是最受人们喜爱的传统法式甜点之一。说来也奇怪，这款布列塔尼馅饼，它最初的样式，根本就没有用来作为甜品食用的打算。它的制作时间最早可以追溯到18世纪时期的法国布列塔尼地区，那时候翻译成“布列塔尼面包”，它作为一款开胃、可口的面包是用来伴着肉类菜肴一起食用的。随着时间的推移，昔日的布列塔尼面包逐渐转化成加有糖、牛奶和水果的一道甜点，成为了今天我们所熟知的布列塔尼馅饼这样一道甜品。

布列塔尼馅饼

学习内容

制作水果馅饼

产量

6～8人份

工具

小雕刻刀，搅拌盆，搅拌器，25厘米浅边焗盘

配料	
蛋糕粉	180克
白砂糖	180克
盐	8克
鸡蛋	3个
牛奶	750毫升
油	22毫升
西梅果脯	225克
黄油	适量

制作方法

1. 将蛋糕粉放入到一个大盆内，在中间做出一个井圈。将白砂糖和盐放入到井圈中，加入鸡蛋，混合这几种原料，逐渐将面粉与鸡蛋进行混合。

2. 一旦这些原料变得浓稠，将牛奶逐渐加入进去，搅拌成细腻光滑的面糊，并将油也搅拌进去。

3. 在浅边焗盘内涂抹上黄油，在焗盘内摆放好西梅果脯，使其能够覆盖住焗盘的底部。将面糊浇淋到西梅果脯上。放入烤箱内烘烤至面糊膨发起来，并且颜色变成金黄色，大约需要烘烤45分钟。也可以将刀尖插入馅饼中进行测试，提起时刀尖是干爽的即表示馅饼已经成熟。

4. 从烤箱内端出提供给顾客。

黑森林蛋糕是以德国Schwarzwald地区（字面意思是黑森林）的名字来命名的。尽管对于谁是此款蛋糕的发明者存在着诸多争议，但是来自于德斯堡的Agner咖啡厅的约瑟夫·凯勒（Joseph Keller）普遍被认为是这款蛋糕的首创者。虽然直到20世纪30年代我们对这款蛋糕的历史还是知之甚少， 但这不妨碍它成为德国最有名的蛋糕之一。起初制作这款蛋糕使用的是酸樱桃以及大量的樱桃白兰地。但现在使用的是现代美式版本，酸樱桃被黑樱桃所取代，至于樱桃白兰地，在大多数情况下已经不再使用了。

黑森林蛋糕

学习内容

制作巧克力蛋糕

装饰蛋糕

制作尚蒂伊奶油酱

在蛋糕上裱花

涂抹蛋糕

产量

8人份

工具

削皮刀，锯刀，厨刀，小雕刻刀，蛋糕纸板，蛋糕转盘，毛刷，搅拌器，胶皮刮刀，细网筛，三角刮板，裱花袋，10毫米圆口裱花嘴，24毫米星状裱花嘴，厨用剪刀，搅拌盆，冰槽，小号酱汁锅，保温锅，蛋糕模具

制作方法

1. 将烤箱预热到205℃。

2. 在一个20厘米蛋糕模具内涂抹上黄油，并放到冰箱内冷冻5分钟以让黄油凝固。然后取出再涂抹一遍黄油，撒上面粉，拍打掉多余的面粉，放到冰箱内冷冻备用。

3. 在酱汁锅内加入1/4满的水，用中火加热。

4. 将鸡蛋和蛋黄加入到一个大号搅拌盆内，加入白砂糖，用搅拌器搅拌均匀。将搅拌盆放到正在加热的酱汁锅上隔热打发至颜色变浅，触摸起来液体有些热的感觉。打发到这个程度时，当抬起搅拌器，鸡蛋混合液会呈丝带状滴落下来。从酱汁锅上端离开搅拌盆，继续搅打至鸡蛋液体冷却到室温。加入面粉和可可粉，用胶皮刮刀逐渐地将面粉叠拌进鸡蛋液体中（叠拌至蛋液与面粉混合到一起），加入黄油搅拌均匀。将搅拌好的混合面糊倒入模具中，放到烤箱内烘烤。将烤箱温度降至185℃，再烤15～18分钟（可以用插入一把小刀的方式测试烘烤的程度，如果刀尖拔出来之后是干爽的表示蛋糕已经烤好）。将蛋糕从烤箱内取出，在模具内冷却2～3分钟。然后将蛋糕从模具内取出，反扣到烤架上晾凉。

制作尚蒂伊奶油

将一个大号搅拌盆放置在冰槽上，加入奶油，用大号搅拌器打发奶油至湿性发泡。然后加入糖粉和香草香精，继续打发至硬性发泡。将制作好的尚蒂伊奶油放入冰箱内冷藏保存至需用时再取出。

制作涂刷糖浆

用中火将放入在小号酱汁锅内的白砂糖和水一起烧沸，白砂糖全部溶解。将锅端离开火，倒入到一个干净的盆内。让其自然冷却到室温，用勺子将樱桃白兰地搅拌进去，盖好之后放到一边备用。

制作蛋糕

1. 将蛋糕反扣使得底面朝上，用锯刀将表面修理平整。将蛋糕放置到20厘米蛋糕纸板上，然后放到蛋糕转盘上。用锯刀在蛋糕周边做出三等分的刻痕，转动蛋糕转盘，沿着蛋糕切掉最上层的一片蛋糕，取下放到一边备用，重复此过程，切割下中间的一片蛋糕，取下放到一边备用。用毛刷将整个底层蛋糕刷上一层糖浆。将尚蒂伊奶油从冰箱内取出，搅拌至硬性发泡，然后将其装入到带有一个10毫米圆口裱花嘴的裱花袋内。从底层这一片蛋糕的中间开始呈紧密螺旋状朝向边沿在蛋糕上挤出一层奶油酱。将1/3量的樱桃均匀地摆放到奶油酱上，在樱桃上挤上几圈奶油酱以让第二片蛋糕可以更稳定地放置在樱桃及奶油酱上面。将中间那一片蛋糕放在上面，轻压蛋糕使其平整，用抹刀将挤压后露在外面的奶油酱涂抹平整。重复涂刷糖浆、挤上奶油酱、摆放樱桃这几个操作步骤，接着再挤上几圈奶油酱，将最后一片蛋糕放在上面轻压使其平整，用抹刀将挤压后露出的奶油酱抹平。用刀尖在蛋糕表面做出刻痕标记，并涂刷上糖浆。

2. 将蛋糕放到冰箱内冷藏保存，将裱花袋内的奶油酱倒回盛放尚蒂伊奶油的盆内，放入冰箱内冷藏保存。

提示 如果想随时使用裱花袋，先将裱花袋内的奶油酱倒出到盛放有尚蒂伊奶油的盆内，使用之前先打发尚蒂伊奶油再装入到裱花袋内使用。

巧克力刨花

用一把干净的削皮刀或者一把锋利的小刀，在巧克力块上刮取巧克力刨花用作装饰。

涂抹蛋糕

从冰箱内取出蛋糕。在蛋糕的表面涂刷上糖浆使其渗透到蛋糕中。将尚蒂伊奶油打发好，使用大号抹刀将蛋糕的立面涂上尚蒂伊奶油并涂抹至光滑平整，去掉多余的尚蒂伊奶油。在顶层表面上放上一堆奶油，用抹刀朝向四周涂抹成均匀的一层。再用抹刀刮抹平整。将抹刀伸入蛋糕纸板下面抬起蛋糕，放入一只手中，转动蛋糕，将底面涂抹平整，去掉多余的尚蒂伊奶油。

装饰蛋糕

1. 将剩余的尚蒂伊奶油装入到带有24毫米星状裱花嘴的裱花袋内。在蛋糕表面挤出8个花形图案。在蛋糕的四周撒上些巧克力刨花，表面8个花形图案周围也撒上一些巧克力刨花，再在蛋糕表面撒上糖粉装饰，每个花形图案上放上一粒樱桃进行装饰。

2. 将制作好的蛋糕放到一个干净的蛋糕纸板上，或者摆放到一个餐盘内，放入到冰箱内冷藏至需食用时。

配料	
涂模具内层材料	
黄油	30克
面粉	30克
海绵蛋糕	
黄油	25克
面粉（过筛）	120克
可可粉	30克
鸡蛋	4个
蛋黄	2个
白砂糖	150克
尚蒂伊奶油酱	
奶油（冷藏）	600毫升
糖粉	60克
香草香精	5毫升
涂刷蛋糕用糖浆	
白砂糖	200克
水	200毫升
樱桃白兰地	30毫升
装饰材料	
半甜巧克力（微温）	300克
樱桃	130克
糖粉	适量

法国阿基坦地区康伯莱班镇是奶油夹心黄油蛋糕的原产地，奶油夹心黄油蛋糕开始是以Biskotxak的名字售卖的。此款蛋糕传说是由一个叫Marianne Hirigoyen的面包师在19世纪30年代据其母亲传下来的配方制作而成。随着康伯莱班作为一个温泉小镇名气日益增长，逐渐富裕起来的人们从法国各地开始进入Marianne的饼屋，慕名前来品味这款别具一格、口感细腻的黄油蛋糕。

奶油夹心黄油蛋糕

学习内容

制作蛋奶酱
制作填馅蛋糕
分割蛋糕

产量

6人份

工具

面筛，搅拌器，塑料刮板，过滤器，裱花袋，大号圆口裱花嘴，搅拌盆，面刷，中号酱汁锅，20厘米蛋糕模具

制作方法

1. 将烤箱预热到185℃。
2. 在20厘米蛋糕模具内涂抹上黄油，放到冰箱内冷藏保存。
3. 将樱桃放到漏勺里再放置到盆上面沥干水分。

制作蛋奶酱

1. 在一个中号酱汁锅内放入牛奶和香草香精混合均匀，中火加热。加入1/4量的白砂糖，搅拌使其溶化。
2. 将蛋黄放到一个小号搅拌盆内，加入剩下的白砂糖。将白砂糖搅拌进入蛋黄中直到完全吸收并且蛋黄颜色变浅。加入面粉或者淀粉搅拌至混合均匀。
3. 当牛奶快要沸腾时，从火上端离开，将1/3量的牛奶倒入蛋黄混合物中。搅拌使蛋黄回温，然后将搅拌好的蛋黄牛奶液体倒回到盛放牛奶的锅中搅拌均匀。将牛奶锅放回到火上加热至蛋奶酱开始冒泡。加入杏仁粉，继续搅拌（要确保搅拌器搅拌到锅底的每一个角落）同时继续加热1分钟，使淀粉成熟。此时蛋奶酱会变得非常浓稠。
4. 准备一个浅盘或者烤盘，覆盖上一层保鲜膜。待蛋奶酱制作好之后倒入到准备好的浅盘或者烤盘上。用一把叉子叉住一块冻硬了的黄油在蛋奶酱表面反复涂抹以形成一层黄油保护层，再盖上一层保鲜膜，排出里面的空气泡，将四周密封，放到一边晾凉至室温。

制作黄油蛋糕

1. 将面粉、泡打粉和盐一起过筛，将黄油和白砂糖一起搅打至蓬松。加入鸡蛋，一次一个地加入，每次都要搅拌均匀之后再加入下一个鸡蛋。加入香草香精和柠檬皮搅拌均匀，再加入面粉搅拌形成浓稠的面糊。将面糊装入到装有一个大号圆口裱花嘴的裱花袋中。

2. 从冰箱内取出蛋糕模具，撒上些面粉。从模具的中心位置开始，从内到外将面糊呈螺旋状地挤满模具的底部。挤到模具的边沿时，继续沿着模具内侧的周边挤到模具的顶部，覆盖住模具的内侧，轻拍模具排出空气泡。搅拌蛋奶酱至细腻有弹性，再将朗姆酒搅拌进去。将沥干水的樱桃用面粉和白砂糖轻轻搅拌，加入到蛋奶酱中。樱桃要沾上面粉和白砂糖是为了能够吸收掉多余的汁液。将搅拌均匀的蛋奶酱加入到蛋糕模具中间的位置，摊开使其成为均匀的一层。将剩余的面糊呈螺旋状紧密地挤到模具中覆盖住蛋奶酱，用抹刀将所有的缝隙抹平。用手指沿着蛋糕模具边沿的内侧划过，形成一圈浅沟。抹刀用热水泡一下，用抹刀将蛋糕表面抹平。烘烤之前先将蛋糕放到冰箱内冷藏松弛30分钟。

烘烤

将蛋糕从冰箱内取出，在蛋糕的表面刷上蛋液。用一把叉子，在蛋糕的表面轻轻划过，形成一个美观的装饰图案。将蛋糕放入到烤箱内烘烤至呈金黄色，然后将烤箱温度降至170℃继续烘烤大约25分钟，从烤箱内取出蛋糕，连蛋糕模具一起放到烤架上晾10分钟，从模具中扣出放到烤架上让蛋糕凉透。

【可选】 可以在蛋糕表面摆放上用杏仁膏制作的玫瑰花作装饰。

配料	
蛋奶酱	
牛奶	250毫升
香草香精	5毫升
蛋黄	2个
白砂糖	60克
面粉（或者玉米淀粉）	30克
杏仁粉	30克
朗姆酒	20毫升
黄油	14克
黄油蛋糕	
面粉	250克
泡打粉	6克
盐	4克
黄油（软化）	150克
白砂糖	150克
鸡蛋	3个
香草香精	5毫升
柠檬（取柠檬皮）	1个
糖水樱桃（沥干水）	150克
面粉	30克
白砂糖	30克
装饰材料	
鸡蛋（用于蛋液）	1个

佛格斯烤饼（fougasse）独具一格的树叶形状造型与法国南部的普罗旺斯地区密不可分。佛格斯烤饼在不同地区的名称各有不同，例如称为福赛（fouace）或者意大利佛卡夏（Italian focaccia）。佛格斯烤饼最初的第一块面团是在一家面包店内用燃烧木材的烤箱烘烤而成的，并且这块面团是用来测试烤箱的温度的，之后被当成了面包店学徒工们的早餐食物。

佛格斯烤饼

制作方法

1. 在一个大盆内，用温水将酵母和120克面粉一起混合均匀。用毛巾盖好放到一个温暖的地方醒发至体积增至2倍大，即为面肥（levain，又称为老面）。

2. 待面肥准备好之后，将剩余的面粉放到工作台面上，在面粉中间做出一个井圈，加入盐、50毫升水、橄榄油（第一份）以及橄榄。

3. 将面肥加入进去，混合均匀，与面粉揉搓在一起，最后揉搓成一个圆形面团，用刀在表面切割出一个深的X形刀痕，放到温暖的地方醒发至体积增至2倍大。

4. 将烤箱预热到230℃。

5. 将醒发好的面团取出，擀开成一个大的椭圆形，厚度大约为4毫米。将其放到一个涂刷了一层油的烤盘上。取一把锋利的刀，在面片上切割出一些刀口，要确保将面片切透。轻轻伸拉面片让切口不闭合。

6. 将橄榄油（第二份）涂刷到面片上，再撒上一些百里香和海盐。

7. 放入烤箱内烘烤至呈金黄色，大约需要烘烤35分钟。

学习内容

制作面肥
给面包塑形
给面包调味

产量

可以制作出1个佛格斯烤饼

工具

小雕刻刀，厨刀，搅拌盆，面筛，菜板，毛刷，毛巾，擀面杖，平炒锅，酱汁锅，烤盘

配料

水（微温，不超过32℃）	300毫升
酵母	15克
面粉	500克
盐	5克
橄榄油（第一份）	30毫升
黑橄榄（去核切成两半）	60克
橄榄油（第二份）	60毫升
海盐	适量
百里香（新鲜或者干燥的均可）	适量

甜塔

使用酵母发酵面团制作的甜塔，可能起源于法国北部地区（特别是法兰德斯），在那里，从甜菜中提取糖作为当地支柱性产业已经有几个世纪的历史了。

制作方法

将烤箱预热至175℃。在20厘米深盘塔模内涂抹上一层软化的黄油，放入冰箱内冷藏备用。

制作发酵面团

将鲜酵母和白砂糖加入到温水中搅拌至完全溶解。让酵母液体静置发酵至表面覆盖薄薄一层浮沫为好。同时，将面粉过筛到一个干净并且干燥的工作台面上，在面粉中间做出一个井圈。将酵母液体倒入到井圈中，用手指搅拌，同时将外围的面粉用塑料刮板逐渐加入到井圈中，当液体和面粉形成浓稠的糊状时，将面粉堆积到一起用手搅拌到一起。当混合好之后，再在中间做出一个井圈。将鸡蛋和盐放入到一个小碗内搅拌均匀，倒入到井圈中，用手指搅拌均匀，将外围的面粉逐渐加入到井圈中，直到蛋液全部搅拌入面粉中。将混合好的面粉揉搓成面团。继续揉搓至面团光滑均匀，加入黄油继续揉搓，直至将黄油全部揉搓进面团中。反复伸拉和折叠面团直至扩展阶段能够形成足够的弹性，用两只手拽开时，面团可以形成一层薄皮（需要反复伸拉和折叠10～15分钟）。将面团揉成圆形，放入到一个涂有一层薄油的盆内。用湿布盖好放到温暖的地方发酵至体积增至2倍大。

制作塔馅

在搅拌盆内打发鸡蛋和白砂糖至颜色变浅，加入牛奶搅拌均匀。将两勺混合液与融化并冷却后的黄油混合均匀，再将所有牛奶、鸡蛋、白砂糖液体与黄油混合物一起搅拌均匀。

烘烤

在工作台面上撒上一层面粉。待面团发酵至2倍大时，取出放到工作台面上，再揉搓10～15分钟。将面团擀开成圆形，要比塔模宽出5厘米。将圆形面皮放入到模具中，顺着塔模的边按压面皮以形成一个凹形塔边，烘烤之前让做好的塔皮在模具中二次醒发（需要15～20分钟）。在表面刷上蛋液，放入到烤箱内烘烤至呈淡金黄色（需要20～25分钟）。将塔壳从烤箱内取出，用手指将塔壳中间压下去，或者用勺背压下去。在塔壳的边上再次刷上蛋液，在塔壳内装入塔馅。将塔再次放入烤箱内烘烤10～15分钟。

最后装饰

1. 将烘烤好的塔取出放到烤架上冷却5～10分钟。不脱模，可以趁热食用或者在常温下食用。

2. 上桌之前，还可以在塔的表面刷上糖浆使其晶莹剔透，在塔的中间还可以撒上白砂糖装饰。

学习内容

制作发酵面团

制作甜塔

产量

6～8人份

工具

面筛，搅拌盆，搅拌器，擀面杖，塑料刮板，毛刷，小碗，烤盘，20厘米深边塔模，小号酱汁锅

配料	
发酵面团	
面粉	250克
鲜酵母	10克
白砂糖	30克
温水	80毫升
鸡蛋	1个
盐	5克
黄油（软化）	100克
塔馅	
白砂糖	100克
鸡蛋	1个
牛奶	50毫升
黄油（融化之后冷却）	50毫升
鸡蛋（打成蛋液）	适量
面粉（粉扑用）	1个

咕咕霍夫（kouglhof，也可以拼写为kougelhpf，kugelhopf，kuglhof或者称为德式gugelhupf）是一款来自于法国阿尔萨斯区的令人回味无穷的德国风味蛋奶面包。阿尔萨斯是法国的东北大区，而阿尔萨斯人则是德国人和法国人结合之后的后裔。当地的传说是咕咕霍夫是由去伯利恒朝圣的三个智者停留在阿尔萨斯Ribeaupré 镇时制作而成的一道甜品。三个智者说制作这道甜点是为了感谢一个糕点店主让他们在他的糕点店内避难。他们三人将蛋糕的形状做成了仿若穆斯林头巾的形状，以此来纪念他们曾经的到访。这款独具一格的穆斯林头巾形状的蛋糕至今保持着它最经典的造型特点。

咕咕霍夫

学习内容

制作咕咕霍夫

产量

可以制作出1个大个或者2个小个的咕咕霍夫

工具

厨刀，搅拌盆，木铲，厨用毛巾，毛刷，擀面杖，烤架，咕咕霍夫模具，酱汁锅

配料

配料	用量
牛奶	100毫升
鲜酵母	30克
面粉	400克
白砂糖	75克
盐	8克
鸡蛋	3个
黄油	150克
葡萄干	100克
黄油（涂抹模具用）	适量
杏仁片	50克
糖粉（装饰用）	适量

制作方法

1. 将牛奶在酱汁锅内用小火加热至大约身体的温度（不超过32℃）。将加热之后的牛奶倒入到一个大盆内，加入酵母使其溶解。然后加入100克的面粉、白砂糖、盐和鸡蛋，搅拌至完全融合在一起。再加入剩余的面粉，搅拌揉成一个柔软的面团。取出面团放到工作台面上，揉至光滑不粘手，放到一个干净的盆内，用厨用毛巾盖好，放置到一边醒发至体积增至2倍大。
2. 在模具内侧多涂抹上一些黄油，然后粘上杏仁片。
3. 挤压面团排出空气，将黄油加入面团中，反复揉搓，将黄油揉进面团中。再加入葡萄干，反复折叠面团使葡萄干均匀地分布在面团中。
4. 将面团擀开成一个长方形，然后沿纵长卷起成为面卷。将卷好的面卷放到准备好的模具里，将两端靠在一起捏紧。放到一边醒发1小时。
5. 将烤箱预热至190℃。
6. 将咕咕霍夫放到烤箱内烘烤至颜色金黄，触摸时表面干爽。大约需要烘烤40分钟。
7. 从烤箱内取出，轻缓地脱模。放到烤架上晾凉，在上桌之前撒上糖粉装饰。

黄油酥饼（kouign amann）是一款带有响当当名字的黄油味道浓郁的美味佳肴。它于1865年始创于法国布列塔尼地区的小镇Douarnenez。黄油酥饼的法语名称是kouign amann，这个名字很绕口是因为它来自于当地的布列塔尼语，kouign的意思是“面包”，amann的意思是“黄油”。这款糕点最初据说是当地一个面包师在试图制作一款样式新颖的面包时偶然所得。最后的结果是他制作出来的面包与自己的要求相差甚远，他开始尝试在面团中加入大量的黄油和白砂糖。歪打正着制作出来了一款美味的糕点，至今小镇Douarnenez所在地的法国费尼斯戴尔（Finistère）地区仍然以制作黄油酥饼kouign amann的名字而闻名。

黄油酥饼

学习内容

制作发酵面团

给黄油酥饼上光

产量

4~6人份

工具

小雕刻刀，搅拌盆，擀面杖，木铲，面刷，烤架，烤盘

配料

配料	用量
鲜酵母	12克
温水（不超过32℃）	30毫升
面粉（第一份）	50克
面粉（第二份）	200克
盐	少许
黄油	125克
白砂糖	60克
鸡蛋（蛋液用）	1个
白砂糖（装饰用）	适量

制作方法

制作面团

1. 用温水（不超过32℃）溶化开鲜酵母。将第一份50克面粉搅拌进去，放到温暖的地方发酵至体积增至2倍大，成为第一块面团。
2. 将盐和第二份200克面粉放到一个大盆内，将第一块面团放入盆内，用手指将面粉揉进去，加入适量的水，将其揉成一个柔软而光滑的面团。
3. 将面团放到温暖的地方发酵，当体积增至2倍大时，取出放到撒有面粉的工作台面上，擀开成为一个大的圆形饼。将黄油均匀涂抹在饼面上，然后再撒上白砂糖。三折叠起面饼并重新擀开。再叠成三折之后重新擀开，连续折叠三次擀开三次。将最后擀开的面团放到一边发酵15分钟。将面团擀开成为一个圆形再次三折叠起，重新发酵15分钟。最后一次擀开面团并三折叠起。
4. 将烤箱预热至240℃。
5. 将面团擀开成为一个直径22厘米的圆形。用小雕刻刀在表面横竖刻划出井字形图案，刷上蛋液。放到烤盘内再放入预热好的烤箱里烘烤，大约需要烘烤20分钟。在烘烤的过程中黄油会融化渗出到烤盘内，将这些黄油再均匀地涂刷到饼面上。烘烤到呈金黄色时从烤箱内取出，撒上白砂糖装饰。

几个世纪以来，法国普罗旺斯地区的小镇蒙特利尔一直盛产着世界上最优质的牛轧糖。自从奥利维尔·赛尔于17世纪开始在蒙特利尔山脉中种植杏仁树开始，这一传统就一直延续下来。法国人坚称与之相似的使用核桃仁制作牛轧糖的工艺早于那个时期。是蒙特利尔人首先使用核桃仁，创作出了现代制作牛轧糖的工艺流程。今天，蒙特利尔牛轧糖在很大程度上被认为是世界上最好的牛轧糖，甚至于乔治·哈里森作歌一曲向牛轧糖致敬，《Savoy truffle》，（歌曲名称）收录于甲壳虫乐队传奇的白色专辑中。蒙特利尔市民甚至声称他们创造了牛轧糖nougat这个词汇。这个故事的起源是这样的，一位妇女为她的侄女制作糖果吃，当孩子们开始吃糖果时，他们大声嚷嚷着“tante manon，tu nous gâtes（玛农姑妈，你真伟大！）”。这位妇女去世之后，她的侄女据说发现了写着“tu nous gates”的糖果配方，这份配方的名字随着时间的演变逐渐简化成了nougat。很不幸的是，这个能够让人会心一笑的故事也许不是真实的。这个词汇的真正起源极有可能源自于奥克西坦语nogat，意思是“nut（坚果）”。

蒙特佩里尔牛轧糖

学习内容

制作牛轧糖
熬煮蜂蜜
熬煮糖浆
制作蛋白霜

产量

可以制作出大约5打60片，每片30克的蒙特佩里尔牛轧糖

工具

锯刀，搅拌盆，搅拌器，糖用刻度尺（可选），糖用温度计，木铲，擀面杖，油纸，威化纸（可选），厚底酱汁锅，烤盘，保温锅

配料

蜂蜜	500毫升
白砂糖（第一份）	830克
葡萄糖浆	185克
水	250毫升
蛋清	100克
白砂糖（第二份）	35克
大杏仁（烤熟）	400克
开心果仁（烤熟）	130克
榛子果仁（烤熟）	130克
樱桃果脯	130克
糖粉	适量
威化纸（可选）	

制作方法

1. 在烤盘上铺上油纸并撒上一层糖粉备用。

2. 将蜂蜜倒入到一个厚底酱汁锅内用中火加热。在加热过程中要特别留意，因为蜂蜜煮开时容易产生泡沫并溢出到锅外。使用糖用温度计测量蜂蜜的温度，将蜂蜜加热到135℃。与此同时，将白砂糖（第一份）、葡萄糖浆和水加入到另外一个酱汁锅内烧沸，撇去浮沫并刷净锅壁沾上的糖浆，将糖浆熬煮到145℃。

3. 当蜂蜜和糖浆分别熬煮好之后，在一个大的搅拌盆内，将蛋清打发至湿性发泡程度。在蛋清中加入白砂糖（第二份），搅打至白砂糖完全溶化。将熬煮好的蜂蜜呈细流状倒入到打发的蛋清中并不停地打发，待完全吸收之后再打发一会，再将熬煮好的糖浆呈细流状倒入，同时也要不停地搅打。搅打均匀之后，抬起搅拌器检查打好的蛋清的浓稠度——如果打好的蛋清的尖部不够坚挺，还需要继续打发一会。将搅拌盆放到注有热水的保温锅上继续隔水加热打发蛋清，直到抬起搅拌器时蛋清的尖部能够竖起。从保温锅上端离开搅拌盆并将坚果拌入。

4. 将搅拌均匀的牛轧糖材料平铺到铺有油纸的烤盘内，撒上糖粉并轻轻将表面拍打平整至大约2厘米的厚度，并将形状修整为正方形或者长方形。等其完全冷却之后，就可以按照需要用锯刀切割成喜欢的大小。

【可供选择】　如果使用威化纸，可以将威化纸在烤盘内摆放好，用糖用刻度尺搭好框架。将热的牛轧糖材料倒在威化纸上并抹平整。在表面再覆盖上一层威化纸，用擀面杖依着糖用刻度尺擀平整，冷却之后再切割。

在20世纪初期，塔坦姐妹俩，斯蒂芬妮（Stéphanie）和卡罗琳（Caroline），在法国索朗吉地区经营着一家狩猎旅馆和餐馆。据说在一次匆忙之中出错，两姐妹之一意外地烘烤出了一个酥皮底层在上面，原本的苹果内馅在下面的苹果塔。为了掩盖这个失误了的苹果塔，在烘烤好了之后，她将苹果塔翻扣过来了，偶然中的失误之作成全了一道带着酥脆的金黄色酥皮和金灿灿的焦糖苹果的完美翻扣苹果塔，翻扣苹果塔被饥肠辘辘的猎人们一扫而空。制作这款塔的一个麻烦之处在于如何能够将排列整齐美观的苹果翻扣过来。还有一个有趣的假设，是这一对姐妹花作为女主人已经声名远播，做出了一款异于常规的馅饼，并且可能颠覆了已经存在的常识，理应得到以其姓氏来命名这款塔的荣誉。

翻扣苹果塔

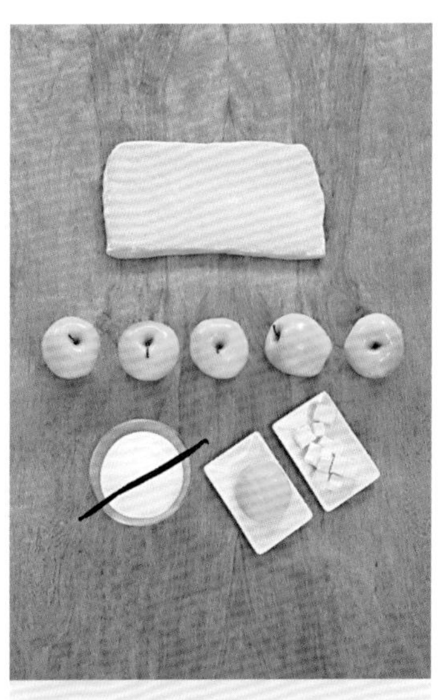

制作方法

酥皮的制作见本书相关菜谱中的内容。

1. 将烤箱预热至175℃。

2. 将苹果去皮去核，切成四块。将柠檬切成两半，用切开的那一面在切块苹果表面反复涂抹以防止苹果变色。

3. 将塔模放到中火上加热并加入黄油。当黄油融化之后，加入白砂糖并且搅拌均匀。用小雕刻刀沿纵长劈开香草豆荚并刮出香草了，加入不停地搅拌加热中的黄油和白砂糖，直到白砂糖变成焦糖色。当焦糖变成金黄色时，将切成块的苹果沿着模具的外沿摆放，摆放时要将苹果块竖立起来并且苹果核一侧要朝向焦糖的位置，方向要完全一致。摆放好的苹果要非常紧凑，空间密实。再依此方法继续从外围开始摆放第二层苹果。可能需要将苹果切成小块以填补到中间的空间位置。继续加热至焦糖颜色开始变深并且冒泡，苹果开始变软，大约需要20分钟。这期间可以将焦糖汁不停地浇淋到苹果块上。

注 可以在苹果上撒上混合好的白糖（5克）和果胶（5克）以防止苹果变得太软。这一操作步骤要在焦糖开始变成金黄色并且摆放好苹果之后进行。

4. 将酥皮面团擀开成3毫米的厚度，并且要比模具略大一些。将模具端离开火。将擀好的酥皮卷在擀面杖上快速地覆盖到模具内的苹果上。要快速操作（酥皮在苹果热量的作用下会变软），将多出模具边缘部分的酥皮用勺子的背面挤压进模具中。

5. 将制作好的塔放入到烤箱内，烘烤至酥皮香酥金黄，在塔中插入刀尖时，可以非常容易地穿透苹果果肉。从烤箱内取出，让其稍微冷却。将一个餐盘扣在模具上，快速地翻扣过来，然后轻缓地提起并取走模具。

注 塔也可以在模具内冷却。如果要脱模，可以略微加热模具使得焦糖融化之后再脱模。如果需要可以在冷却之后的苹果上涂刷上果胶装饰。

学习内容

制作酥皮
熬煮焦糖
制作翻扣塔
烘烤水果

产量

可以制作出1个23厘米的苹果塔，供8～10人食用

工具

小雕刻刀，削皮刀，擀面杖，木铲，搅拌盆，勺子，塔模或者23厘米厚底炒锅

配料

苹果（质地硬实）	5个
柠檬	1个
黄油	70克
白砂糖	200克
香草豆荚	1根
制作好的酥皮	250克

其他风味甜品类

酥炸苹果圈配杏酱
Apple Fritters with Apricot Sauce

苹果酥盒
Apple Turnovers

水果酥盒
Fruit Turnovers

泡芙奶酪球
Cheese Pastry

巴伐利亚奶油大米布丁
Bavarian Cream Rice Pudding

酥炸苹果圈配杏酱

自中世纪以来，厨师们就已经开始将甜味和咸味食材经过挂糊之后在热油中进行炸制烹调。法语中的beignets一词，在英文中又称fritter，在某一个地区的食谱中可能演化成choux paste（泡芙），而在另外一个地区的食谱中则可能变化成为了beignets de pommes（酥炸苹果圈），也有人发明出来使用啤酒制作的面糊。对于甜味食材来说，苹果是最传统，也是最受人们喜爱的油炸食材之一。

制作方法

将烤箱预热至180℃。

制作面糊

1. 用小火将放到小号酱汁锅内的黄油融化，放到一边备用。

2. 将面粉过筛，放到一个大号搅拌盆内，在面粉中间做出一个井圈。加入鸡蛋、盐和白砂糖，用木铲将这些材料与井圈中的面粉混合（在此操作步骤中面粉形成块状是正常现象）。

3. 倒入1/2量的啤酒，用搅拌器搅拌至面粉形成细腻光滑的面糊。将剩余的啤酒加入，搅拌至混合均匀。取一小部分面糊与黄油搅拌混合均匀，然后将其加入到面糊中，用搅拌器搅拌均匀。

注　如果面团使用木铲搅拌时非常费力，可以加入小许水。

4. 使用胶皮刮刀或者刮板将盆边的面糊刮取干净，用保鲜膜将面糊覆盖，放到冰箱内冷藏松弛15～20分钟。面糊在冰箱内可以保存更长的时间。

腌制苹果片

将苹果去皮去核，切成1厘米厚的片。将苹果片平铺在一个浅盘内，撒上糖粉，然后再淋上苹果酒和柠檬汁。放到冰箱内冷藏保存15分钟（最低限度）。

制作杏酱

用腌制苹果片时流淌出的汁液稀释杏酱，以能够挂到勺背的黏稠度为好。

油炸苹果片

1. 将腌制好的苹果片放到纸巾上吸干水分。

2. 将蛋清打发至湿性发泡，然后叠拌进面糊中混合均匀。

3. 将苹果片一片一片地分别沾均匀面糊，然后放入油锅中油炸。在油炸过程中要将苹果片至少翻转一次（刚开始变色时要翻转苹果片）。当炸至呈金黄色时捞出放到纸巾上吸去油分。

装盘

将炸好的苹果片摆放到餐盘内，撒上糖粉装饰，配杏酱一起提供给客人。

学习内容

制作油炸面糊
腌制水果
制作甜味酱油

产量

4人份

工具

削皮刀，苹果去核器，小雕刻刀，面筛，搅拌盆，胶皮刮刀，搅拌器，撇沫勺，撒糖罐，木铲，小号酱汁锅，炒锅

配料	
苹果	4个
面糊	
通用面粉	250克
鸡蛋	2个
白砂糖	10克
盐	5克
淡味黄油（融化）	25毫升
啤酒（常温）	150毫升
蛋清	5个
水（可选）	适量
苹果腌料	
糖粉	60克
苹果酒或者苹果白兰地	30毫升
柠檬（挤汁用）	1个
装饰材料	
杏酱	150毫升
糖粉（装饰用）	适量

苹果酥盒

1580年，一场瘟疫在法国小镇圣尼特加莱地区蔓延。那些贫困家庭的人们纷纷逃离小镇，而留下的许多人则在饥饿之中苦苦挣扎。据传说，当时有一位贵妇人烘烤出了一个特大号的苹果馅饼，送给那些留在小镇中深陷饥饿恐慌中的百姓果腹，以免他们因饥饿而失去生命。为了纪念这位无名贵妇人的善举，小镇至今每年都会举办一次穿越小镇的巡游活动。在这一天，小镇上所有的面包师和糕点师们都会向欢呼雀跃的巡游人群分发苹果酥盒（当然是按份制作的一人分量大小的苹果酥盒）。

制作方法

将烤箱预热至205℃。

制作酥皮面团

为了制作出适量的酥皮面团，制作方法参考上册中制作酥皮的相关章节第229~230页。

制作烩苹果

将苹果去皮去核，切成小丁并与柠檬汁一起搅拌均匀。将白砂糖放入到一个中号酱汁锅内，用中火加热至变成焦糖。将酱汁锅端离开火并加入黄油使其增亮。用木铲搅拌焦糖糖浆使其回软。加入切好的苹果丁，将酱汁锅放回到火上用小火继续加热熬煮苹果。不时地搅拌，使苹果丁成熟但是还保留些脆硬的质地。控净苹果丁中的汁液，放到一边冷却到室温。

组装

1. 在工作台面上撒上些面粉，将酥皮面团放在工作台面上，用擀面杖将酥皮擀开成为厚度为5毫米的面片。将面片放入冰箱内冷藏松弛5分钟，取出之后用10厘米糕点模具按压切割成圆形。将每个圆片分别都用擀面杖来回擀几下使其成为一个椭圆的形状。将擀好的椭圆形面片均匀地摆放到干净的烤盘上，用毛刷刷净面片上多余的面粉，再放入冰箱内冷藏松弛5分钟。从冰箱内取出面片之后，将每个椭圆形面片都对折一次，使其沿着椭圆面片的最宽处留下一个折痕。在对折之后的一半面片的边缘处刷上蛋液。在每个刷过蛋液的一半面片的中间处放上一勺量的烩苹果馅料，将另一半面片抬起覆盖住馅料，挤压出里面的空气。仔细按压面片的边缘部分以密封馅料。在按压好的边缘位置用小雕刻刀的刀背进行挤压，目的是密封好边缘的同时又制作出美观的花纹图案。
2. 将制作好的苹果酥盒放入冰箱内，冷藏松弛10分钟，取出之后刷上蛋液，用小雕刻刀在表面轻轻地刻画出美观的图案。在每一个苹果酥盒上挖出一个小孔使得在烘烤的过程中蒸汽可以逸出。将苹果酥盒放入到预热好的烤箱内烘烤至金黄色。（当酥盒开始上色时要转动烤盘，将烤箱里部的烤盘转动到外部）

装盘

1. 制作糖浆：将水倒入到一个小号酱汁锅内，加入白砂糖，用中火烧沸，继续加热至白砂糖全部溶化。将酱汁锅端离开火放置到一边晾凉。
2. 当苹果酥盒烘烤至呈深金黄色时，从烤箱内取出，放到烤架上晾凉。同时趁热涂刷上糖浆。
3. 待苹果酥盒凉透之后，撒上糖粉，摆放到餐盘内上桌提供给顾客。

学习内容

制作包酥面团
制作酥皮面团
给水果去核
制作烩苹果
在酥皮中加入馅料制作酥盒
装饰酥皮
制作酥盒装饰卷边

产量

12人份

工具

削皮刀，小雕刻刀，厨刀，擀面杖，塑料刮板，毛刷，搅拌盆，木勺，木铲，10厘米糕点模具，面刷，中号酱汁锅，小号酱汁锅，烤盘，烤架

配料

配料	用量
酥皮面团	
面粉	500克
水	225毫升
黄油（常温）	200克
盐	10克
黄油	200克
鸡蛋（蛋液用）	1个
烩苹果	
苹果	3个
柠檬（挤汁用）	半个
白砂糖	60克
黄油	40克
香草香精（可选）	适量
糖浆	
白砂糖	50克
水	5毫升
糖粉（装饰用）	适量

水果酥盒是一款美味可口的类似于果馅卷或者酥皮卷的水果糕点。它的制作方法是在两块酥皮之间夹上果酱，并且在表面刻画出花纹以使得在烘烤过程中蒸汽能够逸出。水果酥盒的法语是jalousie，照字面翻译的意思为jealousy（嫉妒），当然这款美味的糕点不能以此命名，因为人们享用它的时候岂能产生嫉妒心理。法语jalousie还有另外一个意思是百叶窗格，其是由呈一定角度的木板制成的窗格，用来遮挡住直射的光线。水果酥盒以百叶窗格这个名字来命名是因为在酥盒表面刻画出的这些刀缝痕迹使得制作而成的酥盒像极了百叶窗的窗格。

水果酥盒

学习内容

制作酥皮面团

制作杏仁奶油酱

在酥皮上刻画出美观的花纹

给酥盒上光

产量

6～8人份

工具

小雕刻刀，厨刀，搅拌盆，塑料刮板，擀面杖，搅拌器，面刷，裱花袋，中号圆口裱花嘴，酱汁锅，烤盘，烤架

制作方法

制作包酥面团

1. 将面粉过筛到干净的工作台面上，用塑料刮板在面粉中间做出一个井圈。在井圈中放入盐和水。用手指搅拌至盐全部溶化。

2. 加入黄油（提前切成小颗粒状），并用手指混合面粉和水。当面粉、黄油和水开始混合时，用塑料刮板切割这些材料，直至将它们切割混合成一个非常粗糙的面团。如果面团太硬，可以再淋洒点水。

3. 一旦切割混合至几乎看不到干面粉的程度，将面团揉成圆形，用厨刀在面团表面切割出一个深的十字形。

4. 用保鲜膜包好面团，放到冰箱内冷藏松弛至少1小时（最好能够松弛一宿）。

注　包酥面团是指还没有包入黄油起酥之前的面团。

包入黄油并折叠面团

1. 将冷藏好的黄油（起酥黄油）用两张油纸包好，用擀面杖敲击并擀平，直到硬度与包酥面团一致。

2. 用塑料刮板将塑成形的黄油修整成1厘米厚的方形，放置到一边备用。如果厨房内温度过高，可以放入到冰箱内冷藏保存。

3. 在工作台面上撒一些面粉，将面团从保鲜膜中取出，放置到工作台面上。

4. 以切割好的十字形花刀切口为参照，将面团朝向四边擀开成十字形。要注意，在擀开的过程中要让中间部位的面团比四边的面团略厚一些（当擀开面团和包裹黄油时，这样做非常重要）。

5. 将方形黄油放入到擀开的面团的中间位置，将十字形相对的两块面团从黄油

上方往中间位置折叠，直至略有重叠（在折叠过程中小心不要产生任何气泡）。转动面团和黄油90°，将剩余的两边面团从黄油上方朝中间折叠，将黄油完全包裹住，将面团接口处捏紧密封好。

6. 用擀面杖轻轻敲打包裹好黄油的面团，让黄油均匀地分布在面团中，将面团转动90°，继续轻轻敲打面团使得黄油分布得更加均匀，这个过程称为“包封”。

6次折叠

1. 第一次和第二次折叠：沿纵长擀开面团，形成一个规则的长方形，长度为原来面团长度的三倍，或者厚度为1厘米，刷掉表面多余的面粉。将朝向身体方向的面团1/3朝上折叠，然后将顶端1/3的面团盖过第一次折叠的面团，要确保边缘部分折叠得整齐均匀。将面团向右转动90°，重复刚才的擀面动作，要确保刷掉面团上多余的面粉。重复刚才的折叠动作（先朝上折叠一端的1/3，然后另一端的1/3盖过折叠好的这部分），将面团转动90°，在面团的左上角按压上两个手指印。

注　这两个手指印是用来记录面团折叠的次数的，也用来表示后续折叠面团时转动的位置。用保鲜膜包好，放入冰箱内冷藏松弛至少20分钟。黄油与面团合并在一起并完成两次折叠，可以称为“佩顿”（paton）。

2. 第三次和第四次折叠：在工作台上略撒些面粉。将面团从冰箱内取出，除掉保鲜膜放置到撒有面粉的台面上（按压有两个手指印痕迹的面团位置在左上角）。继续进行第三次和第四次折叠（以与第一次和第二次相同的方式擀开和折叠面团），在面团的左上角按压上四个手指印之后用保鲜膜包好，并继续放置到冰箱里冷藏至少20分钟。

3. 第五次和第六次折叠：在工作台上略撒些面粉。将面团从冰箱内取出，除掉保鲜膜放置到撒有面粉的台面上（按有四个手指印痕迹的面团位置在左上角），继续进行最后两次折叠，擀开与折叠的步骤与之前一样。在每次擀开之前要用保鲜膜包好，放入冰箱内冷藏松弛至少20分钟。（冷藏松弛的时间越长，面团越容易擀开进行加工）。

【小贴士】　因为包酥面团和起酥黄油冷藏之后硬度质地相似，必须按照上述操作方法进行折叠擀制。如果面团在折叠过程中冷藏过度，黄油在面团擀开过程中会变硬并易碎。在制作酥皮时，要确保有足够的时间来完成折叠和擀制。

制作杏仁奶油酱

1. 将黄油和白砂糖一起打发至轻柔蓬松。

2. 加入鸡蛋搅拌至混合均匀。用小刀沿纵长劈开香草豆荚并刮取香草子，加入到混合物中，加入杏仁粉和面粉混合均匀。冷藏于冰箱中。

烘烤

将烤箱预热到220℃。

1. 在烤盘内喷些水雾。将擀开的酥皮切成两半，将另一半放入到冰箱内冷藏待用。

2. 在工作台面上撒上面粉，将酥皮面团放在上面，擀开面团成为一个大的长方形，朝两边擀成厚度为3～4毫米。将擀好的面片放到烤盘里，放到冰箱内冷藏松弛。以同样的方式擀开第二块面团，也放到冰箱内冷藏松弛。

3. 取出第一块面片。打散鸡蛋成蛋液，在面片的边缘部位刷上蛋液。

4. 将杏仁奶油酱装入到一个带有中号圆口裱花嘴的裱花袋内，在面片上挤上两层奶油酱，边缘处留出7.5厘米。

5. 搅拌覆盆子果酱并轻缓地涂抹到奶油酱上面。在露在外面的面片上再涂刷一次蛋液。

6. 从冰箱内取出第二块面片。叠成两半覆盖到奶油酱和果酱上，抬起另一半使其完全覆盖住第一块面片。

7. 朝外轻轻地伸拉第二块面片以排出空气，然后沿着馅料的方向用力挤压两块面片以密封住馅料。

8. 放回到冰箱内冷藏定型，需要15～20分钟。

9. 酥皮变硬之后，用一把锋利的刀，把不美观的边缘部分去掉，留出大约2.5厘米宽的边缘。去掉的部分可以留做它用。刷上蛋液，特别注意不要刷到切口处，以免影响酥皮的均匀膨发。

10. 用小刀的刀尖，在酥皮表面刻画出装饰图案，注意不要划破酥皮。再刷一遍蛋液，再次注意不要刷到切口处。

11. 放到预热好的烤箱内烘烤至呈金黄色，需要25～30分钟。

12. 在烘烤水果酥盒的同时，将白砂糖和水烧沸至白砂糖全部溶解，放到一边备用。

13. 水果酥盒烤好之后，刷上糖浆，再放回烤箱内烘烤上光，大约需要5分钟。

14. 取出放到烤架上晾凉。

配料	
包酥面团	
面粉	250克
黄油	100克
水	100毫升
盐	4克
黄油（起酥黄油）	100克
杏仁奶油酱	
黄油	60克
白砂糖	60克
杏仁粉	60克
面粉	30克
鸡蛋	1个
香草豆荚	1根
覆盆子果酱或者其他种类的果酱	200克
装饰材料	
鸡蛋（用于蛋液）	1个
白砂糖	60克
水	60毫升

这是一款为数不多的由泡芙面团制成的糕点。泡芙奶酪球是一款填加奶酪为馅料的糕点小吃。这款糕点的起源地可以追溯到法国的勃艮第地区。在馅料中最常用到的是切成细丝状的古老也奶酪（gruyère cheese），但是也可以使用其他种类的硬质白奶酪来替代古老也奶酪。需要注意的是，由于在制作泡芙的过程中涉及人工费用的因素，因此明智之举是一次性制作出大批量的泡芙面团，并且可以将剩余部分冷冻以供后续使用。

泡芙奶酪球

学习内容

烫制面团

制作泡芙面团

增亮上色

使用裱花袋挤出造型

产量

可以制作出850克的泡芙面团

工具

厨刀，木铲，搅拌盆，四面刨，切菜板，裱花袋，中号圆口裱花嘴，大号酱汁锅，烤盘，烤架

配料

水	250毫升
黄油	100克
盐	6克
面粉	175克
鸡蛋	5～6个
古老也奶酪（擦碎）	100克
古老也奶酪（擦碎，切成细末）	50克
蛋液	适量

制作方法

将烤箱预热至220℃。

制作烫面

1. 将水、黄油和盐一起在一个大号酱汁锅内用中火烧沸。当黄油完全融化之后，将锅端离开火，加入面粉，用木铲搅拌至混合均匀，然后放回到中火上继续加热，同时搅拌面团至不粘锅边并且在锅底能够留下一薄层面团的程度。倒入到一个盆内，稍微冷却。
2. 边搅拌边逐渐地加鸡蛋到面团中，每次加入一个鸡蛋，等搅拌均匀之后再加入下一个，直到加入的鸡蛋搅拌均匀之后面糊出现弹性和略带黏性为止。抬起木铲之后面团会形成一个软的尖状。如果面团过于浓稠，加入最后一个鸡蛋直到面糊达到所需要的浓稠度。
3. 将100克擦碎的奶酪加入到搅拌好的面糊中，将面糊装入一个带有中号圆口裱花嘴的裱花袋内。在涂刷了一薄层油的烤盘上，挤出直径大约为2.5厘米的圆形，相互之间留出约3.5厘米的空隙。在泡芙表面涂刷上蛋液，注意不要弄倒泡芙。撒上剩下的奶酪。烘烤至膨发起来并且颜色金黄，需要10～15分钟。
4. 放到烤架上晾凉。

巴伐利亚奶油大米布丁

制作方法

将烤箱预热至202℃。将果冻模具放入冰箱内冷藏备用。

制作大米布丁

1. 用冷水清洗大米，沥干水分之后放入酱汁锅内。倒入冷水，用大火烧沸煮2分钟。用冷水将大米漂洗干净，用密漏沥干水分。

2. 用中火将酱汁锅内的牛奶烧沸之后迅速端离开火。

3. 将香草豆荚沿纵长劈开成两半，刮出香草子直接放入牛奶中。将大米倒入牛奶中，放回到火上加热熬煮大约20分钟。

4. 当大米煮熟之后，倒入到盆内，将盆放置到冰槽内冷却，冷却到室温时，取出米饭盆。

注　不要让米饭冷却到凝固的状态。

制作英式奶油酱冻

1. 英式奶油酱的制作方法请参考本书中相关的内容。

注　制作英式奶油酱时的操作温度应在75～85℃。

2. 制作好英式奶油酱之后，加入吉利丁片搅拌至全部融化，将锅从火上端离开，用密漏过滤到一个置于冰槽内的干净的盆里。用木铲来回地搅动使其冷却。

混合

1. 将奶油倒入到一个大盆内，置于冰槽内，打发至湿性发泡。

2. 将果脯与米饭混合均匀，用胶皮刮刀将英式奶油酱冻分次混入其中，最后再拌入打发好的奶油。

注　制作到这个步骤时，最主要的是要确保所有的材料温度、质地都要相同：如果鱼胶片使得英式奶油酱凝固过度，要将盛放英式奶油酱的盆放到热水中隔水加热搅拌一会，使其黏稠度能够与其他的原材料保持一致。

3. 将搅拌好的米饭混合物填入到果冻模具中，轻轻拍打模具侧面，以消除其中的气泡。将表面抹平，用保鲜膜覆盖，放入冰箱内冷藏凝固一宿。

装盘

1. 用搅拌器将奶油在冰槽中的大盆内打发至湿性发泡。装入到带有一个大号星状裱花嘴的裱花袋内。

2. 将果冻模具取出，在热水中浸泡几秒钟让大米布丁的四周软化。将果冻模具反扣到一个冷冻过的餐盘中，轻轻晃动几下使其脱模。用奶油和果脯装饰大米布丁。

3. 在小锅内用小火融化红醋栗果酱，倒在餐盘内的大米布丁周围进行装饰，冷藏至需食用时再取出。

学习内容

制作大米布丁
制作英式奶油酱
打发奶油
制作巴伐利亚奶油冻
煮的烹调技法
裱花装饰

产量

8人份

工具

小雕刻刀，木勺，搅拌器，胶皮刮刀，搅拌盆，裱花袋，大号星状裱花嘴，密漏，2个大号酱汁锅，1个小号酱汁锅，果冻模具

配料

大米布丁	
大米	100克
牛奶	300毫升
香草豆荚	半根
英式奶油酱冻	
牛奶	200毫升
蛋黄	4个
白砂糖	100克
香草豆荚	半根
吉利丁片	5片
混合材料	
奶油	250毫升
果脯	125克
装饰材料	
奶油	100毫升
果脯	50克
红醋栗果酱	250毫升

糖 果 类

棉花糖
Marshmallows

水果软糖
Fruit Pastilles

自从古埃及时期人们就已经开始在利用蜀葵属植物的药用价值了。人类已知的一些最古老的糖果类，均是与坚果和蜂蜜一起熬煮制作而成，其中富含蜀葵属植物类的精华。那些早期的制作方法如同过眼烟云般消失在历史长河中而没有太久的生命力，我们今天能够知道的仅有白色糖果一种制作方法而已。在大多数情况下，蜀葵植物是被当作药物来使用的，当添加了甜味剂之后使得其精华要素更容易被人体所吸收。大约在1850年，法国人首先开发出了棉花糖膏，将蜀葵植物磨碎之后与白糖、鸡蛋清、玉米糖浆以及水等一起熬煮混合而成，非常近似于现在我们所看到的棉花糖。而实际上，今天我们所看到的棉花糖的制作方法与那些早期的食谱并没有什么不同。唯一的主要变化是使用吉利丁片替代蜀葵属植物成分来作为黏合剂。今天，棉花糖不但被认为是一款用途广泛的甜品，而且还可以成为人们享用一杯热气腾腾的可可饮料时的最佳搭配。

棉花糖

学习内容

制作棉花糖

熬煮糖浆

打发蛋清

产量

可以制作出24~30块棉花糖

工具

抹刀，厨刀或者厨用剪刀，搅拌盆，勺子，面刷，搅拌器，过滤器，油纸，厨用剪刀，糖浆温度计（高温温度计），酱汁锅，烤盘

配料

配料	
糖粉	200克
玉米淀粉	200克
吉利丁片	25克
白砂糖（第一份）	500克
葡萄糖浆	50毫升
水	150毫升
蛋清	175克
白砂糖（第二份）	50克
酒石酸	少许
香精（例如香草味、橙味、玫瑰味等）	20滴
食用色素（可选）	适量

制作方法

1. 在烤盘上铺上油纸。
2. 将糖粉和淀粉混合，并撒一些在烤盘内的油纸上。
3. 用冷水将吉利丁片泡软。
4. 准备一小碗冷水、一把勺子以及一个干净的毛刷。将第一份白砂糖、葡萄糖浆和水用大火烧沸，将锅壁上沾上的糖浆用毛刷刷净，并将糖浆表面所有的浮沫撇干净。当糖浆变得清澈以后，在糖浆中插入一个糖浆温度计，不要晃动锅，将糖浆加热到130℃。
5. 当糖浆达到125℃时，将蛋清倒入到一个大盆内，加入酒石酸，将其打发至湿性发泡（如果想制作彩色棉花糖，此时要将食用色素加入到蛋清中），加入白砂糖（第二份），将蛋清继续打发至硬性发泡。
6. 当糖浆熬煮到130℃时，从火上端下锅，加入泡好并挤净水分的吉利丁片。将糖浆呈稳定的细流状倒入打发好的蛋清中，同时不停地搅拌，注意不要将糖浆倒入到搅拌器上。待糖浆全部搅拌进去之后加入香精并继续搅拌至变得浓稠。

注　如果棉花糖中加入了香精，可以略微添加点色素，以体现出香精的味道。只需添加一点色素使其色彩柔和、引人食欲即可。

7. 将混合好的材料倒入到准备好的烤盘上并涂抹均匀。撒上剩余的糖粉，等到完全冷却，用刀切割成方形，或者用剪刀剪成小块食用。

水果软糖是一款由纯粹的浓缩水果泥经过加热和冷却凝固之后沾上白砂糖制成的美味糖果。充满柠檬酸的水果风味和白砂糖的甜蜜芳香，结合在一起令人回味无穷。水果软糖的软硬程度取决于用来作为凝固剂的果胶的使用数量。果胶是一种多聚糖，可以从水果的细胞壁中提炼出来。在1825年由亨利·布拉科诺（Henri Braconnot）首先发现，果胶是水果保持果体硬实的主要原因。当水果成熟时，细胞中的果胶开始分解，水果开始变软，当果胶完全分解之后水果甚至可以变成糊状。果胶本身的这个特点赋予了它一个最重要的天然凝固剂的使命，就如同它备受推崇的在帮助消化方面的药用价值一样。

水果软糖

制作方法

制作草莓或者覆盆子口味棉花糖

1. 在一个烤盘上铺上油纸或者保鲜膜。
2. 将果胶和100克白砂糖一起搅拌均匀。用少许水溶化柠檬酸。
3. 将果肉放入到厚底锅内用中火加热，要不时地搅动几下。烧沸后，加入果胶和白砂糖的混合物搅拌至完全溶解。将剩余的白砂糖、葡萄糖浆以及柠檬酸加入搅拌，同时用小火加热。将糖用温度计插入到锅中，如果添加的是草莓果肉就继续加热至106℃，如果添加的是覆盆子果肉就继续加热到107℃。
4. 当果肉熬煮到所需要的温度时，将锅端离开火，倒入到预备的烤盘内。让其在室温下冷却并凝固。
5. 待凝固以后，将其切割成2.5厘米的方块，在白砂糖中滚动让其沾满白砂糖。

制作杏口味棉花糖

1. 在一个烤盘上铺上油纸或者保鲜膜。
2. 将果胶和第一份白砂糖一起搅拌均匀。用少许水溶化柠檬酸。
3. 将杏肉放入到厚底酱汁锅内用中火加热，要不时地搅动。烧沸后，加入果胶和白砂糖的混合物搅拌至完全溶解。将第二份白砂糖、葡萄糖浆以及柠檬酸加入搅拌，同时用小火加热。将糖用温度计插入到锅中，继续加热至106℃。
4. 当果肉熬煮到所需要的温度时，继续加热1分钟。然后端离开火，倒入到预备的烤盘内。让其在室温下冷却并凝固。
5. 待凝固以后，将其切割成2.5厘米的方块，在白砂糖中滚动让其沾满白砂糖。

制作柠檬口味棉花糖

1. 在一个烤盘上铺上油纸或者保鲜膜。
2. 将果胶和150克白砂糖一起搅拌均匀。用少许水溶化柠檬酸。
3. 将柠檬汁和水放入到厚底酱汁锅内用中火加热，要不时地搅动。烧沸后，加入果胶和白砂糖的混合物搅拌至完全溶解。将剩余的白砂糖、葡萄糖浆以及柠檬酸加入搅拌，同时用小火加热。将糖用温度计插入到锅中，继续加热至106℃。
4. 当果肉熬煮到所需要的温度时，继续加热1分钟。然后将锅端离开火，倒入到预备的烤盘内。让其在室温下冷却并凝固。
5. 凝固以后，将其切割成2.5厘米的方块，在白砂糖中滚动让其沾满白砂糖。

学习内容

制作水果软糖
使用果胶
熬煮水果

产量

大约可以制作出90块水果软糖，每块28克

工具

厨刀，搅拌盆，搅拌器，油纸或者保鲜膜，厚底酱汁锅，烤盘

配料

草莓或覆盆子口味	
草莓或者覆盆子果肉	1千克
果胶	40克
白砂糖	1.2千克
葡萄糖浆	400毫升
柠檬酸	25克
白砂糖（装饰用）	适量
杏口味	
杏肉	1千克
白砂糖（第一份）	130克
白砂糖（第二份）	1千克
果胶	50克
葡萄糖浆	270毫升
柠檬酸	5克
白砂糖（装饰用）	适量
柠檬口味	
水	700毫升
柠檬汁	800毫升
果胶	75克
白砂糖	1.1千克
葡萄糖浆	500克
柠檬酸	35毫升
白砂糖（装饰用）	适量

巧 克 力 类

巧克力杏仁膏
Chocolate Almond Paste

松露和马斯卡顿巧克力
Truffles and Muscadine Chocolates

这款制作简单、诱人食欲的甜点是将味道甘美的杏仁膏包裹上融化的巧克力制作而成。你或许会感到惊讶并惊奇地发现，传统思想认为吃巧克力是一种不健康的嗜好，但是现在人们却开始认识到巧克力有益于心脏健康。研究发现，在巧克力中具有较高含量的对人体有益的黄酮类物质，它作为抗氧化剂有助于降低人体血压和胆固醇含量。但是在你考虑好并开始将巧克力作为健康饮食之前，你应该知道，上述提到的黄酮类物质只存在于黑巧克力中，并且只能适量食用。

巧克力杏仁膏

学习内容
给杏仁膏调味
融化巧克力并调温
揉制杏仁膏
使用裱花袋挤出造型

产量
根据制作的大小不同，可以制作出48～60块

工具
厨刀，擀面杖，搅拌盆，胶皮刮刀，蘸巧克力用叉，自制油纸裱花袋，烤盘（或者油纸），保温锅，烤架

配料	
开心果风味	
杏仁膏（55%）	250克
开心果果酱	15克
绿色色素	2滴
咖啡风味	
杏仁膏	250克
咖啡精	10～15毫升
糖粉（装饰用）	适量
黑巧克力	400克
装饰材料	
开心果仁	适量
巧克力咖啡豆	适量

制作方法

制作开心果风味

在工作台面上撒上些糖粉。将杏仁膏揉至有韧性。压扁，在中间做出一个窝穴，放入开心果果酱，提起杏仁膏包住开心果果酱，揉至两者混合均匀。如果需要，可以加入几滴食用绿色色素。用保鲜膜包好放置一边备用。

制作咖啡风味

1. 在工作台面上撒些糖粉。将杏仁膏揉至有韧性。压扁，在中间做出一个窝穴，放入咖啡精，咖啡精很硬，所以开始时加入一点，再逐渐加入到所需要的数量。提起杏仁膏包住咖啡精，揉至两者混合均匀。用保鲜膜包好放置一边备用。

2. 清理工作台面，再撒上些糖粉。将开心果杏仁膏取出，压扁，擀开成方形，大约0.5厘米厚。修剪掉不整齐的边缘部分，切割成小方块、菱形块或者三角块。摆放到铺有油纸的烤架上或者烤盘上。咖啡杏仁膏也如同此操作法完成。放置到一边使其干燥一会，最好能够放置一宿。

3. 融化黑巧克力，并使其回温。

4. 先在杏仁膏的底部蘸巧克力，将一块杏仁膏放到蘸巧克力的叉子上，在杏仁膏的表面蘸上巧克力。抬起叉子并小心地轻轻敲动去掉多余的巧克力，摆放到铺好油纸的烤架上或者烤盘上。

5. 使用自制的油纸裱花袋，在每一块杏仁膏的中间挤上一点巧克力，并根据需要摆放上一个开心果仁或者巧克力咖啡豆装饰。

6. 其他位置蘸巧克力，用手指轻捏杏仁膏的一角，小心地将杏仁膏一半的高度蘸上巧克力，注意手指不要接触到巧克力液体以免也沾上巧克力。抬起杏仁膏并轻轻晃动以去掉多余的巧克力，然后摆放到铺有油纸的烤架上或者烤盘上。在巧克力没有凝固之前，在开心果杏仁膏上摆放一个开心果仁，在咖啡杏仁膏上摆放一个巧克力咖啡豆。

7. 为了完整地蘸均匀巧克力，一次一块地将杏仁膏扔入巧克力液体中。用蘸巧克力叉子捞出，轻轻敲打，去掉多余的巧克力，然后放到铺有油纸的烤架上或者烤盘上。在巧克力凝固之前，用开心果仁和巧克力咖啡豆装饰。

8. 放到一边直至巧克力完全凝固。

松露和马斯卡顿巧克力

松露巧克力是一款美味的法式夹心软糖，由小圆形的奶油味甘纳许裹着一层薄薄的可可粉制作而成。以松露这个名字来命名是因为它与西餐烹调中使用的大名鼎鼎的、极受欢迎的松露外形有极高的相似度。法国松露，又称黑菌、黑松露。巧克力松露据传说是由现代法式烹饪之父之一，著名大厨奥古斯特·埃斯科菲耶（Auguste Escoffier）在20世纪20年代初期所创制。故事是这样的，埃斯科菲耶的一个徒弟在准备蛋奶酱时，不小心将热的蛋奶酱倒入到了一碗巧克力中，埃斯科菲耶发现可以将蛋奶酱和巧克力的混合物搓成小球形。之后他将这些搓好的小球在可可粉中来回滚动以沾均匀可可粉，这样给人留下深刻印象的带有浓郁巧克力风味的夹心软糖就诞生了。

制作方法

在一个浅盘内铺上油纸备用。

制作松露巧克力

1. 将可可粉过筛到一个浅盘里备用。
2. 将第一份黑巧克力放入一个小盆内。用中火加热奶油。当奶油快要沸腾时，将奶油倒入到巧克力盆内，静置2~3分钟。轻轻地搅拌巧克力和奶油的混合液至混合均匀。加入朗姆酒搅拌均匀，放到一边使其冷却备用。
3. 当巧克力奶油液体冷却到开始凝固但还具有可伸展性时，将巧克力奶油混合物装入到带有一个圆口裱花嘴的裱花袋内，在铺有油纸的烤盘内挤成小圆形。放到冰箱内冷藏使其凝固。
4. 凝固之后，从冰箱内取出圆形巧克力，将其搓成小球形。
5. 将黑巧克力（第二份）融化并回温。
6. 分批将小球形的巧克力放入到回温的巧克力液体中，取出之后晃动几次以去掉多余的巧克力液体，然后将这些沾满巧克力液体的小球放入到可可粉中，在巧克力液体凝固之前用叉子迅速地来回滚动小球，让小球在可可粉中凝固，然后去掉多余的可可粉，摆放到铺有油纸的浅盘内。

制作马斯卡顿巧克力

1. 将可可粉过筛到一个浅盘里备用。
2. 将第一份牛奶巧克力放入一个盆内。用中火加热奶油。当奶油快要沸腾时，将奶油倒入到巧克力盆内，静置2~3分钟。轻轻地搅拌巧克力和奶油的混合液至混合均匀。加入橘子味甜酒搅拌均匀。将果仁酱放入到一个小碗里并加入一些巧克力奶油搅拌至细腻光滑。将其加入到剩余的巧克力奶油中搅拌均匀。放到一边使其冷却备用。
3. 当巧克力奶油液体冷却到开始凝固但是还具有可伸展性时，将巧克力奶油混合物装入到带有一个圆口裱花嘴的裱花袋内，在铺有油纸的浅盘内沿着浅盘挤出长条形。放到冰箱内冷藏使其凝固。
4. 待凝固之后，从冰箱内取出，切割成4厘米长的条形。
5. 将牛奶巧克力（第二份）融化并回温。
6. 分批将长条形巧克力放入到回温的牛奶巧克力液体中，取出之后晃动几次以去掉多余的巧克力液体，然后将这些沾满巧克力液体的长条放入到糖粉中，在巧克力液体凝固之前用叉子迅速地来回滚动长条，让这些长条在糖粉中凝固好，然后去掉多余的糖粉，摆放到铺有油纸的浅盘内。

学习内容

制作甘纳许
融化巧克力并调温
沾均匀可可粉
使用裱花袋挤出造型

产量

根据制作的大小不同，可以制作出40~60个的松露和马斯卡顿巧克力

工具

厨刀，搅拌盆，木铲，裱花袋，中号圆口裱花嘴，油纸，小号酱汁锅，烤盘

配料

松露巧克力	
黑巧克力（第一份，切碎）	250克
奶油	200毫升
朗姆酒或其他风味酒	30毫升
黑巧克力（第二份）	100克
可可粉	100克
马斯卡顿巧克力	
牛奶巧克力（第一份）	225克
奶油	100毫升
橘子味甜酒	30毫升
果仁酱	30克
牛奶巧克力（第二份）	100克
糖粉	适量

外国风味糕点类

天使蛋糕
Angel Food Cake

香蕉面包
Banana Bread

松饼
Basic Muffin

巴腾堡蛋糕
Battenberg Cake

胡萝卜蛋糕
Carrot Cake

意式杏仁脆饼
Biscotti

面包黄油布丁
Bread and Butter Pudding

布朗尼蛋糕
Brownies

哈拉面包
Challah

多波士千层蛋糕
Dobos Torte

戚风蛋糕
Chiffon Cake

巧克力曲奇
Chocolate Chip Cookies

肉桂卷
Cinnamon Rolls

魔鬼蛋糕
Devil’s Food Cake

纯巧克力蛋糕
Flourless Chocolate Cake

佛卡夏面包
Focaccia

水果馅饼
Fruit Cobbler

美式软糖
Fudge

姜味面包
Gingerbread

热十字面包
Hot Cross Buns

派面团
Pie Dough

经典的派
Old Fashioned Pie Filling

纽约风味奶酪蛋糕
New Yolk Style Cheesecake

意式奶油布丁
Panna Cotta

花生曲奇
Peanut Butter Cookies

胡桃派
Pecan Pie

皮塔饼
Pita Bread

大米布丁
Rice Pudding

萨赫蛋糕
Sacher Torte

乳脂松糕
Trifle

司康饼
Scones

林茨塔
Tarte Linzer

天使蛋糕（angel food cake ）之所以获得了这样一个神圣的名称是因为它洁白如玉的外观颜色和轻若无物的柔软质感，使得它成为“食物中的天使”。尽管没有人确切地知道是谁发明的这款蛋糕，但是它的起源可以追溯到19世纪70年代的美国。它很有可能是由生活在宾夕法尼亚的荷兰人发明的，他们首先引进了圆形中空蛋糕模具，这是制作烘烤这款蛋糕的一个基本要求。在美国，类似的蛋糕有着不同的名称，像angel cake和silver cake等，而像我们今天所熟知的angel food cake这个名称变得非常普及是因为在1896年芬妮·梅里特·法墨出版的《波士顿烹饪学校教材》一书中的蛋糕食谱。有意思的是，这款蛋糕能够流行开来，是因为在19世纪中期的一项重要的烹饪发明：手持式电动搅拌器。在发明出手持式电动搅拌器之前，制作天使蛋糕时需要使用大量的打发的蛋清，如果人工打发蛋清，可能需要几个小时的打发时间才能够达到所需要的浓稠程度。生活在宾夕法尼亚的荷兰人，他们的聪明才智加上手持式电动搅拌器的成功发明，两者相结合，赋予了天使蛋糕回味无穷的魅力。

天使蛋糕

学习内容

制作蛋白霜

制作泡沫蛋糕

产量

可以制作出1个25厘米的天使蛋糕

工具

厨刀，搅拌盆，搅拌器，面筛，胶皮刮刀，25厘米圆形中空蛋糕模具，烤架

配料

配料	
蛋糕粉	150克
白砂糖	150克
蛋清	300毫升
酒石酸	2克
盐	少许
香草香精	5毫升
杏仁香精	2克
糖粉（装饰用）	适量

制作方法

将烤箱预热到180℃。

1. 将蛋糕粉过筛，和1/2量的白砂糖放到一起备用。
2. 制作蛋白霜：将蛋清加上盐和酒石酸一起打发至湿性发泡，然后将剩余的白砂糖逐渐搅拌进去。继续打发蛋清至光滑细腻，用手指捏搓蛋清时感觉不到任何颗粒存在。
3. 将干粉材料连同香草香精和杏仁香精一起叠拌进蛋清中，直到混合均匀。
4. 将混合均匀的材料装入到25厘米的蛋糕模具中，放到烤箱内烘烤大约35分钟，或者烘烤至蛋糕呈金黄色，将牙签插入到蛋糕中，拔出牙签时是干爽的程度。
5. 从烤箱内取出蛋糕，小心地倒扣在烤架上。在脱模之前要让蛋糕完全冷却。

【可供选择的装饰方式】 可以撒上糖粉装饰蛋糕。

很有可能自古以来就有种类繁多的香蕉面包存在。在公元前4世纪时，当亚历山大大帝从印度东征归来后，古希腊人就已经开始在制作面包时添加各种水果并且以制作香蕉面包而闻名。有鉴于这段历史，今天我们所熟知的香蕉面包被认为是与近代史有关就不足为奇了。现代款式的香蕉面包的始作者据信是来自于20世纪30年代美国经济大萧条时期贫困交加的美国妇女们，人们认为是头脑灵活的她们把那些快要腐坏变质的香蕉添加到制作的面包中，作为赚取一些外快生存的一种方式。值得庆幸的是后来的我们能够有如此口福，得益于当时那些有胆量和魄力的妇女们在那么恶劣的环境之中开发出了如此的美味食物。时至今日，香蕉面包仍然是世界上最受人们喜爱的烘焙食品之一。

香蕉面包

学习内容

制作松饼/快速发酵面团

产量

可以制作出1个长条香蕉面包

工具

小雕刻刀，搅拌盆，搅拌器，木铲或者胶皮刮刀，面包模具，烤架

配料

配料	
白砂糖	150克
蛋糕粉	360克
泡打粉	15克
小苏打	2.5克
盐	5克
熟透的香蕉	360克
鸡蛋（打散）	150毫升
油	120毫升
核桃仁（切碎）	90克
黄油（涂抹模具用）	适量

制作方法

将烤箱预热到165℃。

1. 在面包模具内均匀地涂抹上一层黄油并均匀地撒上些面粉备用。
2. 将面粉、泡打粉、小苏打以及盐过筛，和白砂糖放到一起备用。
3. 在一个搅拌盆内，把香蕉捣碎成泥状。加入鸡蛋和油一起混合均匀。
4. 在干粉原料的中间做出一个井圈，将香蕉泥加入到井圈中。搅拌均匀之后再加入切碎的核桃仁，将所有的干粉材料混合均匀。此时面糊中还有明显的干粉没有搅拌均匀。
5. 将面糊加入到准备好的面包模具中。放置到烤箱中层烘烤至插入小刀的刀尖拔出时是干爽的程度。大约需要烘烤50分钟。
6. 将烤好的面包从烤箱内取出，让其自然冷却。然后脱模并放置到烤架上凉透。

在松饼配方中，各种原材料使用量的多少可以根据自己的口味爱好进行适当的调整。喜欢柔软更接近于蛋糕质地的松饼，配方中的油可以用黄油来代替，同样的道理，配方中白砂糖的用量也可以适当地进行增减。还有许多种不同的方法用来增加松饼的风味，包括使用巧克力片和水果等，例如，使用新鲜或者冷冻的蓝莓、香蕉、苹果或者葡萄干等。按照本食谱中的用料比例，你可以添加大约1杯用量的任何想要加入的原材料用来在松饼中增添喜爱的风味。为了避免过度搅拌，在松饼面糊中加入这些额外的材料之前，所有干性和湿性原材料都使用搅拌勺略微搅拌。松饼的面糊应该是将所有的原材料都搅拌混合均匀。本食谱中的面粉也可以用其他种类的面粉，例如全麦面粉、玉米粉或者燕麦粉来代替，以改善松饼的口感质地。

松饼

学习内容

制作松饼

产量

可以制作出1.3千克的松饼面糊，能够制作出大约12个松饼

工具

厨刀，搅拌盆，搅拌器，木铲，牙签，松饼模具

配料	
面粉	500克
白砂糖	120克
泡打粉	5克
小苏打	5克
盐	少许
鸡蛋	1个
牛奶	500毫升
油	120毫升
香草香精	5毫升

制作方法

将烤箱预热到175℃。

1. 将松饼模具涂抹好油备用。

2. 将面粉和白砂糖、泡打粉、小苏打以及盐一起过筛到搅拌盆里，搅拌混合均匀。

3. 在另外一个搅拌盆内，将鸡蛋、牛奶、香草香精和油一起搅拌均匀。

4. 将液体材料倒入到干粉材料中搅拌混合均匀。混合均匀之后的面糊中仍然能够看到些许干粉的痕迹。

5. 将制作好的松饼面糊用勺子舀到松饼模具中，装填到模具的大约2/3满，放入烤箱内烘烤至在松饼中间插入一根牙签，拔出时牙签是干爽的程度。需要烘烤20～30分钟。

尽管无法确定巴腾堡蛋糕的最初起源地，但是人们普遍认为巴腾堡蛋糕是在1884年英格兰维多利亚公主嫁给德国路易斯·冯·巴腾堡王子的皇家婚礼上创作出来的。四个制作精美的正方形棋盘造型的蛋糕据说是代表了德国的四个王子。有意思的是人们注意到当时的英国皇室是德国巴腾堡家族的后裔。巴腾堡这个名字在英国几乎无人不知，这是因为在第一次世界大战开始后，反对德国的浪潮席卷整个英格兰，这种反对的情绪影响如此深远，以至于皇室成员迫于压力不得不将他们的名字由德国化的名字萨克斯·科堡和哥达更改为温莎这个名字。路易斯·冯·巴腾堡王子也迫于反对德国的压力将名字更改为蒙巴顿（berg在德语中是“大山”的意思）。以蒙巴顿这个名字，在第一次世界大战中他担任了英国海军司令。尽管隐藏了本名，装饰精美并美味诱人的巴腾堡蛋糕至今在英格兰仍然非常受人欢迎。

巴腾堡蛋糕

学习内容

制作双色蛋糕

使用杏仁糖

产量

6~8人份

工具

锯刀，小号抹刀，搅拌盆，搅拌器，面筛，擀面杖，20厘米×20厘米方形蛋糕模具

配料	
面粉	150克
泡打粉	少许
盐	少许
黄油	150克
白砂糖	150克
鸡蛋	3个
香草香精	5毫升
牛奶	30毫升
食用黄色色素	3滴
食用粉红色色素	3滴
装饰材料	
杏仁糖	500克
杏酱	200克

制作方法

将烤箱预热到180℃。

1. 将蛋糕模具涂抹上黄油并均匀地撒上些面粉备用。
2. 将面粉、泡打粉以及盐一起过筛到搅拌盆里，放到一边备用。
3. 在另外一个搅拌盆内，将黄油和白砂糖一起打发，然后一个一个地加入鸡蛋。搅拌均匀一个鸡蛋之后再加入下一个搅拌。将香草香精也搅拌进去，然后加入面粉并搅拌至所有的原材料混合均匀。加入牛奶搅拌均匀以形成浓稠的面糊。
4. 将面糊分成两份。一份加入食用粉红色色素搅拌均匀，另外一份加入食用黄色色素搅拌均匀，用一块长条形的锡纸在模具中间做出分割线，分别将两种色彩的面糊倒入锡纸两边的模具中。
5. 将面糊烘烤至用手指按压有弹性，插入刀尖拔出时刀尖是干爽的程度，大约需要烘烤25分钟。将蛋糕从烤箱内取出，冷却几分钟，然后小心地脱模到烤架上。慢慢将两种不同色彩的蛋糕分离开，分别凉透。
6. 将蛋糕表面用锯刀修理平整。将两部分的蛋糕摞到一起，修整蛋糕的长边，使其宽度是高度的两倍。将粉红色蛋糕那一面放到工作台面上，涂抹上一薄层杏酱。
7. 将黄色蛋糕那一面反扣到粉红色蛋糕上。两块蛋糕其中一块烘烤上色的面朝上，一块朝下摆放。沿纵长切成两半，将一半翻转过来摆放好，使得刚才切割好的那一面朝上，并使得黄色的部分是在身体的左侧，在蛋糕上涂抹一薄层杏酱。将另外一半倒转过来，将切面朝下，粉色蛋糕部分摆放在黄色蛋糕之上。挤压四周使其摆放得均匀平整。
8. 擀开杏仁糖成为一个长方形，使其宽度等于蛋糕的长度，而长方形杏仁糖的长度能够覆盖过蛋糕的四个面。在蛋糕的四个面涂抹上一层薄薄的杏酱，然后将蛋糕放到擀开的杏仁糖的中间位置。抬起杏仁糖的一个边轻轻地覆盖过蛋糕的顶部，按压包裹住蛋糕，轻轻地排出所有的空气泡，并整理好杏仁糖，使其覆盖过蛋糕顶部的3/4。抬起另外一个边，重复刚才的操作步骤。顶部的杏仁糖可以重叠0.5厘米，捏紧密封。轻轻地将蛋糕翻转过来，使得接缝处朝向下方摆放。
9. 修整蛋糕的一端，使其能够露出四块方形的蛋糕。

胡萝卜蛋糕

胡萝卜蛋糕的起源可以追溯到中世纪时欧洲人制作的胡萝卜布丁。在那个时候，白砂糖非常罕见并且也非常昂贵，而胡萝卜是最甘美的蔬菜之一，所以经常被用来作为白砂糖的替代品使用。随着白砂糖变得更加便宜并且其使用逐渐普及，以胡萝卜为主要材料制成的糕点销路急剧下降。胡萝卜蛋糕作为一款必需的糕点在历史上的地位似乎在第二次世界人战期间焕发了新生。随着开始头施食品配给制度，在整个第二次世界大战期间，英国政府食品部门发起了一项普及使用胡萝卜作为制作甜点的甜味剂的大型活动（胡萝卜是当时英国唯一可以大量使用的食物资源）。幸运的是，在20世纪60年代至70年代期间，随着人们健康意识的增强，胡萝卜蛋糕的受欢迎程度呈直线般上升。胡萝卜蛋糕作为一款健康甜品已经深入人心。但其实这种观念可以说是被误导了的。因为在绝大多数胡萝卜蛋糕的食谱中，使用了大量的糖和由浓厚的奶油奶酪制成的糖霜，使得胡萝卜蛋糕并不比其他任何种类的蛋糕更益于身体的健康。由于这种错误的理念误导，胡萝卜蛋糕至今仍然是最受人们喜爱和最流行的蛋糕之一。

制作方法

将烤箱预热到160℃。

制作胡萝卜蛋糕

1. 在蛋糕模具内涂抹上一薄层黄油，然后在模具底部铺上油纸，再撒上面粉备用。
2. 将面粉、盐、肉桂粉、小苏打和泡打粉一起过筛到一个大盆内。
3. 将白砂糖和植物油一起搅拌均匀。一次一个地加入鸡蛋，搅拌均匀之后再加入下一个。
4. 将核桃仁放到烤盘内烘烤上色。烤熟之后取出晾凉，然后切碎备用。
5. 胡萝卜去皮之后切成细末，放到一边备用。
6. 将过筛之后的面粉等材料与蛋液材料混合。然后加入切成细末的胡萝卜和核桃仁碎，用塑料刮板混合均匀。
7. 将混合好的面糊倒入到模具中烘烤，烤至在蛋糕中间插入刀尖，拔出刀尖时是干爽的程度，需要烘烤35～40分钟。在模具内略微冷却之后再脱模到烤架上晾凉。

打发奶油奶酪糖霜

将糖粉过筛以除掉结块。将奶油奶酪和黄油放到盆内一起打发，同时逐渐加入糖粉，一直打发至混合物呈光滑细腻并蓬松的程度。

制作杏仁糖胡萝卜

留出1/3的杏仁糖，将食用橙色色素加入到剩下的大块杏仁糖中并揉搓均匀至所需要的胡萝卜颜色。然后在1/3的杏仁糖中揉搓进去足够量的食用绿色色素，以做出所希望的胡萝卜茎秆的颜色。将橙色杏仁糖制作成胡萝卜的造型，绿色杏仁糖制作成胡萝卜茎秆的造型。然后用牙签在胡萝卜上按压出逼真的胡萝卜装饰造型。

组装

1. 蛋糕冷却之后，如果需要可以将蛋糕的表面处理平整。然后翻扣到蛋糕纸板上或者餐盘内，将蛋糕片成两层。将上面一层蛋糕取下放到一边，在底层蛋糕上涂抹一层奶油奶酪糖霜，然后将上面一层蛋糕扣上。在蛋糕的立面和表面涂抹一薄层奶油奶酪糖霜。放到冰箱内冷藏保存15～20分钟以使其凝固定型。这个过程称做覆盖。
2. 蛋糕凝固之后，在蛋糕的立面和表面再涂抹一层奶油奶酪糖霜并抹平整。将剩余的糖霜装入到带有一个小号星状裱花嘴的裱花袋内。在蛋糕的表面上挤出花纹造型。在底边也挤出装饰花纹。
3. 最后摆上杏仁糖制作的胡萝卜进行装饰。

学习内容

制作油基蛋糕
烘焙蔬菜类蛋糕
制作杏仁糖装饰

产量

可以制作出1个25厘米的胡萝卜蛋糕

工具

锯刀，抹刀，油纸，四面刨，搅拌盆，搅拌器，塑料刮板，面筛，裱花袋，小号星状裱花嘴，1个25厘米圆形蛋糕模具，小号平底锅

配料	
面包粉	280克
盐	3克
肉桂粉	25克
小苏打	3克
泡打粉	小许
白砂糖	420克
植物油	180毫升
鸡蛋	4个
胡萝卜（去皮，擦成细末）	500克
核桃仁	75克
奶油奶酪糖霜	
奶油奶酪	250克
糖粉	250克
黄油	120克
杏仁糖装饰（可选）	
杏仁糖	180克
食用绿色色素	适量
食用橙色色素	适量

意式杏仁脆饼（biscotti）是意大利最著名的硬质饼干，通常脆饼里会加有坚果，特别是像杏仁一类的坚果。biscotti这个词汇源自于拉丁语的“bis”和“coctus”。bis意思是“两次”，coctus意思是“烹调”。这两个词汇非常完美地解释了biscotti的含义——通过两次烘焙的方式制作出饼干，这是其本身最典型的特色之一，也是饼干如此脆硬的原因。经过两次烘烤，这些饼干所含水分基本上被消除干净，并且起到了延长保存时间的作用。在历史上，对于那些需要长途跋涉的人，特别是士兵和海员们来说意式脆饼非常受欢迎。罗马军队把这些饼干称为“帕提亚面包”，罗马伟大的历史学家老普林尼曾声称“意式杏仁脆饼或许会盛行几个世纪之久”。现代意式杏仁脆饼通常会伴着咖啡、茶或者葡萄酒一起享用，因为意式杏仁脆饼太脆硬，使得如果不配上一杯饮料一起食用的话，很难下咽。

意式杏仁脆饼

学习内容

制作意式杏仁脆饼

产量

可以制作出大约1千克的意式杏仁脆饼面团

工具

锯刀，油纸，搅拌器，烤架，烤盘

配料

配料	
面粉	425克
白砂糖	225克
泡打粉	6克
盐	少许
鸡蛋	3个
香草香精	5毫升
生杏仁	150克

制作方法

将烤箱预热到180℃。

1. 在烤盘上铺上油纸备用。

2. 将面粉、白砂糖、泡打粉以及盐放到一起，在中间做出一个井圈。

3. 在搅拌盆内，将鸡蛋和香草香精一起搅拌均匀。倒入到面粉中间的井圈内。

4. 逐渐将面粉等材料与鸡蛋混合均匀，再加入杏仁混合均匀。

5. 将面团揉搓成一个长条形，放到烤盘上并压扁。

注　如果面团太软，可以放到冰箱内冷冻到面团变硬之后再使用。

6. 放到烤箱内烘烤大约25分钟或者烘烤至呈金黄色，手指触碰时表面感觉非常硬的程度。从烤箱内取出，连同油纸一起滑落到烤架上冷却至室温。

7. 将烤箱温度降低到162℃。

8. 将烤好的面团摆放到菜板上，用锯刀将面团切割成厚片。然后将切割好的这些厚片摆放到烤盘里。放回到烤箱内烘烤15～20分钟，直到烘烤至完全干燥，取出冷却，放到密封罐内保存。

面包黄油布丁的典故是一个真实的小故事。就像许多早期的甜点都使用面包作为原材料一样，这款布丁最初是人们在原材料资源匮乏时期，充分利用陈面包的情况下制作而成的。在13世纪，面包布丁被称为“穷人的布丁”。就像许多甜点被制作出来不是为了口味需要而是为了果腹一样，随着时间的推移，面包黄油布丁逐渐被烙上了口感浓郁熟烂的传统英式风格。而添加到其中的材料，例如白砂糖、蛋奶酱、葡萄干以及黄油等，使其从廉价的糕点摇身一变成为了一款美味可口、内容丰盛的传统美食。

面包黄油布丁

制作方法

将烤箱预热到150℃。

1. 将牛奶加热到60℃。将鸡蛋、白砂糖和盐一起搅拌均匀。将热牛奶搅拌加入鸡蛋中混合均匀，然后过滤备用。

2. 将黄油涂抹到面包片上，然后在耐热焗盅内铺上葡萄干和面包片。将牛奶混合液慢慢倒入焗盅内的面包片上。

3. 将焗盅放入到烤盘里，在烤盘里加入热水，在烤箱内隔水烘烤30分钟。在表面上撒上糖粉，继续烘烤30分钟。或者烘烤至凝固成形。

学习内容

制作面包布丁
制作卡士达酱
隔水烘烤

产量

4人份

工具

厨刀，搅拌盆，搅拌器，面筛，烤盘，酱汁锅，耐热焗盅

配料

牛奶	500毫升
鸡蛋	3个
白砂糖	60克
盐	少许
白面包	8片
黄油（软化）	100克
葡萄干	60克
糖粉（撒粉装饰用）	100克

布朗尼蛋糕是一款味道香浓而耐嚼的巧克力蛋糕，集味道浓郁的蛋糕全部特点以及部分曲奇的特点于一身。有关布朗尼蛋糕的来历有几个自相矛盾的版本，许多人认为是创始人按照配方制作蛋糕时偶然之间出现的失误，而真实的故事却是布朗尼蛋糕由与之相类似的巧克力蛋糕在20世纪初期演变而成。我们已知的布朗尼蛋糕大约是20世纪初期在美国被创作出来的。与现代食谱相类似，布朗尼蛋糕食谱第一次公开见之于书本中是在1906年由芬妮·梅里特·法墨出版的《波士顿烹饪学校教材》一书中。甚至布朗尼这个名字的来历都一直争议不断。有些人说这款蛋糕是由一个叫做布朗尼的人所首创，而另外一些人则认为这个名字来自于苏格兰一款叫做broonie的糕点。而另外一种说法则更加有意思，布朗尼这个名字也许来自于巧克力的颜色——棕色（brown）。

布朗尼蛋糕

学习内容

制作巧克力布朗尼蛋糕

产量

大约可以制作出32块巧克力布朗尼蛋糕

工具

小雕刻刀，搅拌盆，保温锅，胶皮刮刀，烤架，2个23厘米×23厘米方形模具

配料

无糖巧克力	250克
黄油	250克
白砂糖	475克
鸡蛋	5个
香草香精	10毫升
面粉	250克
盐	6克

制作方法

将烤箱预热到190℃。

1. 将2个23厘米×23厘米方形模具涂抹上黄油，并撒上面粉备用。
2. 将面粉和盐一起过筛。
3. 将巧克力切碎放入到一个耐热盆内，并加入切成颗粒形状的黄油，将盆放入保温锅内隔水加热，使得巧克力和黄油一起慢慢融化，用木铲搅拌几下。
4. 巧克力和黄油完全融化之后，将耐热盆从保温锅内端出，将液体搅拌至细腻光滑，待其冷却一会。
5. 加入白砂糖搅拌均匀。再加入鸡蛋，一次一个地加入，每加入一个搅拌均匀之后再加入下一个。加入香草香精搅拌均匀，再加入面粉搅拌均匀。最后形成一个光滑而浓稠的糊状面团。
6. 将糊状面团分别倒入到2个模具中，将表面抹平并充满每个角落。将布朗尼蛋糕面糊放入预热好的烤箱内烘烤至表面发干，或者插入一把小雕刻刀在蛋糕的中心处，拔出时刀尖几乎是干爽的程度，需要烘烤35～40分钟。
7. 从烤箱内取出，小心脱模之前要先放到烤架上晾凉。

哈拉面包是一款味道绝佳的以鸡蛋为主料编成辫子造型的面包，是犹太人宗教仪式上的传统食品。在希伯来语中，有两个单词用来形容面包：lechem和challah。第一种类的面包也就是常见的样式，每天都会食用，而第二种类的面包只会在安息日和宗教节日里食用。在犹太人的家庭里，按照风俗习惯都会烘烤两条哈拉面包，代表着上帝的恩赐，守护着他们以色列人从离开埃及之后在沙漠中生活了40年。另外一个方面，使用哈拉面包的风俗习惯是分离出部分的哈拉面包面团以防止烤焦。这种做法源自于古代犹太人留出一部分哈拉面包供给耶路撒冷神殿内的大祭司的风俗习惯。当神殿在公元70年被罗马大军毁坏时，哈拉面包的一部分会被烤焦用于祭奠以资纪念。在现代，哈拉面包在正统的犹太教派之外已经失去了绝大部分的宗教含义。在第二次世界大战中，逃离东欧的犹太人带着哈拉面包到了美国。现在犹太人和其他人一起每日都可以享用哈拉面包，在餐馆内哈拉面包也是制作三明治时最受欢迎的面包之一。

哈拉面包

学习内容

二次发酵

编织面团

产量

可以制作出3个454克的面包

工具

面团切割器或者厨刀，中号搅拌盆大号搅拌盆，毛刷，木铲，油纸，烤架，厚底烤盘

配料

温水（不超过32℃）	120毫升
酵母	90克
蜂蜜（第一份）	15毫升
面包粉（第一份）	120克
面包粉（第二份）	250克
油	180毫升
蛋黄	5个
蜂蜜（第二份）	60毫升
水	480毫升
面包粉（第三份）	1千克
盐	15克
鸡蛋（打成蛋液）	1个
罂粟子	适量

译者注：根据我国相关规定，罂粟子应限制用量及使用频度。

制作方法

将烤箱预热到200℃。

制作二次醒发面团

1. 在一个中号搅拌盆内用温水（不超过32℃）化开并搅拌酵母，使其完全溶化。加入第一份蜂蜜和120克的面包粉搅拌均匀，形成一个细腻的面糊，放到一边让其醒发备用。

2. 在另外一个大号搅拌盆内，将250克（第二份）面包粉与油、蛋黄、蜂蜜（第二份）和足量的水和在一起，加入步骤1醒发好的面糊中，混合均匀。

3. 加入剩下的面粉（第三份）、盐和适量的水，将面团揉搓至细腻光滑，大约需要揉制10分钟。放到一个涂抹过油的盆内，盖好并放在温暖的地方（27℃）醒发至体积增至2倍大，大约需要醒发90分钟。

4. 取出面团挤压并排出空气，将面团分割成两块，放到一边松弛。

5. 将两块面团分别揉搓塑形成长条形，再分别分割成3份或者4份。将每一块面团用手掌按压成扁平形，抬起一端朝向中心处叠压过来用手掌按压密实。将另一端也抬起朝向中心处折叠过来，同时也用手掌按压密实。用两只手将中心处按压平整，在来回滚动面团的同时朝外侧面慢慢放松手劲直到两端撤开双手。

6. 反复重复此动作，将面团揉搓成为粗细均匀的细棍状的条形。盖好之后放到一边醒发20～30分钟。这一步骤会让面筋得到松弛，同时完成所有的细棍面团的制作步骤。

7. 用相同的技法将所有的面团制作成为细棍状的条形，直径大约为2厘米，长度基本一致。如果要使用三股细棍面团编制面包，拿取三根面团摆放在一起，将一端捏紧。

8. 通过将外侧的一根面团越过中间的一根来编制，左右交替进行，编制到最后的时候，将三根面团的末端捏在一起，压到编好的面包下面。

9. 将编制好的哈拉面包放到铺有油纸的烤盘上。

10. 在一个小碗内打散鸡蛋。在哈拉面包表面轻轻地涂刷一层蛋液，然后撒上些罂粟子。将面包放到预热好的烤箱内烘烤至金黄色，需要烘烤35～40分钟。

11. 从烤箱内取出哈拉面包，放到烤架上冷却。

多波士千层蛋糕是一款味道绝佳、口感细腻的分层蛋糕，在其表面覆盖着华美的焦糖涂层。它是1884年由著名的匈牙利大厨约瑟夫·多波士所首创。1885年多波士千层蛋糕在布达佩斯世界博览会上首次对外揭开神秘的面纱，被敬献给奥匈帝国的皇帝和皇后，佛朗茨·约瑟夫一世和巴伐利亚的伊丽莎白皇后。约瑟夫·多波士当时是享誉整个欧洲的布达佩斯食品专卖店的老板。多波士同时也是一名睿智的发明家，他设计出了一种特殊的包装让顾客订购的蛋糕可以送达全欧洲。许多人都想复制他风靡一时的蛋糕却都无法成功，在他以后的一生之中，他都小心翼翼地保藏着他的配方。在1906年他做出决定，免费将这些配方赠送给布达佩斯糕点和蜂蜜面包生产协会。时至今日，多波士大厨在匈牙利仍然被认为是一位民族英雄，国内每年都会举办一个特别的庆典活动以纪念他研发出的那些美轮美奂的蛋糕。

多波士千层蛋糕

学习内容

分层海绵蛋糕
制作多层蛋糕
熬煮焦糖糖浆

产量

可以制作出一个25厘米的多波士千层蛋糕

工具

抹刀，小雕刻刀或者厨用剪刀，搅拌盆，搅拌器，胶皮刮刀，油纸，毛刷，裱花袋，中号圆口裱花嘴，厚底酱汁锅，烤盘，烤架

制作方法

将烤箱预热到220℃。

1. 在烤盘内铺设好的油纸上以蛋糕模具为参照，画出7个25厘米的圆圈图案。

2. 将杏仁膏和白砂糖一起搅拌均匀，逐渐加入蛋黄，搅拌均匀之后再加入下一个。搅拌好之后再将蛋糕粉搅拌进去。

3. 在蛋清中加入一点盐，然后将蛋清打发至湿性发泡。加入白砂糖继续搅打至泡沫密实而呈光滑细腻状，在蛋白霜中感觉不到有颗粒状的白砂糖存在，将打发好的蛋白霜轻缓地拌入到杏仁膏混合物中。然后将面糊分成均等的7份，放入到在油纸上画好的圆圈内，均匀地涂抹平整，注意不要过度地反复涂抹，放入烤箱内烘烤至呈浅黄色，触碰时表面干燥，大约需要烘烤7分钟。从烤箱内取出蛋糕放到烤架上晾凉。冷却之后放到一边备用。

制作巧克力奶油酱

1. 准备一小碗冷水、一把勺子以及一个毛刷。

2. 将白砂糖和水一起放到一个小号厚底酱汁锅内烧沸，撇去表面上所有的白色浮沫，用蘸过冷水的毛刷将锅壁内侧的糖液刷除。当糖浆熬煮到变得清澈时，在不搅动糖浆的情况下继续熬煮到软球阶段（115℃）。在熬煮糖浆时，同时在盆内打发蛋黄，将熬煮好的糖浆锅底部放到冷水中浸泡片刻以防止糖浆继续加热。

3. 继续搅打蛋黄的同时，将糖浆呈均匀的细流状倒入蛋黄中，小心不要倒在锅边上，也不要倒在搅拌器上。待糖浆全部搅拌进去之后，继续搅拌至蛋黄混合液冷却到室温。逐渐加入黄油，搅拌均匀，再搅拌一会至混合液变得细腻光滑，颜

色变浅。将融化后的巧克力搅拌进去。

制作焦糖糖浆

1. 将一片多波士蛋糕放到烤盘内。
2. 准备一小碗的冷水、一把勺子以及一个毛刷。
3. 将白糖和水放入到一个小号酱汁锅内加热，当快要烧沸时，撇净表面上的白色浮沫，并用蘸过水的毛刷将锅壁上的糖浆刷除。当糖浆变得清澈时，继续加热至糖浆变成浅焦糖色。从火上端离开，迅速在糖浆锅内加入黄油，搅拌至完全融化。趁热将糖浆均匀地涂抹到烤盘内的多波士蛋糕片上，待其凝固，趁还是热的情况下，用小刀或者厨用剪刀将边缘上的糖浆修剪整齐，用一把涂抹过油的厨刀将其切成8～10块，放到一边使其冷却，备用。

组装

1. 如果需要，可以借助一个25厘米的环形模具和一把小刀修整多波士蛋糕的造型。
2. 将一片多波士蛋糕片放到蛋糕纸板上，均匀地涂抹一薄层的巧克力奶油酱。然后再放上一片多波士蛋糕片并涂抹上巧克力奶油酱，直到将所有的多波士蛋糕片都涂抹并叠放好。
3. 将整个多波士蛋糕都涂抹上巧克力奶油酱，放到冰箱内冷藏15～20分钟使其凝固。
4. 取出蛋糕再涂抹上第二层巧克力奶油酱，并在蛋糕的外侧撒上些烘烤好的杏仁片。
5. 用刀背在蛋糕的表面轻轻做出刻痕，块数应与之前切割出的焦糖多波士蛋糕块数一致。
6. 将剩余的巧克力奶油酱装入到一个带有中号圆口裱花嘴的裱花袋内，在每一块蛋糕的中间挤出美丽的花形图案。
7. 将涂抹有焦糖糖浆的多波士蛋糕沿着表面做出的刻痕排列好，摆放到巧克力奶油酱花形图案上。

配料	
杏仁膏	180克
白砂糖	120克
蛋黄	180毫升
蛋糕粉	180克
蛋清	270毫升
盐	3克
白砂糖	90克
巧克力奶油酱	
白砂糖	180克
蛋黄	6个
黄油（室温）	360克
巧克力（融化）	60克
水	60毫升
焦糖糖浆（155℃）	
白砂糖	270克
黄油	30克
烘烤过的杏仁片	适量

尽管本书中的大多数食谱是在很久以前由大厨们所首创，但是戚风蛋糕却是在相对来说近代，由一名技艺高超的糕点爱好者所首创，他的名字叫做哈利·贝克，他在1927年发明出戚风蛋糕。在洛杉矶他是一名保险推销员和烘焙痴迷者。多年以来，贝克先生收藏着他的戚风蛋糕配方并且在好莱坞像餐馆老板一样售卖他制作的戚风蛋糕。一直到了20世纪40年代，贝克先生将他的戚风蛋糕配方以高价卖给了通用磨坊公司。到了1948年，通用磨坊公司开始在贝蒂·克罗克连锁店内售卖戚风蛋糕，进行了铺天盖地的宣传并宣称戚风蛋糕是“百年来第一款新型蛋糕”。戚风蛋糕最大的创新之处（这个秘密被贝克先生保护得如此严密）是首次在蛋糕制作食谱中使用植物油代替黄油。植物油使得蛋糕更容易膨发并且更加轻柔和蓬松，同时还保留着蛋糕的潮湿度，而不像其他非油性蛋糕，比如天使蛋糕那样干燥。

戚风蛋糕

学习内容

制作戚风蛋糕
制作蛋白霜

产量

可以制作出1个戚风蛋糕

工具

厨刀，搅拌盆，面筛，塑料刮板，搅拌器，烤架，25厘米圆形中空模具

配料	
蛋糕粉	300克
白砂糖	300克
泡打粉	15克
植物油	125毫升
蛋黄	90毫升
水	60毫升
柠檬（擦取柠檬皮）	1个
柠檬汁	125毫升
蛋清	250毫升

制作方法

将烤箱预热到170℃。

1. 将蛋糕粉、泡打粉一起过筛，与1/2量的白砂糖一起放到大盆内。
2. 将植物油、蛋黄、水、柠檬汁和柠檬皮放到盆内，混合均匀。

制作蛋白霜

1. 将蛋清打发至硬性发泡，然后逐渐加入白砂糖，继续打发至光滑而细腻，用手指摩擦时感觉不到白砂糖颗粒的程度。
2. 在过好筛的材料中间做出一个井圈，将蛋黄混合液倒入到井圈中。混合面粉直到形成面糊，注意不要过度搅拌（面糊中应该还能够看到干面粉的痕迹）。然后用塑料刮板将打发好的蛋白霜分次拌入到面糊中。
3. 将混合好的面糊倒入25厘米圆形中空模具中，烘烤至在蛋糕中间插入一根牙签拔出时是干爽的程度，大约需要50分钟。从烤箱内取出，将蛋糕倒扣在烤架上使其完全冷却。

特色鲜明的巧克力曲奇，是世界上最受欢迎、非常美味可口，并且制作超简单的曲奇之一。常让人产生疑问的是，巧克力曲奇在近代是如何被创作出来的。曲奇是在1930年被露丝·格拉芙·韦克菲尔德所研发出来的，她是马萨诸塞州惠特曼Tollhouse Inn的店主。故事是这样的：韦克菲尔德太太开始制作一批巧克力曲奇，和好曲奇面团之后，她才想起巧克力已经用完。她只好将半甜的雀巢巧克力弄碎揉进面团里，以为在烘烤的过程中巧克力会均匀地融化到曲奇里。想不到的是巧克力没有融化，而只是软化了，其结果是烘烤出了一炉耐嚼、口感极佳的新曲奇。很快，这种新的曲奇在她的餐馆里深受欢迎，这促使韦克菲尔德太太以使用巧克力的新方法开始接触到雀巢公司，她把曲奇配方卖给了雀巢公司，公司开始供应大量的巧克力碎片给韦克菲尔德太太，作为交换她可以终生使用免费的巧克力。无论是单独享用或是配上一大杯牛奶，巧克力曲奇都是世界上最受人们欢迎的美味食品。

巧克力曲奇

学习内容

打发奶油的技巧

产量

大约可以制作出2打24个，每个50克的曲奇

工具

厨刀，搅拌盆，面筛，木铲，勺子或者铲子，烤架，烤盘

配料	
面粉	300克
泡打粉	5克
盐	5克
黄油	180克
白砂糖	150克
红糖	150克
鸡蛋	90毫升
香草香精	5毫升
巧克力碎	300克
核桃仁或者山核桃仁	120克

制作方法

将烤箱预热到175℃。

1. 将面粉、盐、泡打粉一起过筛。
2. 将黄油和红糖、白砂糖一起打发。一次一个地加入鸡蛋，搅拌均匀之后再加入下一个。再加入香草香精搅拌均匀。
3. 将面粉搅拌进去混合至均匀。将巧克力碎和干果仁也搅拌进去。
4. 用一把勺子或者铲子，舀取50克球形曲奇面团到涂刷有油的烤盘上，相互之间间隔5厘米。
5. 放到烤箱内烘烤8～10分钟，或者烘烤至曲奇的边缘部分开始变成褐色。从烤箱内取出，放到烤架上冷却。

几个世纪以来在烹饪艺术的殿堂中，美味的肉桂卷一直都被人们趋之若鹜和大量食用。在中世纪时期，肉桂在欧洲是极其罕见的，只有上流社会的贵族才能够消费得起。很可能在那个时期，就如同在油炸面糊中会添加进去外来香料一样，面包和肉桂第一次有了亲密接触。正如同今天我们所知道的那样，肉桂卷的起源地被认为是来自于瑞典。在瑞典，肉桂卷被称为kanelbulle，照字面翻译是“肉桂面包”的意思，瑞典人甚至专门将每年的10月4日定为他们的“全国肉桂面包日”。同瑞典一样，美国人享用肉桂卷也有着悠久的历史传统。美式肉桂卷是另外一个享誉全球的版本，它比瑞典的原版肉桂卷覆盖有更多的糖霜并且更加甜腻。本食谱这个肉桂卷配方的版本则可能来自于19世纪移民到费城的北欧人。

肉桂卷

学习内容

制作甜味发酵面团
制作肉桂卷
使用二次发酵的方法
给肉桂卷上光

产量

大约可以制作出6个肉桂卷

工具

厨刀，搅拌盆，搅拌勺，面刷，毛巾，23厘米圆形模具或者大号松饼模具

配料

蛋糕粉	100克
白砂糖（第一份）	60克
温水（不超过32℃）	60毫升
鲜酵母	30克
肉桂粉	10克
黄油（软化）	60克
鸡蛋	1个
白砂糖（第二份）	5克
牛奶	200毫升
面包粉	600克
盐	5克
杏酱	适量
翻糖（融化）	适量
黄油（涂抹用）	适量
白砂糖（撒面用）	适量

制作方法

1. 将蛋糕粉和白砂糖过筛，备用。
2. 在一个大盆内将酵母和温水（不超过32℃）混合，待酵母完全溶解，加入白砂糖（第一份）和100克蛋糕粉，搅拌至混合均匀。用毛巾盖好，放到一边醒发20～30分钟。
3. 将黄油和白砂糖（第二份）一起打发。加入鸡蛋继续打发，再加入醒发的面糊、牛奶和盐混合均匀。加入面包粉搅拌混合均匀，揉搓大约5分钟，盖好醒发1.5～2小时。
4. 面团醒发好之后，按压排出空气，从盆内取出放到净的工作台面上，继续醒发20分钟。在模具内或者松饼模具内涂抹上黄油备用。
5. 将面团擀开成为一个大长方形，大约0.5厘米厚，在擀开的面片上涂抹黄油并撒上肉桂粉和白砂糖。将面片密实地卷起，最后捏紧缝隙处。将面卷切割成宽度为2厘米的厚片。切口朝上摆放，继续醒发至体积增至2倍大。将烤箱预热到175℃。
6. 放入烤箱内，将肉桂卷烘烤至呈金黄色，需要烘烤20～30分钟。
7. 取出后趁热刷上杏酱或者淋上融化的翻糖。

魔鬼蛋糕是一款轻柔的巧克力蛋糕，内里加有浓郁而黏稠的巧克力甘纳许酱。这款蛋糕之所以获得了魔鬼蛋糕这个名称，据说是因为人们容易沉迷于其丰厚的巧克力味道之中而感到“有罪”，无法自拔。 也可能这款蛋糕起这样一个名字是为了与它的近亲——天使蛋糕相对应。天使蛋糕在出现时间上要早于魔鬼蛋糕，虽然这两款蛋糕都有清淡而柔软的质地，天使蛋糕颜色洁白、香草味道浓郁，而魔鬼蛋糕颜色漆黑且带有巧克力风味。第一次提到魔鬼蛋糕是在1906年萨拉·泰森·罗勒出版的《罗勒夫人的新烹饪法》一书中。早期的魔鬼蛋糕食谱中交替使用魔鬼蛋糕和红色天鹅绒蛋糕这两个名字来描述这款蛋糕。这是因为在烘烤这款蛋糕的过程中可可粉和泡打粉相互作用起了化学反应，从而使得蛋糕带上了红色。不管你叫它怎样的名字，魔鬼蛋糕始终带着终极的美味诱惑。

魔鬼蛋糕

学习内容

制作分层蛋糕

产量

可以制作出一个25厘米的魔鬼蛋糕

工具

锯刀，抹刀，搅拌盆，面筛，搅拌器，毛刷，木铲或者胶皮刮刀，裱花袋，小号星状裱花嘴，25厘米圆形蛋糕模具，酱汁锅

配料

蛋糕粉	300克
可可粉	50克
泡打粉	5克
盐	少许
黄油	120克
白砂糖	225克
鸡蛋	2个
香草香精	10毫升
脱脂牛奶	120毫升
红糖	200克
热水	120毫升
甘纳许	
黑巧克力	600克
奶油	500毫升
黄油（常温）	60克
白砂糖	60克

制作方法

将烤箱预热到180℃。

1. 将蛋糕粉、可可粉、泡打粉和盐一起过筛。

2. 将黄油和白砂糖、红糖一起打发。一次一个地加入鸡蛋，搅拌均匀之后再加入下一个。再加入香草香精和脱脂牛奶，搅拌至光滑细腻，最后再加入热水搅拌均匀。将面糊倒入到准备的模具中，放入预热好的烤箱内，烘烤至将刀尖插入到蛋糕中间拔出时刀尖是干爽的程度，大约需要烘烤30分钟。

3. 从烤箱内取出蛋糕，冷却几分钟之后脱模到烤架上使其完全冷却。

制作甘纳许

将黑巧克力切碎放到盆内。在酱汁锅内加热奶油和白砂糖。当奶油快要沸腾、白砂糖完全溶化时，将其倒入到黑巧克力盆内，静置几分钟，然后用木铲或者胶皮刮刀轻缓地搅拌。再加入黄油并且继续搅拌至完全混合均匀。放到冰箱内冷却，使其变成浓稠到可以涂抹的程度，需要20～30分钟。

组装

1. 如果烘烤好的蛋糕表面凸出太多，将蛋糕的表面片平整。

2. 将蛋糕翻扣到纸板上或者餐盘内，片开成上下两半，轻轻地将上面一层蛋糕取下，放到一边。

3. 在底层蛋糕上涂抹大约1/3用量的甘纳许，盖上上面一层蛋糕。用甘纳许将蛋糕侧立面和表面都涂抹一层，放到冰箱内冷却定型，需要15～20分钟。

4. 从冰箱内取出，在侧立面上再覆盖上一厚层甘纳许，表面同样覆盖，用抹刀抹平。

5. 将剩余的甘纳许装到带有小号星状裱花嘴的裱花袋内。沿着蛋糕的表面和底座分别挤上美丽的装饰花边。冷藏至需食用时。

纯巧克力蛋糕是一款味道浓郁而丰富的蛋糕，令巧克力爱好者梦寐以求。蛋糕中没有添加面粉，也就意味着这款蛋糕主要是由黄油、鸡蛋和巧克力制作而成的密度非常高的蛋糕，并赋予了它非常浓郁的风味。它不仅被所有的巧克力爱好者所喜爱，因不含有面粉还深受那些患麸质过敏症的人们的特别喜爱。

纯巧克力蛋糕

学习内容

隔水融化巧克力
制作蛋白霜

产量

8～12人份

工具

厨刀，搅拌盆，塑料刮板，搅拌器，保温锅，油纸，25厘米活动底蛋糕模具

配料

配料	
黄油	180克
黑巧克力	350克
白砂糖	250克
蛋黄	15个
香草香精	10毫升
蛋清	15个

制作方法

将烤箱预热至150℃。

1. 将活动底蛋糕模具涂抹上黄油并在底部铺上油纸。

2. 将巧克力和黄油一起隔水融化，搅拌至混合均匀。一旦变得非常细腻之后从保温锅内端离开放到一边备用。

3. 将蛋黄与1/2量的白砂糖一起搅打，直到颜色变浅，然后加入香草香精搅拌均匀。

4. 将蛋清打发至湿性发泡。然后逐渐加入一些白砂糖，继续搅打至蛋清变得细腻而有光泽。

5. 将剩余的白砂糖加入到蛋黄中搅拌至混合均匀。将蛋清叠拌进蛋黄混合物中，混合均匀。

6. 将混合均匀的步骤5与步骤2叠拌到一起，搅拌均匀。

7. 将搅拌好的巧克力鸡蛋糊倒入到铺有油纸的活动底蛋糕模具中，放入烤箱内烘烤20～25分钟，或者烘烤至面糊膨发起来，当轻轻晃动蛋糕模具时，蛋糕的中心有些颤动为好。

这款混合了橄榄油和香草的味道并且美味可口的意大利风味圆面饼，其起源可以追溯到古希腊时期或者因特鲁利亚时期。现代佛卡夏这个名词来源于古罗马人。面饼是在一种称为panis focacius的面包炉内用草木烘烤而成的。focus在罗马语中是“烤炉”的意思。随着罗马人征服世界和不断地扩大帝国的疆土，他们也把独具风格的面饼制作方法传播到了整个地中海地区。佛卡夏被视为早期比萨的皱形，在它的表面可以放上几乎各种各样的食物，并且根据各个地区口味千变万化。

佛卡夏面包

学习内容

制作二次醒发面团
制作时令风味佛卡夏面包

产量

可以制作出大约1.2千克的佛卡夏面饼面团

工具

面团切割刀或者厨刀，搅拌盆，木铲，面刷，油纸，毛巾，烤盘

配料

配料	
鲜酵母（第一份）	5克
温水（不超过32℃）	180毫升
面粉	600克
水	420毫升
鲜酵母（第二份）	5克
盐	15克
橄榄油	30毫升
迷迭香	1枝
海盐	适量

制作方法

1. 将面粉过筛，放到一边备用。
2. 将酵母（第一份）和适量温水一起放到盆内，搅拌至酵母完全溶解。然后加入足量的面粉搅拌，制作出细腻的面糊，放到一边醒发20～30分钟。
3. 将剩余的面粉放到一个大盆内，在面粉中间做出一个井圈。在井圈中加入盐、第二份酵母、发酵好的面糊、油，以及剩余的水。搅拌至完全混合均匀。此时和好的面团应非常柔软。
4. 用毛巾覆盖面团，放入到醒发箱内醒发至体积膨胀到2倍大。需要30～40分钟。面团醒发之后，挤压面团以排出空气，从盆内取出放到一个干净的工作台面上。将面团分割成均等的2～3块，盖好松弛面团。
5. 将烤盘涂刷上油之后再铺上油纸。
6. 将面团擀开成大约1厘米的厚度，放到准备好的烤盘内。放到一边进行松弛膨发到体积增至2倍大。将烤箱预热至150℃。
7. 在面饼上做出些窝穴形，然后刷上橄榄油，撒上海盐和迷迭香。
8. 将制作好的面饼放入预热好的烤箱内烘烤至金黄色，大约需要烘烤25分钟。

水果馅饼是一款不同寻常的、创作于不同时间和地点的甜品。它的来源可以追溯到美国“古老的西部”，生活在美国边境的人们将馅饼作为一款制作简单且种类繁多、芳香浓郁的甜点，可以使用任意种类的水果来作为馅料。cobbler这个词最初是指鞋店里的修鞋匠，因为他聚集了很多鞋子从而孵化出了词汇cobbling（杂乱无章）。水果馅饼因此而得名，指的是用随心所欲的方式来制作这款甜点。水果馅饼深受美国人的喜爱，并且依据所在地域的不同而有很多别名（包括crisps、crumbles、brown bettys、slumps、grunts以及buckles等）。水果馅饼可以配冰淇淋或者单独食用，毫无疑问，这款甜点以自身的美味让品尝者身心相悦。

水果馅饼

学习内容

制作水果馅饼
制作罐头水果馅

产量

可以制作出1个1.3千克的水果馅饼，供8～10人食用

工具

厨刀，搅拌盆，木铲或者木勺，1升的烤盘，厚底酱汁锅

配料	
黄油	150克
蛋糕粉	400克
白砂糖	180克
盐	10克
泡打粉	15克
重奶油	150毫升
馅料	
罐头水果	300克
罐头水果汁	90毫升
水	30毫升
玉米淀粉	30克
柠檬汁	25毫升
白砂糖	90克
盐	5克
黄油	15克

制作方法

将烤箱预热至150℃。

1. 在烤盘内涂抹上黄油。
2. 将蛋糕粉过筛。用手指将黄油与蛋糕粉一起揉搓，直到成为颗粒状。
3. 将白砂糖、盐和泡打粉一起混合到颗粒状的黄油与蛋糕粉中。在中间做出一个井圈，加入重奶油。逐渐与蛋糕粉等混合均匀形成一个面团，放到一边备用。

制作馅料

1. 将所有的材料一起放入厚底酱汁锅内并搅拌均匀。放到中火上加热至变得浓稠，汤汁变得清澈，从火上端离开，略微晾凉。
2. 将制作好的馅料倒入到准备好的烤盘内。将面团弄碎之后均匀地铺放到馅料上并覆盖好。撒上些黄油粒。
3. 放入烤箱内烘烤至表面呈美观的金黄色，水果开始冒泡。需要烘烤25～35分钟。

这款超甜的糖果被认为是在20世纪末在美国偶然之中被创作出来的。“Oh fudge！”这句含蓄的脏话要早于软糖出现的时间，并且被认为是当温文尔雅的糖果制造商制作出来一炉不合格的焦糖时的叫喊，殊不知却在不经意之间创作出了一款美味的软糖甜食。由于软糖创作时具有的神秘色彩，使其成为了深受美国女子学院中富有进取心的学生们欢迎的必备甜食。第一个将这款糖果称为软糖的是瓦萨人学一位叫艾米琳·哈特里奇的学生在一封书信中提及的。在信中她述说了一位同学的表弟在马里兰州巴尔的摩以40美分一份的价格销售软糖的情景。她决定制作出带有自己特点的软糖在毕业班学生拍卖会上进行销售。后来她制作出的软糖大受欢迎，不久之后来自于全美其他大学的妇女们开始复制这款软糖进行售卖。

美式软糖

学习内容

制作美式软糖

产量

可以制作出1个680克的软糖

工具

厨刀，木铲，糖用温度计，20厘米×20厘米蛋糕模具，厚底酱汁锅

配料

配料	
白砂糖	400克
无糖巧克力	60克
玉米糖浆	30毫升
奶油	160毫升
黄油	30克
盐	1克
香草香精	5毫升

制作方法

1. 在20厘米×20厘米的蛋糕模具内铺好锡纸。
2. 将白砂糖、切碎的巧克力、玉米糖浆和奶油一起放入厚底酱汁锅内加热并搅拌至巧克力完全融化，混合均匀。插入糖用温度计，熬煮到115℃，加热过程中不要搅动。当温度达到115℃时，将锅端离开火。
3. 加入黄油、盐和香草香精，不要搅拌，让其冷却到43℃。然后用木铲搅拌至混合物失去光泽感同时黏稠变硬，快速倒入到准备好的模具中并涂抹平整。
4. 放到一边让其完全冷却。
5. 冷却之后，从蛋糕模具中取出切成小方块。
6. 放到密封处保存。

十字军从中东回撤时率先将姜味面包引入欧洲。人们普遍认为是欧洲的僧侣将姜味面包普及并传播开来的，并且他们经常在节假日和宗教节日里烘烤深受人们喜爱的香料曲奇饼干。姜味面包（gingerbread）这个词汇实际上不是从面包（bread）这个词引申派生出来的。这些曲奇是因为使用了生姜为原材料，形成了主要味道而命名的。在拉丁语中，姜拼写成“zingebar”，源自于古法语字“gingebras”这个词。随着时间的推移，这个词逐渐演变成为了“gingerbread”。姜味面包通常被作为欧洲姜味面包节上享用的主食。正是在这些节日庆典上销售的木制曲奇切割器，促成了在节日上各种造型的姜味面包的热卖。在这些造型中最有名的是用姜味面包建成的结构复杂并且装饰华丽的姜味面包屋（也称姜包屋、姜饼屋），使得这些姜味面包小房子成为了圣诞节日中的一种传统风俗习惯。姜味面包屋首先出现在19世纪的德国，在这之后出版的格林童话中描述了被他们邪恶的继母遗弃在森林中的两个叫做Hansel 和Gretel的孩子，他们在森林中流浪，直到他们寻找到一幢由姜味面包建成的房子，房子上装饰着美轮美奂的糖果。德国人非常严肃认真地对待他们制作的姜味面包，并且长期以来，只有经专门的姜味面包协会许可才可以生产少量的姜味面包进行销售。由于这个协会的奉献精神，德国很快成为世界上生产最优品质姜味面包的生产商（他们被称为lebkuchen）。德国人制作最佳姜味面包的优良传统一直延续到今天，纽伦堡市（德国姜味面包生产中心）出品的姜味面包至今在世界上仍然享有盛誉。

姜味面包

学习内容

打发黄油

切割姜味面包

产量

可以制作出2千克的姜味面包面团

工具

厨刀，搅拌盆，面筛，擀面杖，饼干切割器，烤架，刮板，厚底烤盘

配料	
面粉	1050克
小苏打	10克
肉桂粉	10克
姜粉	20克
丁香粉	少许
盐	5克
黄油	240克
红糖	240克
糖蜜	240毫升
冷水	240毫升

制作方法

将烤箱预热到165℃。

1. 将面粉、小苏打、肉桂粉、姜粉、丁香粉和盐一起过筛。

2. 将黄油和红糖一起打发，加入糖蜜搅拌均匀，再加入冷水搅拌均匀。此时，搅拌好的混合物质地类似于农家奶酪（cottage cheese）。

3. 将过筛的干粉材料加入到搅拌均匀的黄油混合物中搅拌，直至形成一个质地均匀的面团。用保鲜膜包好放置到凉爽处松弛20分钟。

4. 在一个撒有面粉的工作台面上，将面团擀开成厚度大约为5毫米的大片。可以多撒些面粉以防止面团粘连。

5. 将擀好的面团切割成所希望的造型，将它们放到厚底烤盘上，相隔间距2.5厘米。放入烤箱内烘烤至有芳香扑鼻气味溢出并且边缘部分变成褐色。取出放到烤架上晾凉。

热十字面包有着悠久的历史，它笼罩着信仰和神秘的色彩。热十字面包的起源可以说是源远流长。古英格兰时期的撒克逊人会在宗教典礼中烘烤十字面包供奉给光之女神厄俄斯特，来迎接春天的到来，面包上的十字代表着月亮各自的1/4部分。随着基督教在英国不断地发展壮大，十字面包逐渐演变成为了基督教徒们意识形态里的象征之物。“复活节（Easter）”一词来自于厄俄斯特女神这个名字Eostre，并且在意料之中的是，十字面包上的十字刻痕被用来表示十字架的意思。随着英国国教已经成形，从此英国远离了天主教，都铎王朝的国王曾经试图取缔过十字面包。十字面包被深深地打上了英国文化的烙印，伊丽莎白一世曾经立法允许十字面包可以在复活节和圣诞节期间烘烤食用。十字面包与复活节有如此紧密的联系，以至于让许多英国人形成了这样崇拜的心理，那就是十字面包是神秘的力量。英国许多人都坚信，如果在耶稣受难日这一天烘烤十字面包，那么面包全年都不会腐坏。他们也认为在厨房内悬挂十字面包可以防止火灾，并且携带在身边出海航行可以防止船舶失事。不管十字面包所带来的神秘力量真假如何，有一件事是毋庸置疑的——这些十字面包是节假日款待宾客好友的绝佳美食。

热十字面包

学习内容

制作发酵面团

裱花技法

给面包塑形

产量

可以制作出16个热十字面包

工具

厨刀，搅拌盆，面筛，搅拌器，面刷，塑料刮板或者面团切割器，一次性裱花袋，烤盘，酱汁锅

配料	
面粉（第一份）	250克
白砂糖	30克
盐	少许
牛奶	120毫升
酵母	15克
鸡蛋	1个
黄油（软化）	60克
什锦蜜饯果皮	50克
葡萄干	50克
面粉（第二份）	150克
水	适量
水	120毫升
白砂糖	100克
面包香料*	适量
珍珠糖（可选）	适量

*如果没有面包香料，可以加入一点肉桂粉和豆蔻粉代替。

制作方法

制作面包面团

1. 将面粉（第一份）过筛，与盐、白砂糖放到一个盆内，在中间做出一个井圈。
2. 将牛奶加热到37℃，放入酵母搅拌溶化。倒入到面粉形成的井圈中，再加入鸡蛋混合形成面团。
3. 在盆内揉制面团至光滑细腻。
4. 将黄油分次一点一点地揉入到面团中，再将蜜饯果皮和葡萄干揉进去。
5. 将面团放到一边盖好，发酵到体积增至2倍大。待醒发之后，挤压面团排出空气，将面团分割成16份，分别揉制成圆形。依次摆放到烤盘内，继续醒发至体积增至2倍大。

十字面包刻痕填充用料

1. 将面粉（第二份）过筛到一个盆内，加入适量的水混合成浓稠的面糊状。
2. 装入到一次性裱花袋内备用。

熬煮糖浆

将120毫升水和100克白砂糖一起烧沸，端离开火，加入适量面包香料搅拌均匀备用。将烤箱预热到165℃。

烘烤

1. 十字面包在烤盘内醒发好之后，用厨刀在表面切割出一个十字形，用一次性裱花袋将面糊挤入到每个面包上的十字刻痕内。
2. 放入烤箱内烘烤20～25分钟至面包呈金黄色。取出放到烤架上，趁热涂刷糖浆。如果需要，撒上珍珠糖装饰，晾凉。

我们现在称之为派（也称之为馅饼）的以面团包裹着原材料进行烘烤的烹调方式，可以追溯到几千年以前。在古埃及人那里可以寻找到制作这些派的证据。第一次书面记载的派食谱可以在公元1世纪时的罗马烹饪书籍（*Apicus*）中寻找到。古时候的派皮远远没有现如今这么多的功能。早期的派皮最主要的功能之一是通过烘烤用面皮包裹的肉类来保存食物，那时候的旅行者们会用重量很轻的面皮来密封肉类，并借此保持住肉类的汁液。派面团也通常用来在烘烤过程中保护派皮中的馅料。早期的烤箱做不到在不将面皮烘烤到焦煳的情况下将食物烘烤得均匀熟透。而派皮的使用，使得馅料在面皮即使烘烤到焦煳的情况下也能够对馅料起到保护作用，并使其受热均匀。实际上，有些人推测，早期的派皮根本就不是用来食用的，因为出于面粉使用成本的考虑，派皮通常会被重复使用，用来烘烤不同的馅料。

派面团

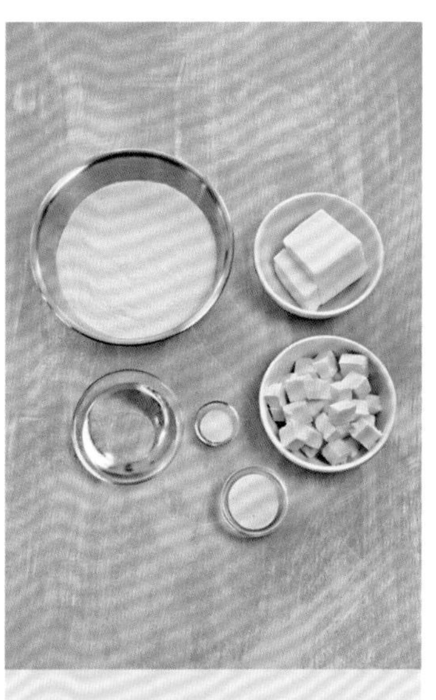

学习内容

制作派面团

切割派面团的技法

产量

可以制作出4个单层派外壳，2个双层（带面）派外壳

工具

厨刀，塑料刮板，面筛，派模具

配料	
蛋糕粉	750克
盐	10克
白砂糖	30克
黄油	250克
起酥油	250克
冰水	180毫升

制作方法

1. 将蛋糕粉过筛，与盐、白砂糖混合。
2. 将黄油和起酥油切成小颗粒状，然后与蛋糕粉混合均匀。
3. 用塑料刮板，将黄油和起酥油在蛋糕粉中反复切割，再加入冰水，用手和成一个均匀的面团。用手压扁面团之后用保鲜膜包裹，备用。

派自古以来就有各种形式的存在方式。几个世纪以来，在派中使用的馅料几乎涉及了人类已知的任何一种水果、肉类和海鲜等食材。从历史上来看，绝大多数的派都是咸香口味，而现代的派则属于香味浓郁、美味可口的糕点类，在烘烤派的过程中一般都会认为馅料是派中最重要的元素。在过去由于烤箱在温度控制时的不确定性，派皮的作用经常仅仅是保护馅料不被烤到焦煳。现代甜味的水果派，只是从19世纪才开始用来作为甜食食用。非常有趣的是，有人注意到，几乎每个人都听到了这样的说法：“派是地道的美国味”。苹果派实际上起源于英国，只是被当时的清教徒们带到了美国。

经典的派

学习内容

制作双皮派面团
装饰派花边
使用新鲜水果制作派

产量

可以制作出750克的派馅料

工具

小雕刻刀或者厨用剪刀，搅拌盆，擀面杖，烤架，23厘米派模具

配料

硬质水果（去皮，去核，切成片）	500克
柠檬汁（或者使用硬质水果汁）	5毫升
白砂糖	100克
玉米淀粉	21克
盐（只在制作苹果馅料时使用）	少许
香料	少许

制作方法

将烤箱预热到200℃。

1. 按照第335页“派面团”菜谱中的介绍制作派面团。
2. 将制作好的派面团分割成两份，将其中的一份擀开成为一个比模具直径大约宽出7厘米的圆形面皮。将圆形面皮卷到擀面杖上，放到模具上轻缓地展开铺好，确保在模具中铺设得整齐均匀。边转动模具边抬起面皮的边缘部分，以排除其中的空气，同时在模具中挤压边缘部分的面皮。使用小雕刻刀或者厨用剪刀，在模具的边缘部分留出额外的2.5厘米宽的面皮垂落在模具的外沿，去掉边缘部分多余的面皮。在面皮的边缘部分刷上水。
3. 使用苹果作为馅料：将去皮、去核、切成片的苹果放到一个盆内。加入柠檬汁、白砂糖、玉米淀粉、盐和香料，轻轻地搅拌均匀，倒入到铺好面皮的模具中。使用樱桃作为馅料：小心仔细地将樱桃的梗和核全部去掉，放到滤盆内漂洗干净，然后拭干，放到一边备用。在一个干净的盆内，放入玉米淀粉、白砂糖和水果汁（如果想要加入香料，可以在此时加入），将樱桃放入其中，轻轻搅拌均匀。将搅拌好的樱桃馅料放入铺好面皮的模具中。
4. 将第二块派面团擀开，大小与第一块相同。用擀面杖卷起面皮，轻轻地铺盖到模具中的水果上面，要确保面皮铺设得均匀并完全覆盖住水果，使用小雕刻刀或者厨用剪刀修剪掉多余的面皮，使其修剪之后与铺设在模具底部上的面皮大小一致。
5. 轻轻地将边缘部分的两层面皮捏到一起，然后用拇指和食指将边缘部分的面皮捏成波浪形的皱褶状。在表面均等地切割出4～5个小孔，其目的是在烘烤过程中让蒸汽逸出。放到烤箱内烘烤至边缘部分呈金黄色，大约需要烘烤45分钟。如果在烘烤过程中表面面皮上色太快，可以将烤箱的温度下调5℃。
6. 从烤箱内将烤好的馅饼取出，放到烤架上冷却。

自古希腊时期就已经开始流行在蛋糕中添加奶酪，而相对来说纽约风味奶酪蛋糕却是近代的风格。人们普遍认为阿诺德·鲁本是纽约风味奶酪蛋糕的发明者。他是鲁本三明治的发明者，也是著名的纽约烹饪学院的拥有者，同时也是鲁本美食店的店主（现在已关门）。鲁本在20世纪初期创作出了奶酪蛋糕，在这之后的几十年里，犹太人在纽约开设的美食店中开始对奶酪蛋糕配方进行不断的改进，以在激烈的竞争中找出最完美的奶酪蛋糕配方。这种改进是由当时的两项科技创新促成的：美式奶油奶酪和全麦饼干。美式奶油奶酪是由位于纽约北部的奶牛农场主威廉·劳伦斯在1872年发明的，而全麦饼干则是由一位叫西尔维斯特·格雷厄姆的新泽西牧师在1829年发明的，这位牧师认为发明这样一款饼干是因为他相信味道清淡的食品有助于抑制人们“不健康的饮食欲望”。纽约风味奶酪蛋糕之所以这样命名，是因为使用了奶油奶酪作为主要材料，口感浓郁而奶油味道丰厚。与其他普通蛋糕大同小异的风味相比纽约风味，奶酪蛋糕最明显的不同之处是它纯正而浓郁的奶油奶酪味道，并且与底部清淡风味的全麦饼干相得益彰。

纽约风味奶酪蛋糕

制作方法

将烤箱预热到170℃。

1. 将25厘米带弹簧扣的蛋糕模具涂抹上黄油备用。

2. 将全麦饼干碎与白砂糖和黄油混合均匀，将其按压到准备好的蛋糕模具底部作为奶酪蛋糕的底。

3. 将模具放到烤箱内烘烤10～12分钟，从烤箱内取出，放到烤架上晾凉。冷却之后用多层锡纸将模具的外围包裹好。

4. 将酸奶油放到盆内，然后将奶油奶酪一点一点逐渐地加入进去，搅拌混合均匀至细腻光滑。将玉米淀粉与白砂糖混合均匀之后分次加入到搅拌均匀的奶油奶酪混合物中，混合均匀。再加入柠檬汁和香草香精，最后将鸡蛋一个一个地加入进去，搅拌均匀之后再加入另一个。

5. 将搅拌均匀的奶油奶酪材料倒入到准备好的模具内，摆放到深边烤盘里，将烤盘放入烤箱，在烤盘内加入烤盘深边1/2高度的开水（隔水烘烤）。

6. 烘烤45分钟之后将烤箱温度降低到160℃继续烘烤30分钟。烤好之后的奶酪蛋糕应为凝固的但中间却非常柔软的质地。

7. 轻缓地打开烤箱门，继续烘烤1小时。

8. 从烤箱内取出奶酪蛋糕，放到烤架上使其完全冷却。在食用之前要彻底冷藏（最好冷藏一宿）。

学习内容

制作饼干屑饼底
隔水烘烤

产量

可以制作出1个25厘米的纽约风味奶酪蛋糕

工具

厨刀，搅拌盆，搅拌器，面筛，胶皮刮刀，锡纸，25厘米带弹簧扣的蛋糕模具，深边烤盘，烤架

配料

全麦饼干碎	300克
白砂糖	60克
黄油（融化）	90毫升
奶油奶酪	1千克
玉米淀粉	30克
白砂糖	370克
酸奶油	160克
柠檬汁	30毫升
香草香精	30毫升
鸡蛋	4个

panna cotta 是意大利语中“烤奶油”的意思，这个词恰如其分，因为这道西点就只是在奶油里加入了吉利丁片，再加上你喜欢的任何一种口味的材料烘烤而成。制作简单却令人回味无穷是这款甜点能够成为世界上最受欢迎甜点的一个原因。在意式奶油布丁的制作过程中，奶油作为基础材料，对于大厨们来说就像一幅空白的画布，让大厨们可以在想象空间中创造性地去展现自己的才华。与大厨们奇思妙想的创意一样，意式奶油布丁的味道空间也具有无限的可能性。

意式奶油布丁

学习内容

使用吉利丁

产量

可以制作出6个120毫升的意式奶油布丁

工具

小雕刻刀，6个120毫升的模具，细筛，搅拌盆，酱汁锅

配料

吉利丁片	6片
重奶油	600毫升
糖粉	120克
香草豆荚	半个
橙子（取橙皮）	1个
朗姆酒	15毫升

制作方法

1. 用冷水在碗内将吉利丁片泡软。
2. 将重奶油、糖粉、香草豆荚、橙皮和朗姆酒一起加热，在快要沸腾时从火上端离开。从冷水中捞出吉利丁片控净水，加入到奶油混合液中。搅拌至吉利丁片完全融化，然后用细筛过滤。
3. 将过滤后的液体分装到6个120毫升模具中，放到冰箱内冷藏至凝固。
4. 给意式奶油布丁脱模时，先用小刀的刀尖沿着顶部边缘刻划一圈，然后将模具在热水中浸泡10秒钟。再将模具反扣到冷的餐盘内并摇晃几次，使其能够脱模，最后小心地将模具抬起移走。

花生曲奇的历史，就如同花生酱的历史，可以追溯到一个伟大的非洲裔美国英雄人物乔治·华盛顿·卡弗。当20世纪初期棉铃象虫席卷美国棉花产业时，卡弗鼓励那些因为受虫害而一贫如洗的棉农们像种植棉花一样扩大种植花生农作物的面积。为了配合这一建议，他在1916年出版了一本《如何种植花生，105种花生食谱》的书籍。在这本小册子中，他分别详细地列出了三种不同的曲奇制作方法，都是以花生作为主要材料。而真正大规模地使用花生酱作为曲奇的主要材料，是在20世纪30年代大规模的商业化开发和生产出花生酱之后。第一个将花生酱写进菜谱中并号召使用花生酱的是皮尔斯伯里公司在1933年出版的《*Balanced Recipes*》。有意思的是，这也是第一个需要使用叉子的叉齿在花生酱曲奇面团上压印，在曲奇表面制作出别具一格的十字花形图案的食谱。尽管现在没有人知道当时到底为什么要这样做，但是这种做法至今仍然是制作这些曲奇至关重要的一个步骤。有人猜测可能是由于曲奇面团的密度非常大，需要在表面上压出十字花形，这样曲奇就能会烘烤得均匀一致。

花生曲奇

学习内容

打发黄油

产量

可做12个曲奇，每个18克

工具

厨刀，搅拌盆，木铲，面筛，勺子，餐叉，烤盘，烤架

配料

面粉	200克
泡打粉	10克
盐	少许
黄油	120克
白砂糖	120克
黄糖	90克
花生酱	80克
鸡蛋	1个
香草香精	1茶勺
黑巧克力（可选）	30克

制作方法

将烤箱预热到175℃。

1. 将面粉、泡打粉和盐一起过筛。
2. 将黄油、白砂糖和黄糖一起打发，然后加入花生酱搅拌至细腻光滑。再加入鸡蛋和香草香精，继续搅拌，最后将其他材料加入搅拌至均匀。
3. 舀取一勺搅拌好的面团，揉搓成圆球形。将圆球形面团放到烤盘里，相互之间间隔5厘米，以使曲奇在烘烤过程中有膨大的空间。
4. 用一把餐叉的叉齿在圆球形曲奇面团表面上下反复压制形成十字形图案，在操作时要时常将叉齿蘸上点水，以防止叉齿粘连面团。
5. 放入烤箱内，将曲奇烘烤至边缘部分呈金黄色。从烤箱内取出，小心地摆放到烤架上冷却后食用。

胡桃又称山核桃，是唯一一种原产自北美地区的主要坚果类物种。美国南部的印第安人和墨西哥人食用山核桃已经长达几个世纪之久了。当法国人17世纪开始在新奥尔良地区定居时，当地人向这些欧洲人首先介绍的就是这种美味的山核桃，之后没过多久这些定居者就开始在他们的饮食中加入了山核桃，并且在制作馅饼时也迅速地使用到这些山核桃。胡桃派的出现被认为改变了当时甜味派类菜谱的格局，在胡桃派表面加入了一种芳香可口的甜味馅料。胡桃派一直都是美国南方人们最喜爱的一道甜点（这应归功于美国印第安人将山核桃介绍给了这些欧洲来的定居者）。在北美，胡桃派长期以来也与感恩节密不可分。美国人和加拿大人全都认可这种风俗，大多数人在品味丰盛的酿馅火鸡至情不自禁时，也总会在腹中给美味的胡桃派留有一席之地。

胡桃派

制作方法

1. 制作派面团（制作方法见335页中的内容）。
   将烤箱预热到175℃。
2. 在直径23厘米馅饼模具中铺好派皮，在边缘部分制作出皱褶花纹。
3. 将鸡蛋搅拌均匀，加入红糖、玉米糖浆、盐和香草香精，搅拌均匀。将融化后的黄油也搅拌进去。
4. 将搅拌均匀的馅料倒入铺好派皮的模具中。将呈半个形状的胡桃果仁在表面依次排开摆好。
5. 放到烤箱内烘烤至将小雕刻刀插入到派中间拔出时刀尖是干爽的程度，轻轻晃动派时，派的馅料会有些颤动，需要烘烤35～40分钟。
6. 从烤箱内取出胡桃派，放到烤架上冷却后食用。

学习内容

制作鸡蛋馅料
制作和使用派面团

产量

6～8人份

工具

小雕刻刀，擀面杖，搅拌盆，搅拌器，直径23厘米派模具

配料

派面团	1份
鸡蛋	4个
红糖	195克
玉米糖浆	90毫升
盐	5克
香草香精	5毫升
黄油（融化）	30毫升
半个形状的胡桃果仁	300克

皮塔饼起源于中东地区，很可能是人类已知的最早形式的面包。这种用途广泛、扁圆形造型、略微有些膨发的面包一直是生活在中东地区人们的主食品种，并且在地中海地区也有几个世纪的食用历史。皮塔饼在烘烤过程中会形成空心、扁圆的造型，使其在食用肉类菜肴时成为了一个完美的同样可以食用的餐具。这是皮塔饼在餐桌上能够长盛不衰的一个最主要的原因。在阿拉伯语中皮塔饼是“khubz adi”，意思是“普通面包”。pita这个名字源自于希腊语中形容扁圆形面包的词汇plakous，引申的意思是厚块面包或者蛋糕，而今天我们所熟知的pita这个名字则形象地描述出了薄薄的扁圆形面包的造型。有意思的是，希腊语pitta被意大利北部的人们所采用，用来形容他们制作的比萨，这种扁平面包的制作方法。而希腊语pitta 这个名词逐渐西方化成为了pita这个名字。无论是用来蘸鹰嘴豆酱，或是卷食羊肉串和沙瓦玛一起食用，皮塔饼作为最古老的面包仍然是世界上最受欢迎的食物之一。

皮塔饼

学习内容

制作扁圆形面饼

产量

可以制作出6~8个皮塔饼

工具

厨刀，搅拌盆，擀面杖，毛巾，面筛，厚底烤盘

配料	
水	250毫升
鲜酵母	30克
橄榄油	5毫升
盐	5克
全麦面粉	45克
面包粉	150克

制作方法

1. 在搅拌盆内，将酵母用水溶化，再加入橄榄油和盐一起搅拌均匀。

2. 将面粉过筛。先过筛全麦面粉，之后是面包粉。在面粉中加入酵母水揉制成面团。将面团从盆内取出放到工作台面上，反复揉搓至细腻光滑不粘手为止。

3. 将揉好的面团放入涂抹过油的盆内，用毛巾盖好。放到温暖处醒发至体积增至两倍大，大约需要90分钟。按压面团排出空气，将面团揉搓成圆形。用毛巾将其盖好，再次醒发20~30分钟。

4. 在面团醒发时，将厚底烤盘放入烤箱内，将烤箱预热到230℃。

5. 将面团擀开成3~4毫米厚，如果弹性太大，将面团用毛巾盖好再松弛10分钟。

6. 擀开面团到所需要的厚度时，打开烤箱快速地将擀好的面饼放到热的烤盘上。继续烘烤3~4分钟，取出放到一边冷却。

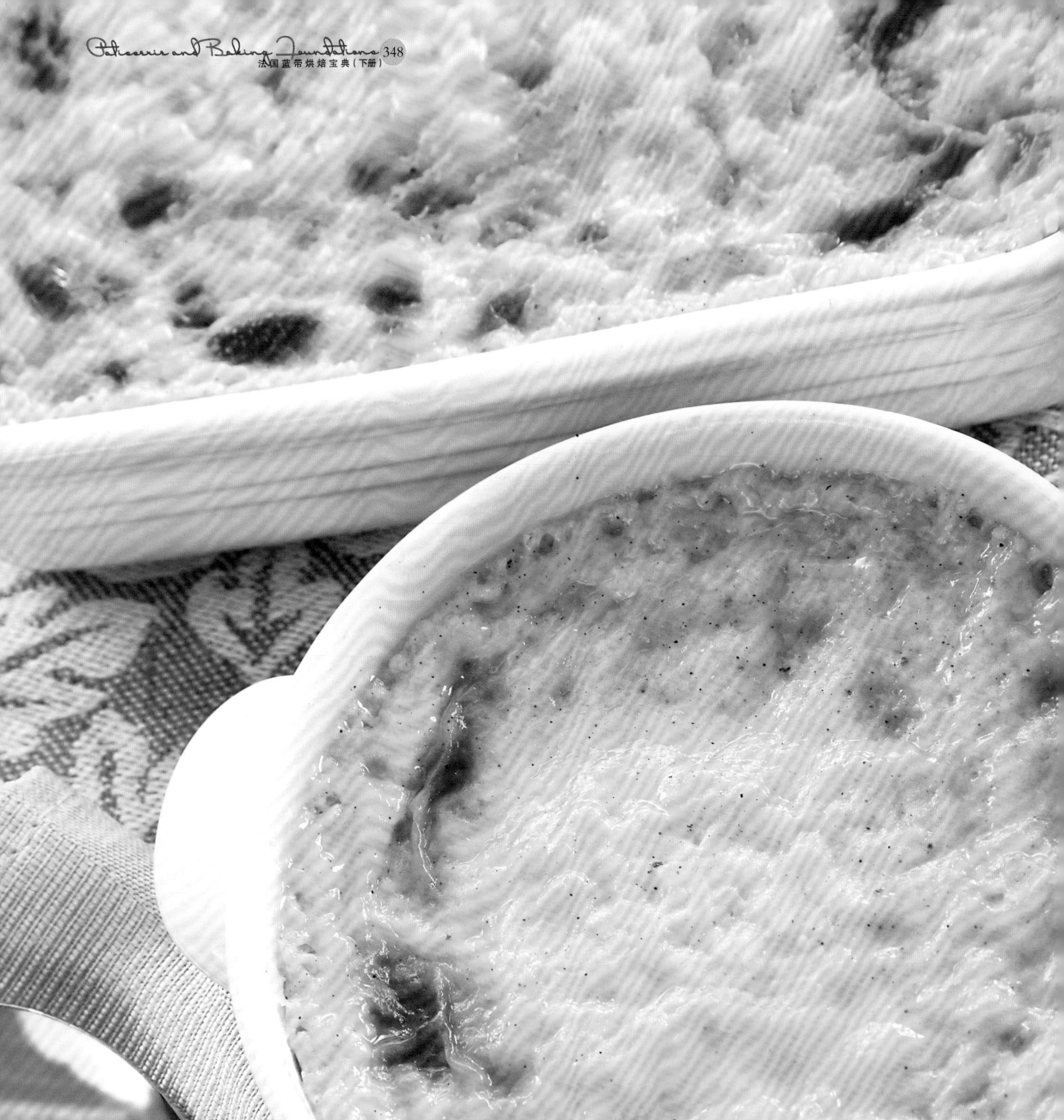

大米布丁是一种制作简单，由米饭、牛奶或者奶油，以及根据个人喜好随意添加上各种风味材料制作而成的甜品，是世界上最广为流传的食物之一——几乎每个国家都有开发自己的风味特色。据信大米布丁起源于中东地区，在上古时期就已经研发出许多种以米饭为基础材料制作而成的菜肴。特别是其中有一道称为firni的甜点与现在的大米布丁非常相似。这道古代的firni是以牛奶为主料，加上米饭、坚果、香料和水果制成的甜品，通常要冷食。这道菜肴被认为是起源于中东或者波斯，并且由莫卧儿王朝在16世纪征战印度北部时引进到了印度（那里至今仍然保留着这道甜品）。由于大米布丁简单易做，主要原材料使用广泛，风味种类繁多，制作方法已经传遍世界的各个角落，时至今日已经成为了一道国际美味甜点。

大米布丁

学习内容

使用牛奶制作米饭
调制蛋黄使其回温
制作大米布丁

产量

6～8人份

工具

小雕刻刀，搅拌盆，搅拌器，木铲，耐热盘，中号酱汁锅

配料

香草豆荚	1根
大米	250克
盐	少许
牛奶	1.5升
肉桂粉	少许
白砂糖	250克
奶油	150毫升
蛋黄	90毫升

制作方法

将烤箱预热到175℃。

1. 在耐热盘内涂抹些黄油。

2. 用小雕刻刀将香草豆荚沿纵长刨开成两半，刮出香草子。将大米洗净以除掉粉质成分，然后将大米、牛奶、肉桂粉、盐和香草子一起放到中号酱汁锅内，用中火加热炖煮30～40分钟，或者炖煮到米饭成熟。

3. 将白砂糖、奶油和蛋黄混合，从熬煮的米饭中舀取些热牛奶倒入蛋黄液体中搅拌均匀。

4. 将熬煮好的米饭从火上端离开，将蛋黄混合液搅拌进去，混合均匀。将搅拌好的米饭倒入到准备好的耐热盘内。

5. 将耐热盘放入烤箱内烘烤大约20分钟，直至布丁表面呈金黄色取出。

注 大米布丁也可以在单份的耐热盅内烘烤食用。

萨赫蛋糕

萨赫蛋糕（Sacher torte）在整个奥地利都是最受欢迎的蛋糕之一。它是如此地受到人们的喜爱，永远都是在赢得官司后胜诉庆典的唯一蛋糕。萨赫蛋糕创作于1832年，克莱门斯·文策尔·文·梅特涅被委任为大外交官时，据说当时梅特涅王子举办了一个盛大的庆贺晚宴，他要求他的大厨要为来宾们准备一道款式新颖的甜点。恰巧的是当天大厨生病，这项任务就落到了大厨的徒弟，16岁的弗朗兹·萨赫手上。仿佛认为这对于当时年轻的萨赫来说压力还不够大，据说大发脾气的梅特涅在萨赫接手这项工作时留下了 “今晚不要让我丢脸！” 这样一句话。在巨大的压力下萨赫展示出了他真正的烹饪实力， 创作出了萨赫蛋糕，在晚宴上大受王子宾客们的欢迎。弗朗兹·萨赫后来成为欧洲最伟大的烹饪艺术家之一，在他最终定居维也纳之前，他的手艺在整个欧洲大陆遍地开花。萨赫的儿子，爱德华跟随着父亲的脚步，凭借着自身的努力也成为了一名著名的大厨，爱德华曾经在维也纳著名的德梅尔咖啡厅工作过，并开办了萨赫酒店，他让其父亲首创的萨赫蛋糕在这两个地方继续发扬光大。这两个地方都开始销售标榜着“正宗萨赫蛋糕”的萨赫蛋糕，最终导致了激烈的争吵，两家不得不走上法庭。经过长达7年的庭审，萨赫酒店最后获胜，宣称自己才可以销售真正的“正宗萨赫蛋糕”（尽管有一些美食鉴定家声称德梅尔咖啡厅比萨赫酒店制作的“正宗萨赫蛋糕”更正宗）。

制作方法

制作甘纳许

1. 将黑巧克力切碎放到一个碗内备用。
2. 将奶油烧沸。
3. 待奶油烧沸之后，立刻倒入切碎的黑巧克力中，用木铲轻轻搅拌至黑巧克力融化，并让其自然冷却。将烤箱预热到170℃。

制作萨赫蛋糕

1. 在23厘米蛋糕模具内涂抹上黄油，并撒上些面粉。
2. 将面粉和杏仁粉过筛。将黑巧克力和黄油一起加热到40℃使其融化。将蛋黄加入到融化的巧克力中搅拌均匀。然后加入过筛的干粉材料，搅拌均匀。
3. 搅打蛋清至起泡沫，然后加入40克白砂糖，将蛋清打发至湿性发泡程度。逐渐将剩余的白砂糖加入进去同时不停地搅拌，搅打蛋清至干性发泡并呈光滑细腻的程度。将搅打好的蛋白霜搅拌进巧克力混合液中。
4. 倒入到准备好的蛋糕模具中，放到烤箱内烘烤大约25分钟。在取出脱模之前先让其在模具中冷却。

制作糖浆

1. 将水和白砂糖一起烧沸，搅拌至白砂糖全部溶化。从火上端离开并让其冷却，加入樱桃白兰地搅拌均匀。
2. 将蛋糕表面修理平整（如果有必要）。翻扣过来将蛋糕从中间片开成上下两片。
3. 将蛋糕顶部片开的部分放到一边备用。在底部切面上涂刷糖浆，然后涂抹上1厘米厚的杏酱。将顶部片开的部分盖上，在表面也涂刷上糖浆。将蛋糕放到冰箱内冷藏保存1小时。
4. 当蛋糕冷却之后，在蛋糕的四周和表面涂抹甘纳许。再次放到冰箱内冷藏大约10分钟使其凝固，取出再涂抹一层甘纳许之后放入冰箱内冷藏。冷藏蛋糕的同时，将剩余的甘纳许加热融化（加热温度不要超过30℃）。
5. 将蛋糕取出放到烤架上，将甘纳许浇淋到蛋糕上覆盖住蛋糕，用抹刀抹平。
6. 将蛋糕重新放回到冰箱内冷藏至甘纳许凝固。将剩余的甘纳许放入纸制裱花袋中，保持温度不要让甘纳许凝固。
7. 最后在蛋糕的表面用剩余的甘纳许写上“sacher”字样。

学习内容

制作甘纳许
制作萨赫蛋糕
制作蛋白霜

产量

4人份

工具

厨刀，搅拌盆、木铲，胶皮刮刀，搅拌器，面筛，烤架，自制油纸裱花袋，23厘米蛋糕模具，酱汁锅

配料

甘纳许	
黑巧克力	150克
奶油	150毫升
萨赫蛋糕	
面粉	40克
杏仁粉	20克
黑巧克力	250克
黄油	30克
蛋黄	3个
蛋清	225克
白砂糖	120克
糖浆	
水	150毫升
白砂糖	100克
樱桃白兰地	15毫升
杏酱	200克

乳脂松糕

在英语中“trifle”源自古法语单词“trufe”，它的意思是“微不足道”，但是，这款看起来根本不登大雅之堂的地道英式甜品却是支撑英式烹饪几个世纪的中流砥柱。我们已知的第一个有关乳脂松糕的食谱出现在T·Dawson在1596年编写的烹饪书籍《*The Good Hyswife's Jewell*》中，trifle（乳脂松糕，在早期的食谱中也称foole）起初并没有引起人们的注意。乳脂松糕早期的形式，只包含一点奶油和糖分。随着时间的推移，乳脂松糕逐渐从食品原材料中只含有一点奶油进化到了创造性地使用剩余食品原材料制作而成的一道甜品。不用考虑需要冷藏这些食品原材料，它们在腐坏变质之前就会被使用。也就是说，那些保存时间很长的蛋糕类、饼干类、水果类以及奶油等会被集合到一起拼凑成一款实惠又美味的甜品，从而处理使用完它们。从其最初的微不足道，发展到现在成为在基础的奶油和白糖中融合了用酒类浸泡过的手指饼干、蛋奶酱、新鲜水果和果酱的丰盛豪华的甜点。今天，乳脂松糕仍然是英国人所挚爱的，并且是一款可以让人沉迷于其中的绝佳美味。

制作方法

将烤箱预热到195℃，在烤盘内铺设油纸备用。

制作手指饼干

1. 将蛋清和蛋黄分离开，将面粉过筛备用。
2. 将蛋黄和1/2量的白砂糖在盆内一起搅打至颜色发白，抬起搅拌器时，蛋黄液体呈丝带状滴落回盆内。搅散蛋清，加入剩余的白砂糖一起打发成蛋白霜。将打发好的蛋白霜叠拌入蛋黄中，在还没有完全混合均匀之前，加入面粉叠拌好。
3. 将混合均匀的面糊装入到裱花袋内，在铺好油纸的烤盘内挤出长条手指形面糊。放入烤箱烘烤至用手触碰时干燥的程度，取出。需要烘烤8~10分钟。取出烤盘，将手指饼干放到烤架上晾凉。

制作蛋奶酱

1. 将牛奶倒入中号酱汁锅内，在中火上加热。在牛奶中加入1/4用量的白砂糖，搅拌牛奶使得白砂糖完全溶化。同时将蛋黄放到一个小号搅拌盆内，加入剩下的白砂糖。
2. 将白砂糖搅拌进入蛋黄中直至完全吸收并且蛋黄颜色变成浅色。加入面粉或者吉士粉搅拌至混合均匀。当牛奶快要沸腾时，从火上端离开，将1/3量的热牛奶倒入蛋黄混合物中。快速搅拌使蛋黄回温，然后将搅拌均匀的蛋黄牛奶液体倒回到盛放热牛奶的锅中搅拌均匀。将牛奶锅放回到火上加热至蛋奶酱开始冒泡。
3. 继续搅拌（要确保搅拌器搅拌到锅底的每一个角落）同时继续加热1分钟，让蛋黄糊成熟。此时蛋奶酱会变得非常浓稠。
4. 将制作好的蛋奶酱倒入一个铺有保鲜膜的平盘内。用保鲜膜盖好，让其冷却。然后放入冰箱内冷藏待用。

制备水果

彻底清洗水果，将草莓切成片，放到一边备用。

制作尚蒂伊奶油酱

1. 将奶油加上糖粉一起打发至湿性发泡，放到一边备用。
2. 将冷却的蛋奶酱放入到搅拌盆内搅拌至细腻光滑。将1/2量的尚蒂伊奶油酱叠拌进去制作成戴夫麦奶油（diplomat cream，又称外交官奶油）。在大号玻璃碗的底部先放入一些奶油。摆放一层手指饼干，然后撒上一些水果，再覆盖上一层戴夫麦奶油。重复以上操作步骤，最后再覆盖上一层奶油。将剩余的尚蒂伊奶油酱装入到带有大号星状裱花嘴的裱花袋内。
3. 在表面挤上一层尚蒂伊奶油酱进行装饰。冷藏至需用时再取出。

学习内容

制作手指饼干
制作蛋奶酱
制作尚蒂伊奶油酱
制作戴夫麦奶油（又称外交官奶油）

产量

8~12人份

工具

锯刀，大号玻璃碗，搅拌盆，搅拌器，面筛，胶皮刮刀，裱花袋，大号星状裱花嘴，油纸，各种装饰，酱汁锅，烤盘

配料

配料	
手指饼干	
鸡蛋	4个
面粉	125克
白砂糖	125克
蛋奶酱	
牛奶	500毫升
白砂糖	75克
奶油	165毫升
蛋黄	4个
面粉或者吉士粉	35克
水果	
草莓	500克
黑莓	500克
覆盆子	500克
蓝莓	500克
尚蒂伊奶油酱	
奶油	500毫升
糖粉	100克
香草香精	10毫升
烘焙好的杏仁片	适量

*戴夫麦奶油（外交官奶油）是用直接混合蛋奶酱和尚蒂伊奶油的方式制作而成的奶油酱。

在英国人早餐和下午茶的餐桌上，被认为最具地方特色的食物是什么？当然是司康饼，实际上，司康饼起源于苏格兰。尽管现在词源学家们之间会有一些争论，这些小块的、三角形的速发面包很可能源自于在苏格兰议会管辖的珀斯和金罗斯范围内的司康城。司康饼就像是一种称为bannock硬质面包的精制版，相对于用烤箱烘烤的司康饼，这种面包是用铸铁锅锅底的温度烙制而成的。由于司康饼含有丰富的营养成分，制作方法多样化，北美的原住民，特别是在加拿大的北部地区，从早期的苏格兰探险家那里学习到了bannock，随后，出于同样的原因，童子军团也采用了这个名字。相较之下，如果说bannock适合于一家人围坐在篝火旁享用，而有些自负的司康饼，则更愿意出现在铺着洁白如雪的台布和从瓷质茶壶中倒出的热气腾腾茶水的餐桌上。

司康饼

制作方法

将烤箱预热到200℃。

1. 在烤盘上铺上油纸备用。
2. 将面粉、泡打粉和盐过筛，然后加入白砂糖混合均匀。
3. 将黄油揉搓进面粉中并加入葡萄干搅拌均匀（如果使用葡萄干的话）。
4. 将牛奶和鸡蛋混合搅拌，将其加入到过筛后的干粉原料中，揉搓成为面团。
5. 将面团放入冰箱内冷藏20分钟。
6. 将面团取出，放到撒有面粉的工作台面上，将面团切成三角块，摆放到铺有油纸的烤盘内。
7. 将鸡蛋、蛋黄和盐混合搅拌均匀，涂刷到切成块状的面团上。
8. 放到烤箱内烘烤15~18分钟，或者烘烤到司康饼呈金黄色并成熟。

学习内容

混酥面团的制作

产量

6~8人份

工具

厨刀，油纸，面筛，搅拌盆，毛刷，木铲，烤盘

配料	
高筋面粉	225克
泡打粉	5克
盐	3克
白砂糖	40克
冻硬的黄油	55克
葡萄丁（可选）	40克
鸡蛋（打散）	1个
牛奶	75毫升
鸡蛋	1个
蛋黄	1个
盐	少许

司康饼可以搭配奶油以及草莓果酱或者覆盆子果酱一起食用。

约翰·康拉德·沃格尔，一位在林茨城开设了一家糖果店的巴伐利亚商人，因为喜欢上了当地的一位女士，据传说就创作出了这样一种塔，他将林茨城放到了塔表面刻画的国际地图上（至少在19世纪中期的欧洲美食家们之间是这样流传的）。这个故事本身就说明了这款塔是这位糖果店主身陷爱河之中的果实。他的这个绝妙主意当然充分发挥出了这款当地甜味小吃的价值，只是这个故事与现实不同的是，与制作林茨塔相似的食谱要早于沃格尔先生抵达林茨城的时间。但是我们不该总是纠结于此，就像俗话说的那样，“让事实寓于美丽的谎言中吧”。

林茨塔

学习内容

混酥面团的制作

产量

可以制作出一个22厘米的林茨塔

工具

抹刀，小雕刻刀，搅拌盆，木铲，擀面杖，毛刷，烤架，22厘米活动底塔模

配料	
蛋糕粉	300克
杏仁粉	150克
泡打粉	5克
肉桂粉	10克
黄油	200克
白砂糖	150克
鸡蛋	1个
牛奶	30毫升
覆盆子果酱（带籽）	300克
鸡蛋	1个
糖粉（撒粉装饰用）	适量

制作方法

将烤箱预热到180℃。

1. 在22厘米活动底塔模内涂抹上黄油备用。
2. 将蛋糕粉、杏仁粉、泡打粉，以及肉桂粉一起过筛备用。
3. 将黄油和白砂糖一起打发，加入鸡蛋搅拌均匀，然后加入牛奶搅拌均匀。
4. 加入过筛后的干粉材料，搅拌直至形成一个较硬的面团。如果面团感觉有些软，可以冷冻一段时间让其变硬到可以擀开的程度。
5. 在工作台面上撒些面粉，将面团擀开成厚度大约为0.5厘米的面片。将面片小心地卷起到擀面杖上，然后在涂抹过黄油的模具上方展开并平摊。轻轻地抬起面片的边缘部分，在模具内的边角处铺好。用小刀的刀背将多余的面片割除。
6. 将覆盆子果酱搅拌至细腻光滑，涂抹到铺在模具内的面片上。擀开剩余的面团并切割成2厘米宽的长条形。呈十字交叉形摆放到模具内的覆盆子果酱上。将边角位置压紧。
7. 在表面的条形面片上涂刷一层蛋液，然后放入烤箱内烘烤，一直烘烤至表面呈金黄色，需要烘烤30～35分钟。
8. 将烤好的林茨塔从烤箱内取出，放到烤架上冷却之后再脱模。在上桌之前撒上糖粉作装饰。

附录

换算表Conversion Chart

换算注意事项　对于烹调和烘焙来说，公制标准或许是最容易掌握的，在厨房内一台电子秤是你最顺手的换算工具！在实际工作中进行换算时，我们有时候可以灵活地根据菜谱配方按照各自所占比例进行四舍五入。

容量换算表

美式标准	公制标准
1/4盎司（oz）	5毫升（mL）
1/2盎司	15毫升
3/4盎司	25毫升
1盎司	30毫升
2盎司	60毫升
3盎司	90毫升
4盎司	120毫升
5盎司	150毫升
6盎司	180毫升
7盎司	210毫升
8盎司	240毫升
9盎司	270毫升
10盎司	300毫升
11盎司	330毫升
12盎司	360毫升
13盎司	390毫升
14盎司	420毫升
15盎司	450毫升
1品脱（pint，16盎司）	500毫升
1夸脱（quart，2品脱）	1升（1000毫升）
2 夸脱	2升（2000毫升）
3夸脱	3升（3000毫升）
4夸脱	4升（4000毫升）

重量换算表

美式标准	公制标准
1/4盎司	5克
1/2盎司	15克
3/4盎司	20克
1盎司	30克
2盎司	60克
3盎司	90克
4盎司	120克
5盎司	150克
6盎司	180克
7盎司	200克
1/2磅（8盎司）	250克
9盎司	270克
10盎司	300克
11盎司	330克
12盎司	360克
13盎司	390克
14盎司	420克
15盎司	450克
1磅（lb，pound，16盎司）	500克
1.5磅	750克
2磅	1千克

常用对等换算表

美式标准	公制标准
1/4茶匙（teaspoon，tspt）	1毫升
1/2茶匙	3毫升
3/4茶匙	4毫升
1茶匙	5毫升
1汤勺（tablespoon，tbsp）	15毫升
1/4杯（cup）	60毫升
1/2杯	120毫升
3/4杯	180毫升
1杯	250毫升
1/4磅	120克
1/2磅	230克
1磅	450克
1品脱	500毫升
1夸脱	1升
1加仑（gallon）	2升

美式标准换算表

3茶匙	1汤匙	1/2盎司
2汤匙	1/8杯	1盎司
4汤匙	1/4杯	2盎司
5汤匙加1茶匙	1/3杯	2 2/3盎司
8汤匙	1/2杯	4盎司
10汤匙加2茶匙	2/3杯	5 1/3盎司
12汤匙	3/4杯	6盎司
14汤匙	7/8杯	7盎司
16汤匙	1杯	8盎司
2杯	1品脱	16盎司
2品脱	1夸脱	32盎司
4夸脱	1加仑	128盎司

法国蓝带糕点与烘焙经典食谱

特色鲜明的141道代表着极具典藏价值的法国糕点与烘焙食谱

这些历经岁月沉淀的传统食谱由法国蓝带厨艺学院的大厨们反复斟酌，精挑细选而成，均为法国糕点与烘焙技艺历史进程中的巅峰之作。这些食谱展现出了历史的厚重，对现在的大厨们影响深远。通过这些食谱，我们可以认识到，这些经典的糕点与烘焙制作技艺是如何随着时代的变迁而逐渐与现代的技艺和食材融为一体，却还始终保持着传统法国糕点的精要所在。这些食谱堪称永恒之作，通过使用传统技法制作这些糕点与烘焙食谱，可以给学生们提供一个身临其境的演示糕点与烘焙艺术是如何进化的过程，例如从经典的圆形泡芙到流行的闪电泡芙。

这些超出了一般内涵范畴的经典食谱，会更加深刻地帮助读者们去理解那些制作技艺、方式方法和原料食材，从而完全掌握这些要点而不仅仅只是单纯地去再现这些经典食谱的内容，不会限制他们自己的想象力，而是放开手脚去研发和创造出崭新的食谱。法国蓝带厨艺学院诚邀您一起去二次开发这些令人着迷了几个世纪之久给人们带来无穷欢乐的神奇糕点……从制作简单口味宜人的利木赞克拉芙提到结构复杂异常的泡芙塔，再到轻柔、极致空幻的马卡龙。这些以及更多的秘诀等待着你去发现。愿你身在其中大快朵颐！

法国蓝带厨艺学院

自从1895年在巴黎创办以来，已经在世界范围内培养出了数代优秀的厨师，同时灌输给他们独一无二的烹饪艺术理念。今天，法国蓝带厨艺学院是全球最卓越的烹饪艺术教育机构，法国蓝带，这耳熟能详的名字，就是烹饪艺术殿堂的代名词。